优雅
女士毛衫

谭阳春 主编

辽宁科学技术出版社

·沈阳·

本书编委会

主 编 谭阳春

编 委 王丽波 王艳青 李玉栋 贺梦瑶 罗 超

图书在版编目（CIP）数据

优雅女士毛衫/谭阳春主编. —沈阳：辽宁科学技术出版社，2011.9
ISBN 978-7-5381-7027-6

Ⅰ. ①优… Ⅱ. ①谭… Ⅲ. ①女服—毛衣—编织—图集 Ⅳ. ①TS941.763.2-64

中国版本图书馆CIP数据核字（2011）第116144号

如有图书质量问题，请电话联系
湖南攀辰图书发行有限公司
地 址：长沙市车站北路236号芙蓉国土局B
栋1401室
邮 编：410000
网 址：www.penqen.cn
电 话：0731-82276692 82276693

出版发行：辽宁科学技术出版社
（地址：沈阳市和平区十一纬路29号 邮编：110003）
印 刷 者：湖南新华精品印务有限公司
经 销 者：各地新华书店
幅面尺寸：185 mm×210 mm
印 张：9
字 数：40千字
出版时间：2011年9月第1版
印刷时间：2011年9月第1次印刷
责任编辑：卢山秀 众 合
摄 影：郭 力
封面设计：效国广告
版式设计：天闻·尚视文化
责任校对：合 力

书 号：ISBN 978-7-5381-7027-6
定 价：24.80元
联系电话：024-23284376
邮购热线：024-23284502
淘宝商城：http://lkjcbs.tmall.com
E-mail：lnkjc@126.com
http://www.lnkj.com.cn
本书网址：www.lnkj.cn/uri.sh/7027

目录 CONTENTS

俏丽圆领 篇

做法 P073～P074

温暖橘色衫

搭配指数：★ ★ ★ ★

圆领的设计，甜美可爱。领口花的设计，点缀了毛衣，增加了层次感。暖暖的橘色，在这个秋天拥有它，心情会大好哦。

娇美薄款毛衫

搭配指数：★★★★

　　柔软贴身的短款毛衣，更好地衬托女性的娇美。女人味十足！随意搭配一个外套、短裙、裤子都很漂亮时尚。

适合体型： 高挑体型，苗条体型，微胖体型。

适宜季节： 春、秋、冬。

做法 **P077~P078**

粉色佳人装

搭配指数：★★★★

非常可爱又温馨的粉色，给人一种淡淡的温情，让你充满柔情和自信。

适合体型：高挑体型，苗条体型，微胖体型。

适宜季节：春、秋、冬。

做法
P079~P080

甜美贴身毛衫

搭配指数： ★★★★

　　简洁的白色，柔软贴身的材质，再搭上一些简单的配饰点缀，展露出高雅、洒脱的风格。很让人心动！

适合体型： 高挑体型，苗条体型，微胖体型。

适宜季节： 春、秋、冬。

做法
P081~P082

红色中袖衫

搭配指数： ★ ★ ★ ★

　　耀眼的红色，让你迅速成为人群中的亮点，中袖的设计，让你享受女性那一份优雅的惬意。

适合体型： 高挑体型，苗条体型，微胖体型。

适宜季节： 春、秋、冬。

靓丽红颜衫

搭配指数： ★ ★ ★ ★

　　火红的毛衫，鲜艳夺目，再加上中袖的设计，尽显俏皮风采，在阳光的映衬下，笑靥如花。

适合体型： 高挑体型，苗条体型，微胖体型。

适宜季节： 春、秋、冬。

P083~P085 做法

俏丽圆领篇
qiaoliyuanlingpian

P086~P087 做法

适合体型：高挑体型，苗条体型，微胖体型。
适宜季节：春、秋、冬。

俏丽花边衫

搭配指数：★ ★ ★ ★

　　淡柔的灰色给人平和亲近的感觉，简单大方的款式，加上精致的点缀更加俏丽，惹人喜爱。

微笑达人衫

搭配指数：★ ★ ★ ★

　　粉红是很多女孩子最爱的颜色，再加上迷人的微笑，展现一个非常美丽精致的粉红佳人。白皙的皮肤衬上淡淡的红，让你白里透红、与众不同，呈现出非常极致的自然美。

做法
P088~P089

适合体型：高挑体型，苗条体型，微胖体型。
适合季节：春、秋、冬。

P090~P099

做法

奔放红装

搭配指数： ★ ★ ★ ★

　　一袭靓丽的红装，仿佛一朵娇艳的玫瑰花绽放在人们眼前，整个人看上去气色红润，艳丽如花。

适合体型： 高挑体型、苗条体型、微胖体型。

适宜季节： 春、秋、冬。

P93~P95 做法

明亮橙色衫

搭配指数： ★ ★ ★ ★

　　独特的分层设计，有小外套的感觉，非常精致，配上温暖的橘色，更加衬托出女性白皙的肤色。

适合体型： 高挑体型，苗条体型，微胖体型。
适合季节： 春、秋、冬。

做法
P096~P098

气质修身毛衣

搭配指数： ★ ★ ★ ★

　　优雅又大气的毛衣，追求时尚的你肯定会喜欢的，搭上一个小包包，添点精致的配饰和胸花，回头率定会大增。

适合体型： 高挑体型，苗条体型。

适宜季节： 春、秋、冬。

P099~P101 做法

修身圆领衫

搭配指数： ★ ★ ★ ★

　　简单大方的圆领，简短的衣身，再配上紧身的牛仔裤，大胆地秀出小蛮腰。女性的完美曲线展露无遗。

适合体型： 高挑体型，苗条体型，微胖体型。

适宜季节： 春、秋、冬。

舒适长款衫

做法

P102~P103

搭配指数：★ ★ ★ ★

　　最是那一低头的温柔，不堪寒风的娇羞。宽松、轻薄舒适的毛衣是你不错的选择。

适合体型：高挑体型，苗条体型，微胖体型。

适宜季节：春、秋、冬。

做法 ⟶
P104~P105

修身**靓丽装**

搭配指数： ★ ★ ★ ★

　　灰色由白色及黑色演变而成，这个颜色亦代表了智慧，给你沉实而低调的感觉。皮肤白净的你穿上去更能显出高雅的气质。

适合体型： 高挑体型，苗条体型，
　　　　　　微胖体型。

适宜季节： 春、秋、冬。

P106~P107

做法

温馨花边衫

搭配指数：★ ★ ★ ★

这款毛衣最大的特色，就是领口采用荷叶花边领的设计，荷叶花边领是今年最流行的一种设计元素，让衣服更精致，更有层次感。

适合体型：高挑体型，苗条体型，微胖体型。
适宜季节：春、秋、冬。

俏皮纽扣衫

搭配指数：★ ★ ★ ★

俏皮的纽扣，精致美丽，再配上甜美的笑容，很能吸引大家的眼光。

做法
P108~P109

适合体型：高挑体型，苗条体型，微胖体型。
适宜季节：春、秋、冬。

做法
P110~P111

魅力修身衫

搭配指数：★ ★ ★ ★

　　修身的款式和柔软的材质，很好地修饰女性婀娜多姿的曲线，魅力十足、娉婷秀雅。

适合体型：高挑体型，苗条体型，微胖体型。

适宜季节：春、秋、冬。

P112~P113 做法

舒心春韵衫

搭配指数： ★ ★ ★ ★

　　中袖的设计，美丽的绿色，宛若看到了春天大地上的小草，赏心悦目。万物生长的春天，充满了生机勃勃的气息，一袭绿衣，是一种活力的体现，让你在春风中自由沐浴。

适合体型： 高挑体型，苗条体型，微胖体型。

适宜季节： 春、秋、冬。

俏丽花纹衫

搭配指数： ★ ★ ★ ★

　　整体的高贵典雅，配上纽扣的点缀增加立体感，花纹的修饰更是精致美丽。穿上它气质高贵、俏丽迷人，定会让你更加清艳脱俗。

做法
P114~P115

适合体型： 高挑体型，苗条体型，微胖体型。
适宜季节： 春、秋、冬。

紫色梦幻衫

那些上演着繁华不肯谢幕的紫藤花，美丽了轮回的春秋，穿上这款舒适、美丽的毛衣，在紫色的梦幻里，闭上眼，回忆你的美好时光，慢慢地，幻想自己变成一个紫色的精灵，快乐的起舞。

适合体型：高挑体型，苗条体型，微胖体型。
适合季节：春、秋、冬。

做法

俏丽圆领篇

qiaoliyuanlingpian

做法
P118~P119

搭配指数： ★ ★ ★ ★

　　衣领的设计很好地展示了女性的端庄气质，加上颜色的搭配，文静、淡雅、高贵。花纹的设计锦上添花更显毛衣的美丽。

适合体型： 高挑体型，苗条体型，微胖体型。

适宜季节： 春、秋、冬。

温暖长袖衫

搭配指数：★ ★ ★ ★

　　高领的设计，为你挡去丝丝的凉意。既保暖又美丽时尚的衣衫是你明智的选择。

做法
P120～P121

做法
P122~P123

热情红色装

搭配指数：★ ★ ★ ★

适合体型：高挑体型，苗条体型，微胖体型。
适宜季节：春、秋、冬。

    如果你喜欢活泼、亮丽、温暖热情，你就选择红色作为你的主打，红色带给人们的是快乐和幸运。人们都偏爱红色，红色总带给人喜气洋洋的气息。

百变长袖衫

搭配指数：★ ★ ★ ★

　　每个女人的衣橱都有她最爱的收藏，这个季节，你和你的衣橱都不再孤单，挑几款喜欢的长袖毛衣，让属于你的季节充满暖暖的爱意，装饰与众不同的你。

适合体型： 高挑体型，苗条体型，微胖体型。

适宜季节： 春、秋、冬。

做法 P127~P128

心动**粉红衫**

搭配指数： ★ ★ ★ ★

让人怦然心动并不难，或许是一个温柔的眼神，或许是一个不经意的动作，粉红总是让你变得恬静可爱。漂亮保暖的高领，无论是单穿还是搭配小外套，都非常美丽。

适合体型： 高挑体型，苗条体型，微胖体型。

适宜季节： 春、秋、冬。

时尚**短款毛衣**

做法
P129~P130

搭配指数： ★ ★ ★ ☆

　　简单大方的款式设计，和谐的色块拼接，干练又时尚美丽，让你的着装远离单调。

适合体型： 娇小体型，高挑体型，微胖体型。

适合季节： 春、秋、冬。

做法
P131~P132

粉色丽人装

搭配指数：★ ★ ★ ★

　　粉红色是最纯真的颜色，它代表花开般的甜美笑容、温柔纯真的情感。在粉色的世界里展现你最美好独特的一面吧。

适合体型：高挑体型，苗条体型，微胖体型。
适宜季节：春、秋、冬。

贤淑灰色衫

搭配指数：★ ★ ★ ★

条形编织花纹是这款毛衣的一大亮点，体现了完美的层次感，简洁的灰白，让你的贤淑展现得淋漓尽致。

P133~P134 做法

适合体型：高挑体型，苗条体型，微胖体型。

适宜季节：春、秋、冬。

做法
P135~P136

简约知性衫

搭配指数： ★★★★

　　不同的翻领设计，散发出白领丽人知性的迷人魅力，再加上暖色调的修饰，更增添了几分活力和阳光，让每个人都能感受到你的独特气质。

适合体型： 高挑体型，苗条体型，微胖体型。

适宜季节： 春、秋、冬。

做法

P137~P138

靓丽高领衫

搭配指数： ★ ★ ★ ★

　　领子的设计十分大气漂亮，跳动粉嫩的黄色演绎季节的新生感和清纯动人。

适合体型： 高挑体型，苗条体型。

适宜季节： 春、秋、冬。

P139~P140 做法

气质高领衫

搭配指数： ★ ★ ★ ★

　　翻领的设计别有韵味，在带给你温暖的同时，也能展现你独特的气质，只有气质女人的美才是真正有分量和厚度的美，这种气质美犹如一坛老酒，尘封越久越发的芬芳醉人。

适合体型： 高挑体型，苗条体型，微胖体型。
适宜季节： 春、秋、冬。

秀气长袖衫

搭配指数：★ ★ ★ ★

　　灰白始终是给人一种纯洁和安详的感觉，文静秀气的气息跃然而上。简单的款式与装饰，大方优雅。

适合体型：高挑体型，苗条体型，微胖体型。
适宜季节：春、秋、冬。

P143~P144 做法

优雅深色毛衣

搭配指数：★ ★ ★ ★

　　一花一世界，一叶一追寻。追寻的过程中成熟是我们的一种收获，穿上它，有一股秋天静美的气息，也能体会收获时那一份淡淡的喜悦。

适合体型：高挑体型，苗条体型，微胖体型。

适宜季节：春、秋、冬。

做法
145~P146

气质修身衫

搭配指数：★ ★ ★ ★

　　高贵经典的深紫色翻领针织衫，舒适又修身，腰围和领口的设计让你的身体曲线更加完美。

适合体型： 高挑体型，苗条体型，微胖体型。
适合季节： 春、秋、冬。

P147~P148 做法

适合体型：高挑体型，苗条体型，微胖体型。

适宜季节：春、秋、冬。

贤惠短款衫

搭配指数：★ ★ ★ ★

　　家，是一个温馨的港湾。深色的颜色，让你拥有浓浓的女人味，如果要体现贤惠的一面，它会是你明智的选择。

做法
149~P150

娴熟 纽扣衫

搭配指数： ★ ★ ★ ★

　　独特的衣领设计，精巧的纽扣，修身的竖条纹使整件毛衣非常精致美丽。棕色翻领毛衣所体现的娴雅，由内而外的熟女气质给你大大加分。

适合体型： 高挑体型，苗条体型，微胖体型。

适宜季节： 春、秋、冬。

做法
P151~P152

优雅翻领衫

搭配指数：★ ★ ★ ★

　　大方的款式，漂亮、显气质又保暖的高领，加上美丽小花的点缀，让你爱不释手。紫色对人的视觉有一定的安抚作用，穿上它静静地感受心灵的呼唤吧。

适合体型： 高挑体型，苗条体型，微胖体型。
适宜季节： 春、秋、冬。

俏丽拉链衫

搭配指数： ★ ★ ★ ★

　　休闲俏丽的拉链衫，甜美青春带来无限的时尚魅力。红与黑的色彩，呈现一道靓丽的风景。

适合体型： 高挑体型，苗条体型，微胖体型。

适宜季节： 春、秋、冬。

运动拉链衫

做法
P155~P156

搭配指数：★ ★ ★ ★

　　如果你喜欢运动，就选择这款毛衣吧，它让你获得运动的力量，在美丽的同时活力绽放。

适合体型：高挑体型，娇小体型，微胖体型。
适宜季节：春、秋、冬。

小巧淑女衫

搭配指数：★ ★ ★ ★

　　轻薄是这款针织衫的一大优点，穿着非常的舒适，整体的设计看起来非常的甜美。

做法
P157~P158

P159~P160 做法

"百媚" V领装

　　深V领的设计，露出长长的脖颈，展现了白皙皮肤的同时，也体现了女人性感的一面，怎么能不让人心动？

适合体型：高挑体型，苗条体型，微胖体型。

适宜季节：春、秋、冬。

做法
P161~P162

优雅栗色衫

搭配指数: ★ ★ ★ ★

　　单层的薄薄材质非常舒适,自然得体的款式非常优雅。毛衣颜色柔和,非常美丽又显气质。

适合体型: 娇小体型,微胖体型。

适宜季节: 春、秋、冬。

别致 V 领衫

搭配指数： ★ ★ ★ ★

　　大V形领口拉长脸部线条，露出锁骨带出小女人的性感。V领的设计与渐入的底色，独显女性的优雅和性感。

P163~P164 做法

适合体型： 高挑体型，苗条体型，微胖体型。

适宜季节： 春、秋。

P165~P166 做法

时髦长袖衫

搭配指数：★ ★ ★ ★

　　独特的领口设计，塑造出不同于以往款式的造型，效果很棒，营造出成熟优雅的女人味。

适合体型：高挑体型，苗条体型。
适宜季节：春、秋、冬。

P167~P168

粉色 **V**领衫

搭配指数： ★ ★ ★ ★

　　V领绽放出内心的愉悦和快乐，一股奔放的热情油然而生。穿着出行，由内而外，散发出迷人的气质。

适合体型： 高挑体型，苗条体型，微胖体型。

适宜季节： 春、秋、冬。

文静优雅衫

搭配指数： ★ ★ ★ ★

　　粉粉的颜色，洋溢着柔媚的气质，备受众人瞩目，精致而舒适，高人一等而又优雅绝伦。

适合体型： 高挑体型，苗条体型，微胖体型。

适宜季节： 春、秋、冬。

P171~P172 做法

高贵气质装

搭配指数：★★★★

　　别致、美丽的领口，给人雍容华贵的感觉，单穿或打底都非常美丽。

适合体型：高挑体型，苗条体型，微胖体型。

适宜季节：春、秋、冬。

简约小巧衫

　　简洁的设计，搭配任何衣服都有型，因为它的色彩搭配独特，款式简单大方，无需任何修饰，都能令你的"春日"灿烂"绽放"。

做 法
P173~P174

适合体型：高挑体型，苗条体型，微胖体型。
适宜季节：春、秋、冬。

彩色亮丽衫

做法
P175~P176

搭配指数：★ ★ ★ ★

　　多种色彩搭配，穿上去亮眼又和谐，让人们仿佛进入了一个美丽梦幻的童话世界，女人们都化身为精灵，在飘渺灵动的梦幻色彩间自由的翱翔。

适合体型：高挑体型，苗条体型，微胖体型。

适宜季节：春、秋、冬。

做法
P177~P178

经典红色装

搭配指数：★★★★

　　V领红色毛衣线条流畅，整体很清爽，领口的花纹设计增加了可爱感，也体现出了热情。

适合体型：高挑体型，苗条体型，微胖体型。
适宜季节：春、秋、冬。

花边领长袖衫

搭配指数：★ ★ ★ ★

　　柔软的面料，穿在身上很舒适，精致的款式和细节设计，洁净柔和的颜色令人心旷神怡。

适合体型：高挑体型，苗条体型，微胖体型。
适宜季节：春、秋、冬。

P179~P180 做法

P181~P182 做法

活力蓝色衫

合体型：高挑体型，苗条体型，微胖体型。
宜季节：春、秋、冬。

搭配指数：★ ★ ★ ★

　　淡雅的蓝色，第一眼看上去，好像呼吸到大海的气息，海风吹拂着长长的发丝，仿佛自己的身体也飘了起来。原来衣着也能调节人的心情。

秀气短款毛衫

做法
P183~P184

搭配指数：★ ★ ★ ★

清新田园风的短款设计，尽显甜美女生的温柔气质。

适合体型：高挑体型，苗条体型，微胖体型。

适宜季节：春、秋、冬。

做法 ◁ P185~P186

优雅深V衫

搭配指数： ★ ★ ★ ★

　　V形领口的设计，给人一种温柔恬静的美感。高贵的紫色散发出迷人的气质。

适合体型： 高挑体型，苗条体型，微胖体型。
适宜季节： 春、秋、冬。

P187~P188 做法

清纯粉色衫

搭配指数：★ ★ ★ ★

淡淡的粉，甜甜的笑。如果你是小鸟依人型的女生，选择它，让你清纯可爱的形象更加贴切。

适合体型：高挑体型，苗条体型。

适宜季节：春、秋、冬。

清秀佳人衫

搭配指数：★ ★ ★ ★

这是一款让人感觉非常甜美的毛衣，美丽的花色非常精致和时尚，淡雅的色调更加衬托白嫩的皮肤。

做法
P189~P190

适合体型：高挑体型，苗条体型，微胖体型。
适宜季节：春、秋、冬。

神秘梦幻衫

搭配指数： ★ ★ ★ ★

　　第一眼看上去，你一定被它的颜色混搭渐变所吸引，黑、白、灰得到全面和谐的体现。迷离的幻觉色彩，非常别致的毛衣，让你个性十足。

P91~P93 做法

适合体型： 高挑体型，苗条体型，微胖体型。
适宜季节： 春、秋、冬。

做法
P193~P194

明媚修身衫

搭配指数：★ ★ ★ ★

在阳光灿烂的日子，穿上这款凉爽的针织衫，去感受天气的明朗吧，贴身的衣身设计，让你的曲线更完美。

适合体型：高挑体型，苗条体型，微胖体型。

适宜季节：春、秋。

做法
P195~P196

精致花边毛衫

搭配指数： ★★★★

　　明亮的橙色，穿上它在明媚的阳光里，更加衬托出肌肤的白皙。

适合体型： 高挑体型，苗条体型，微胖体型。

适宜季节： 春、秋。

P197~P198 做法

温情橙色装

搭配指数：★ ★ ★ ★

　　复古的衣领设计不失为最大的亮点，有唐装的风格又体现现代的时尚，V领让你的性感更加突出。

适合体型：高挑体型，苗条体型，微胖体型。

适宜季节：春、秋、冬。

P199~P200 做法

轻薄舒适衫

搭配指数：★ ★ ★ ★

　　穿起来非常的舒适，轻薄如纱的感觉，让你犹如踩在细软的沙滩上，舒适惬意。

适合体型：高挑体型，苗条体型。

适宜季节：春、秋、冬。

温馨灰色衫

搭配指数：★ ★ ★ ★

　　柔和的灰色，舒适的棉质透气感非常好，衣身花纹的设计，不失素雅之中靓丽的点缀，给人甜美温馨的印象。

适合体型：高挑体型，苗条体型，微胖体型。
适宜季节：春、秋、冬。

做法
P201～P202

简约拉链衫

做法……

P203~P204

搭配指数：★ ★ ★ ★

　　简单的圆领设计，加上拉链的点缀，整体的款式让人感觉虽简单但柔情似水。

适合体型：高挑体型，苗条体型，微胖体型。

适宜季节：春、秋、冬。

做法
P205~P206

条纹 V 领衫

搭配指数： ★ ★ ★ ★ ★

　　条纹的设计非常美丽大方，增加了衣服的立体感，穿上它，简单大方又不失美丽精致。

适合体型： 高挑体型，苗条体型，微胖体型。

适宜季节： 春、秋、冬。

温婉短款衫

搭配指数：★ ★ ★ ★

温暖的颜色，轻柔优美，衣摆条纹的设计，为衣服增加了亮点。穿上它，彰显了女性温婉迷人的气质。

P207~P208 做法

适合体型：高挑体型，苗条体型，微胖体型。
适宜季节：春、秋、冬。

做法 *P208~P209*

适合体型：高挑体型，苗条体型，微胖体型。
适宜季节：春、秋、冬。

妩媚风情衫

搭配指数：★ ★ ★ ★

　　柔软的棉质，穿起来十分的贴身舒服。灰色和黑色的夹杂渐变，给人一种很和谐的感觉，穿上它散发一股优雅、高贵的女人味。

做法 P210~P211

柔美束腰衫

搭配指数：★ ★ ★ ★

　　别致得体的款式设计让胸部曲线完美地凸显出来，束腰勾勒出细细的小蛮腰并衬托胸部的丰满感，让你的身体曲线更加完美。

适合体型： 高挑体型，苗条体型，微胖体型。

适宜季节： 春、秋、冬。

做法
P212~P213

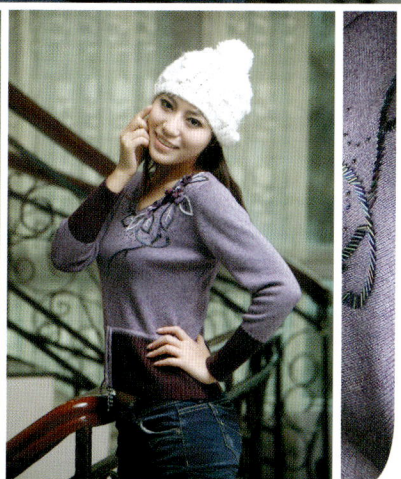

紫色花纹衫

搭配指数：★ ★ ★ ★

　　神秘梦幻的紫色，让你回味无穷，提升整个毛衣搭配的明亮度和气质，在花纹的细节中做到完美精致，贵气高雅骤然上身。

适合体型： 高挑体型，苗条体型，微胖体型。
适宜季节： 春、秋、冬。

创意条纹衫

搭配指数：★ ★ ★ ★

　　美丽的彩色花纹，增加了毛衣的精致美丽与活力，让你成为这个冬天一道亮丽的风景线。

P214~P215 做法

适合体型： 高挑体型，苗条体型，微胖体型。
适宜季节： 春、秋、冬。

制 作 图 解

温暖橘色衫

【成品尺寸】衣长65cm　胸围96cm　袖长53cm

【工具】1.7mm棒针

【材料】橙色纯羊毛线

【密度】10cm²：44针×55行

【附件】亮珠、毛毛边若干

【制作过程】前片按图起针，织双罗纹5cm后，改织花样，中间部分织双罗纹，至织完成。后片按图起针，织双罗纹5cm后，改织花样，至织完成。袖窿和领窝按图加减针。衣袖按图起针，织双罗纹5cm后，改织花样，至织完成。袖山和袖片按图加减针，全部缝合。领圈挑针，织下针5cm，褶边缝合，形成双层圆领。按彩图缝好亮珠和毛毛边，完成。

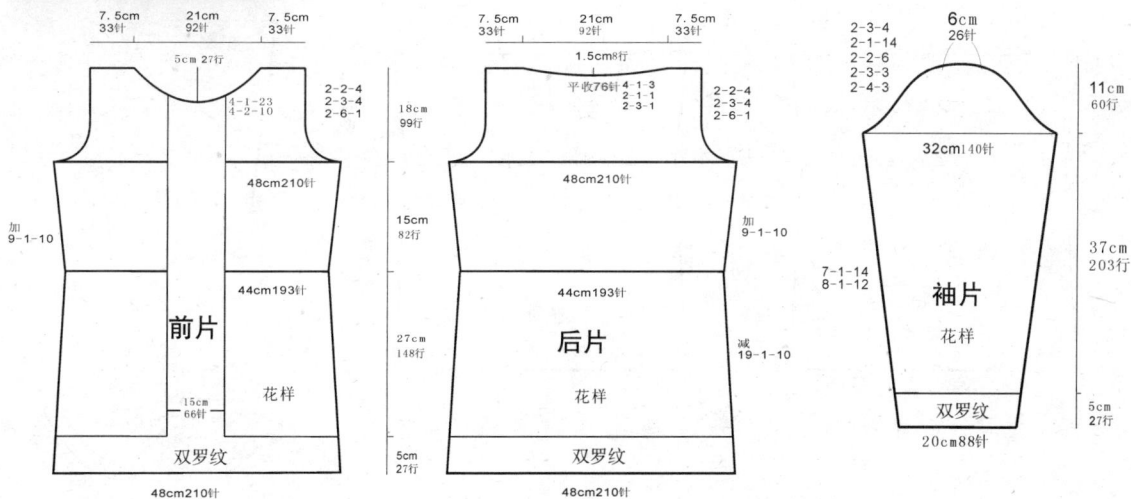

前片

| 7.5cm 33针 | 21cm 92针 | 7.5cm 33针 |

5cm 27行

4-1-23
4-2-10

2-2-4
2-3-4
2-6-1

加 9-1-10

48cm210针

44cm193针

前片

15cm 66针

花样

双罗纹

48cm210针

后片

| 7.5cm 33针 | 21cm 92针 | 7.5cm 33针 |

1.5cm8行

平收76针 4-1-3
2-3-4
2-3-1

2-2-4
2-3-4
2-6-1

18cm 99行

48cm210针

加 9-1-10

15cm 82行

44cm193针

后片

减 19-1-10

27cm 148行

花样

双罗纹

5cm 27行

48cm210针

袖片

2-3-4
2-1-14
2-2-6
2-3-3
2-4-3

6cm 26针

11cm 60行

32cm140针

7-1-14
8-1-12

37cm 203行

袖片

花样

双罗纹

5cm 27行

20cm88针

领子结构图

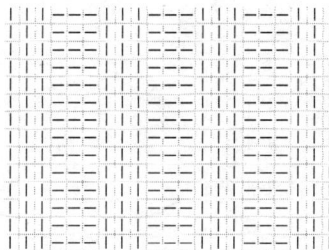

花样

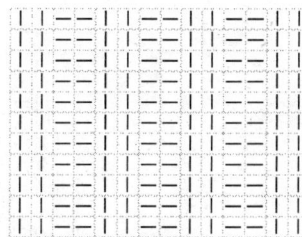

双罗纹

【成品尺寸】衣长65cm　胸围96cm　袖长53cm

【工具】1.7mm棒针

【材料】橙红色纯羊毛线

【密度】10cm²：44针×55行

【附件】珠链2条　毛毛边若干

【制作过程】前、后片分别按图起针，先织双层平针底边后，改织花样，袖窿和领窝按图加减针，至织完成。衣袖按图起针，先织双层平针底边后，改织花样，至织完成。袖山和袖片按图加减针，全部缝合。领圈挑针，织下单罗纹5cm，褶边缝合，形成双层圆领。按彩图缝好珠链和毛毛边，完成。

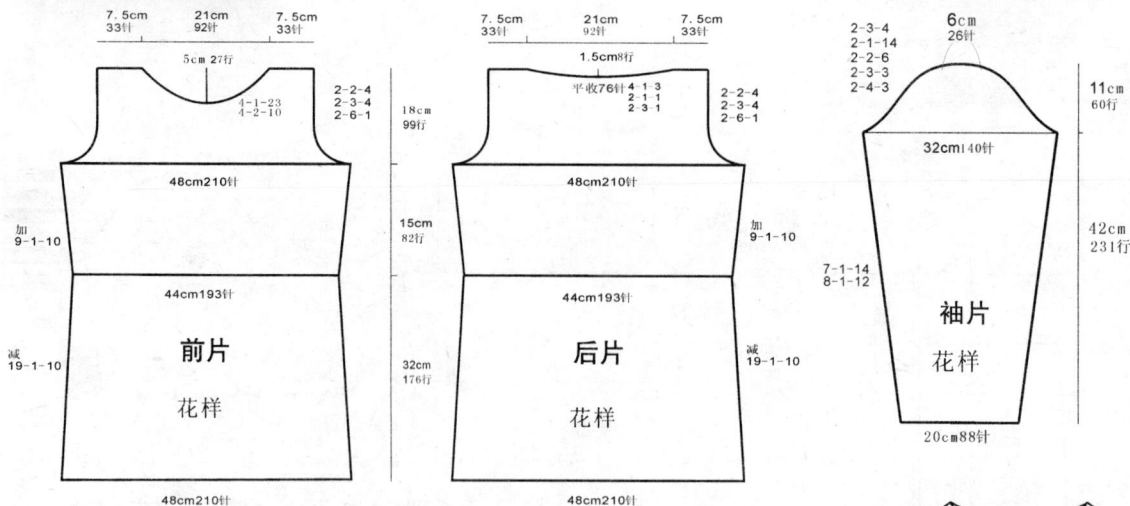

前片

7.5cm 33针　21cm 92针　7.5cm 33针

5cm 27行

2-2-4
2-3-4
2-6-1

4-1-23
4-2-10

48cm210针

加 9-1-10

44cm193针

减 19-1-10

花样

48cm210针

后片

7.5cm 33针　21cm 92针　7.5cm 33针

1.5cm8行

平收76针 4-1-3
2-1-1
2-3-1

2-2-4
2-3-4
2-6-1

18cm 99行

48cm210针

15cm 82行

加 9-1-10

44cm193针

32cm 176行

减 19-1-10

花样

48cm210针

袖片

2-3-4
2-1-14
2-2-6
2-3-3
2-4-3

6cm 26针

11cm 60行

32cm140针

42cm 231行

7-1-14
8-1-12

花样

20cm88针

领子结构图

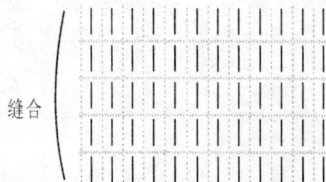

缝合

双层平针底边图解

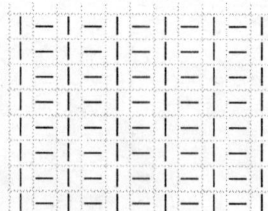

单罗纹

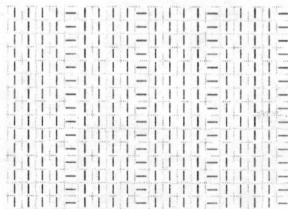

花样

· 074 ·

娇美薄款毛衫

【成品尺寸】衣长65cm　胸围96cm　袖长45cm

【工具】1.7mm棒针　小号钩针

【材料】橙黄色、白色纯羊毛线

【密度】10cm²：44针×55行

【附件】扣子9枚

【制作过程】前片分左、右两片，左、右前片织法相同，分别按图起针。先织双层平针底边后，改织下针，并按彩图编入图案（图案可自行设计），至织完成。后片按图起针，先织双层平针底边后，改织下针至织完成。袖窿和领窝按图加减针。衣袖按图起针，织双层平针底边后，改织下针，至织完成。袖片和袖山按图加减针，全部缝合。用花样编织门襟，改用钩针钩织花边，缝上前片衬边和扣子，完成。

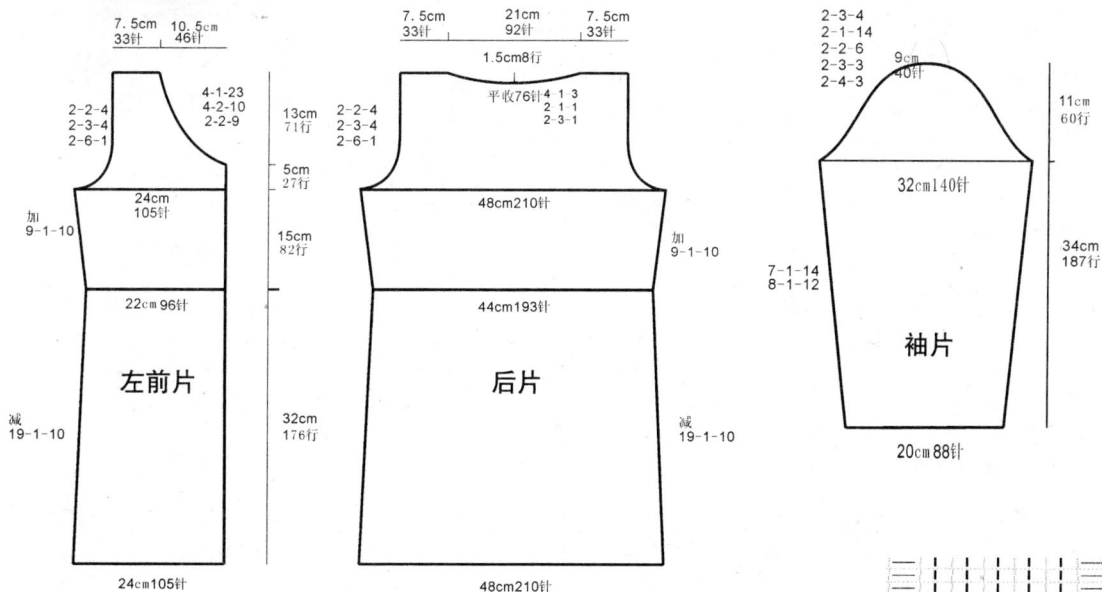

左前片

7.5cm 33针　10.5cm 46针

2-2-4
2-3-4
2-6-1

4-1-23
4-2-10
2-2-9

13cm 71行
5cm 27行

24cm 105针

加 9-1-10

15cm 82行

22cm 96针

减 19-1-10

32cm 176行

24cm105针

后片

7.5cm 33针　21cm 92针　7.5cm 33针

1.5cm8行

平收76针 4-1-3
2-1-1
2-3-1

2-2-4
2-3-4
2-6-1

48cm210针

44cm193针

加 9-1-10

减 19-1-10

48cm210针

袖片

2-3-4
2-1-14
2-2-6
2-3-3
2-4-3

9cm 40针

11cm 60行

32cm140针

7-1-14
8-1-12

34cm 187行

20cm88针

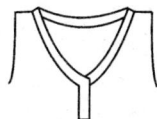

领子结构图　　缝合

5cm 22针　◀编织方向▶　**前片衬边** 花样 2条

24cm132行

双层平针底边图解

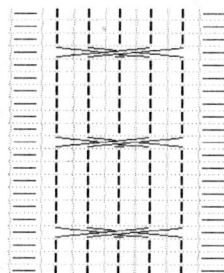

花样

【成品尺寸】衣长65cm　胸围96cm　袖长53cm

【工具】1.7mm棒针

【材料】橙色纯羊毛线

【密度】10cm²：44针×51行

【附件】亮片、钩花若干　细带1条

【制作过程】前、后片分别按图起针，织双罗纹15cm后，改织下针，袖窿和领窝按图加减针，至织完成。衣袖按图起针，织双罗纹10cm后，改织花样，至织完成。袖山和袖片按图加减针，全部缝合。领圈挑针，织下针5cm，褶边缝合，形成双层圆领。前领装饰片另织，按彩图缝好。前胸缝上亮片和钩花，系上细带，完成。

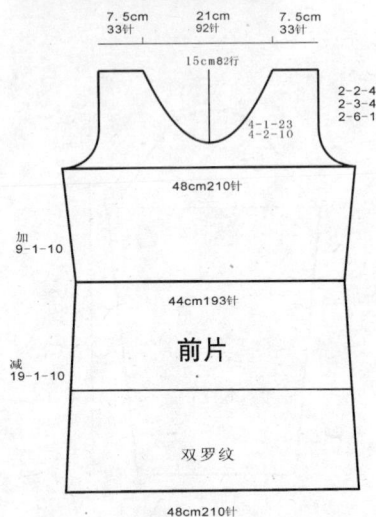

前片

- 7.5cm 33针　21cm 92针　7.5cm 33针
- 15cm82行
- 2-2-4 / 2-3-4 / 2-6-1
- 4-1-23 / 4-2-10
- 48cm210针
- 加 9-1-10
- 44cm193针
- 减 19-1-10
- 双罗纹
- 48cm210针

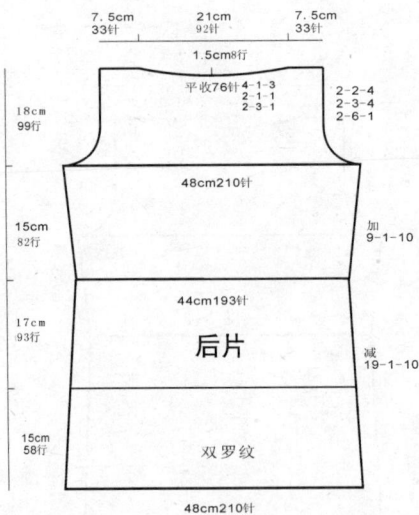

后片

- 7.5cm 33针　21cm 92针　7.5cm 33针
- 1.5cm8行
- 18cm 99行
- 平收76针 4-1-3 / 2-1-1 / 2-3-1
- 2-2-4 / 2-3-4 / 2-6-1
- 48cm210针
- 15cm 82行
- 加 9-1-10
- 44cm193针
- 17cm 93行
- 减 19-1-10
- 15cm 58行
- 双罗纹
- 48cm210针

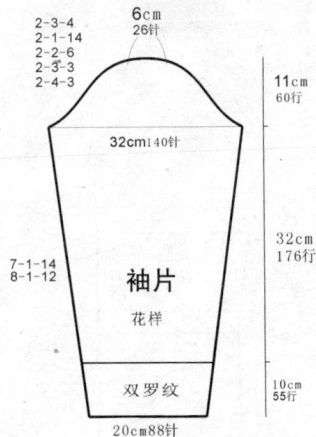

袖片

- 2-3-4 / 2-1-14 / 2-2-6 / 2-3-3 / 2-4-3
- 6cm 26针
- 11cm 60行
- 32cm140针
- 7-1-14 / 8-1-12
- 32cm 176行
- 花样
- 10cm 55行
- 双罗纹
- 20cm88针

领子结构图

编织方向　前领装饰片

5cm / 27行

20cm88行

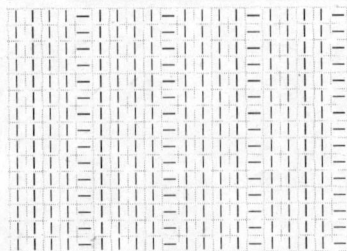

花样

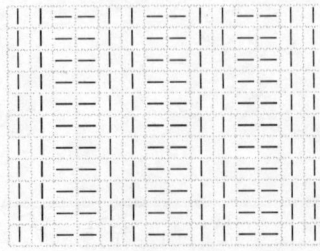

双罗纹

粉色佳人装

【成品尺寸】衣长65cm　胸围96cm　袖长38cm

【工具】1.7mm棒针

【材料】白色、粉红色纯羊毛线

【密度】10cm²：44针×55行

【附件】装饰花2朵

【制作过程】前、后片按图起针，织单罗纹8cm并间色，后改织下针至织完成。衣身、袖窿和领窝按图加减针。衣袖按图起针，织单罗纹8cm并间色，后改织下针至织完成。袖片和袖山按图加减针，全部缝合。衣领边另织8cm单罗纹，褶边缝合，领尖缝合，按领子结构图缝合，形成双层领。前领装饰片另织，按彩图缝合。缝上装饰花，完成。

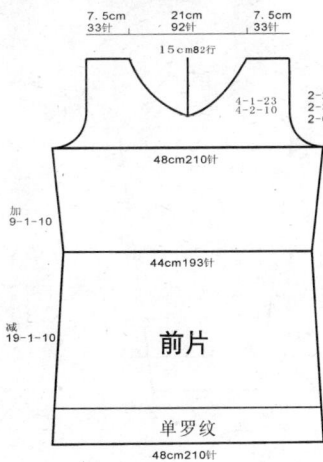

前片

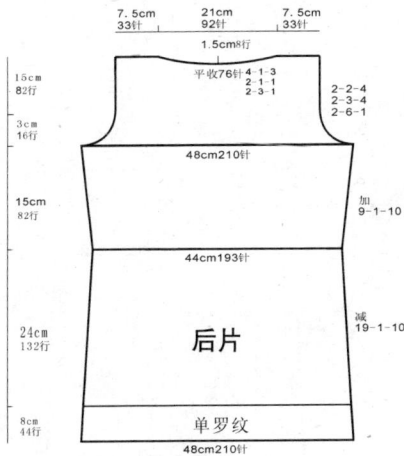

后片

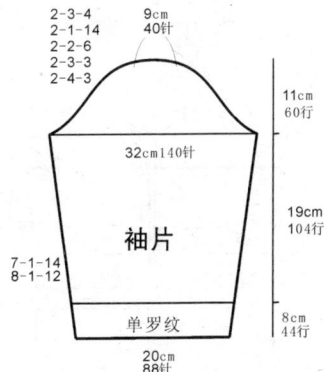

袖片

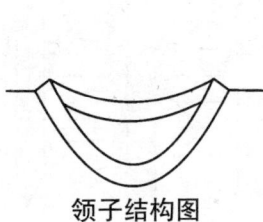

领子结构图

	前领装饰片	
8cm 44行　编织方向
20cm88针

	领圈	单罗纹
5cm 27行　编织方向
48cm210针

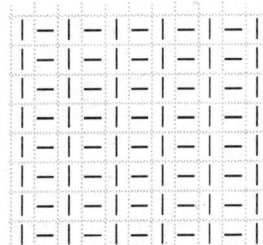

单罗纹

【成品尺寸】衣长65cm　胸围96cm　袖长53cm

【工具】1.7mm棒针

【材料】粉红色纯羊毛线

【密度】$10cm^2$：44针×55行

【附件】扣子4枚　亮珠若干

【制作过程】前片由上、下2部分组成，上片分左、右两片，分别按图起针，织双罗纹5cm后，改织下针，至织完成。袖窿和领窝按图加减针，下片按图起针，织5cm双罗纹后，改织下针，至织完成。门襟另织缝合后，上下片缝合。后片按图起针，织5cm双罗纹后改织下针，至织完成。袖窿和领窝按图加减针。衣袖按图起针，织双罗纹15cm后，改织下针，至织完成。袖山和袖片按图加减针，全部缝合。领圈挑针，织5cm双罗纹，形成圆领，缝上扣子和亮珠，完成。

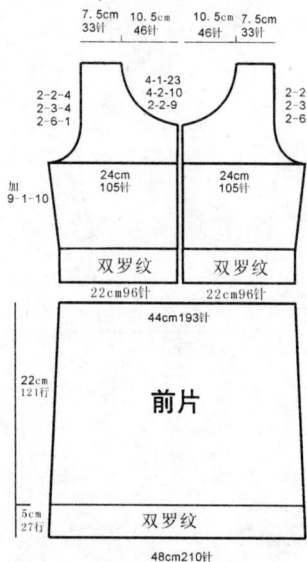

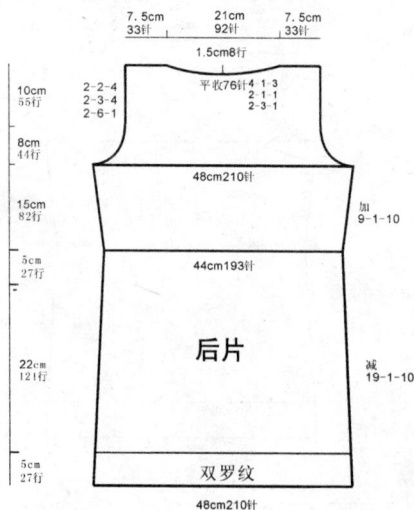

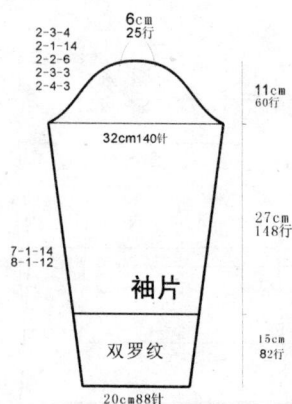

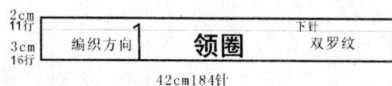

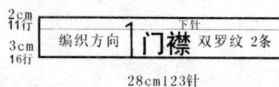

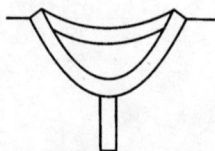

领子结构图

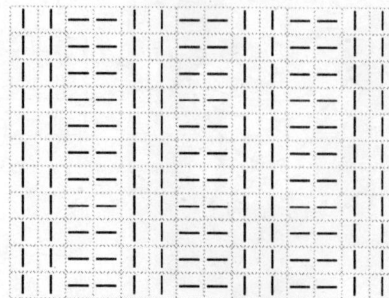

双罗纹

甜美贴身毛衫

【成品尺寸】衣长65cm　胸围96cm　袖长53cm

【工具】1.7mm棒针

【材料】灰白色纯羊毛线

【密度】10cm²：44针×55行

【附件】装饰带1条

【制作过程】前、后片分别按图起针，织双罗纹15cm后，改织下针，至织完成。袖窿和领窝按图加减针，衣袖按图起针，织双罗纹25cm后，改织下针至织完成。袖片和袖山按图加减针，全部缝合。领圈另织下针12cm，按领子结构图，与前后片领窝缝合，领圈边另织下针5cm，褶边缝合，形成双层圆领。系上装饰带，完成。

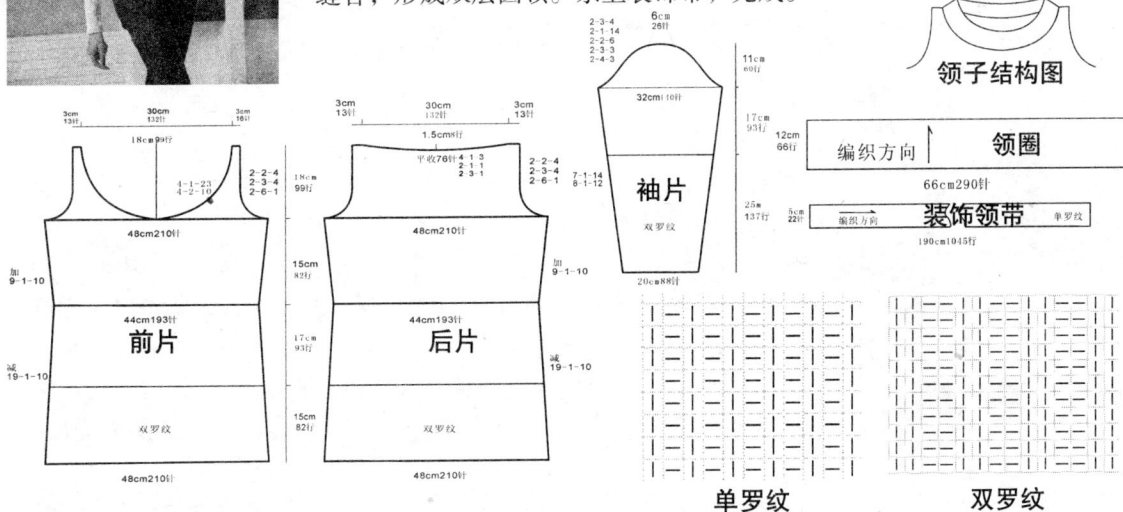

领子结构图

前片

后片

袖片

单罗纹　双罗纹

【成品尺寸】衣长60cm　胸围96cm　袖长45cm

【工具】1.7mm棒针　小号钩针

【材料】白色纯羊毛线

【密度】10cm²：44针×55行

【附件】亮珠若干　钩针钩织的花朵若干

【制作过程】前、后片按P80图起针，先织双层平针底边后，改织下针至织完成。衣片、袖窿和领窝按图加减针。衣袖按图起针，先织双层平针底边后，改织下针至织完成。袖片和袖山按图加减针，全部缝合。领子另织5cm单罗纹，按结构图褶边缝合，领尖缝合，形成双层V领。缝上钩织好的花朵和亮珠，完成。

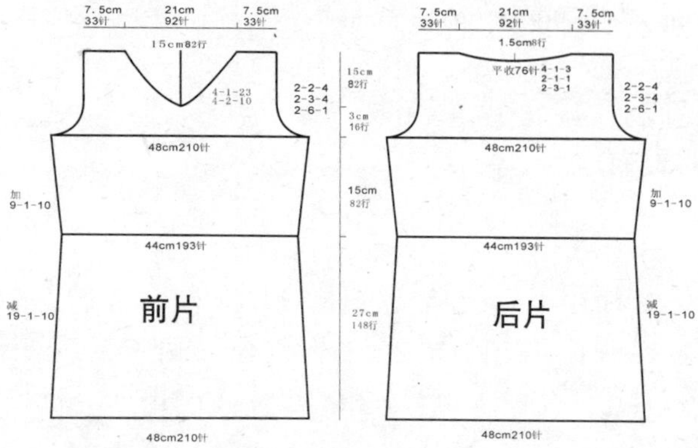

7.5cm 33针
21cm 92针
7.5cm 33针
15cm82行
4-1-23
4-2-10
2-2-4
2-3-4
2-6-1
48cm210针
加 9-1-10
44cm193针
前片
减 19-1-10
48cm210针
1.5cm8行
平收76针 4-1-3 2-1-1 2-3-1
15cm 82行
3cm 16行
15cm 82行
27cm 148行
后片
48cm210针

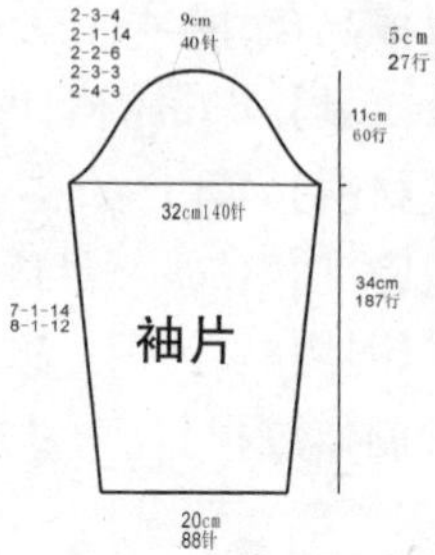

2-3-4
2-1-14
2-2-6
2-3-3
2-4-3
9cm 40针
11cm 60行
32cm140针
34cm 187行
7-1-14
8-1-12
袖片
20cm 88针

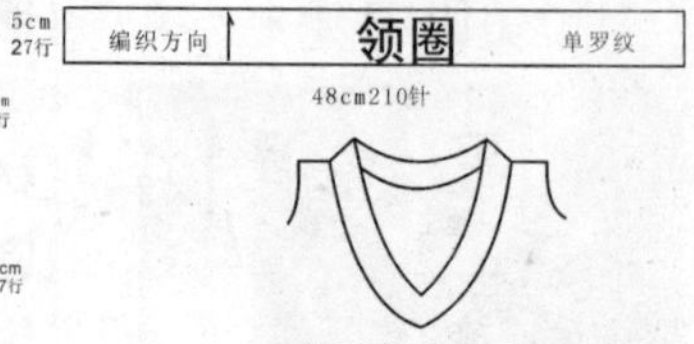

5cm 27行
编织方向
领圈
单罗纹
48cm210针

领子结构图

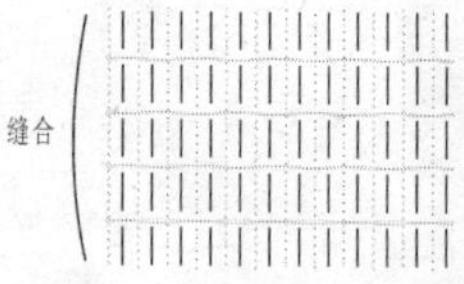

缝合

双层平针底边图解

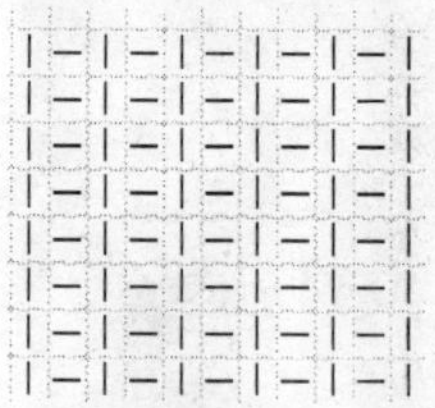

单罗纹

【成品尺寸】衣长65cm　胸围96cm　袖长38cm

【工具】1.7mm棒针

【材料】白色、黑色纯羊毛线

【密度】10cm²：44针×55行

【附件】亮珠若干

【制作过程】前、后片按图起针，织单罗纹8cm并间色，后改织花样至织完成。衣身、袖窿和领窝按图加减针。衣袖按图起针，织单罗纹8cm并间色，后改织下针至织完成。袖片和袖山按图加减针，全部缝合。衣领另织8cm单罗纹，按领子结构图缝合，形成圆领。缝上亮珠链，完成。

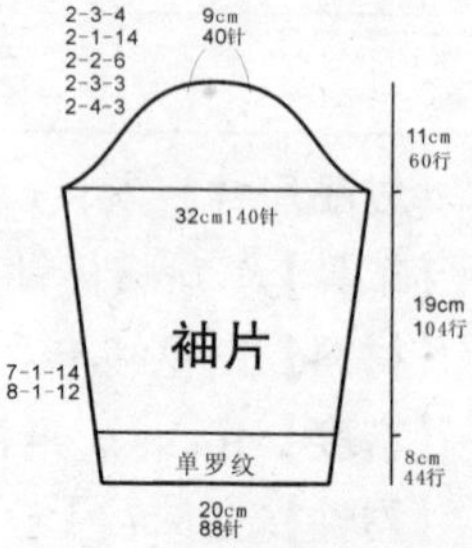

2-3-4
2-1-14
2-2-6
2-3-3
2-4-3
9cm 40针
11cm 60行
32cm140针
19cm 104行
7-1-14
8-1-12
袖片
单罗纹
8cm 44行
20cm 88针

单罗纹

领子结构图

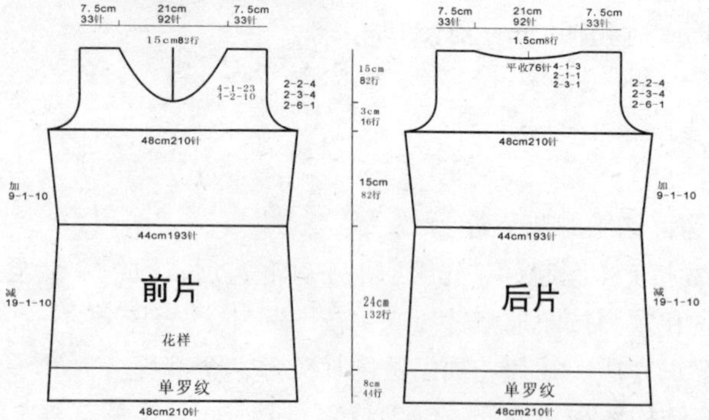

7.5cm 33针
21cm 92针
7.5cm 33针
15cm82行
4-1-23
4-2-10
2-2-4
2-3-4
2-6-1
48cm210针
加 9-1-10
44cm193针
前片
减 19-1-10
花样
单罗纹
48cm210针
1.5cm8行
平收76针 4-1-3 2-1-1 2-3-1
15cm 82行
3cm 16行
15cm 82行
24cm 132行
8cm 44行
后片
单罗纹

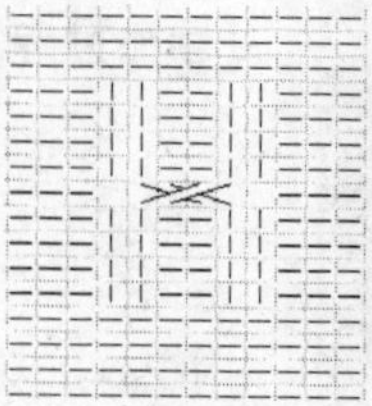

花样

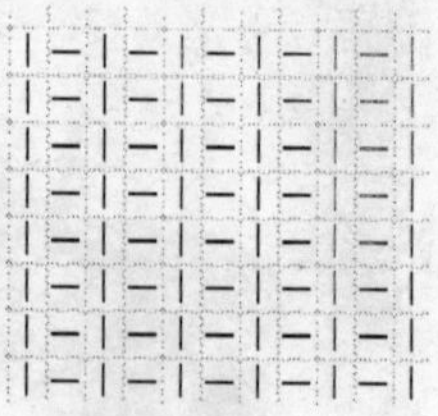

单罗纹

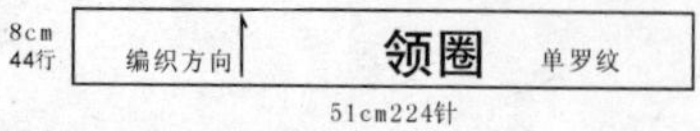

8cm 44行
编织方向
领圈
单罗纹
51cm224针

红色中袖衫

【成品尺寸】衣长55cm　胸围96cm　连肩袖长50cm

【工具】1.7mm棒针

【材料】红色纯羊毛线

【密度】10cm²：44针×55行

【附件】扣子1枚　亮珠若干

【制作过程】前片分左、右两片，左前片和右前片织法相同，分别按图起针，先织双罗纹8cm后，改织下针，门襟的位置织单罗纹，至织完成。后片起针，织双罗纹10cm后，改织下针至织完成。衣片、袖窿和领窝按图加减针。衣袖按图起针，织双罗纹8cm后，改织下针至织完成，全部缝合。领子另织，与领圈缝合，形成门襟圆领。缝上扣子和亮珠，完成。

领子结构图

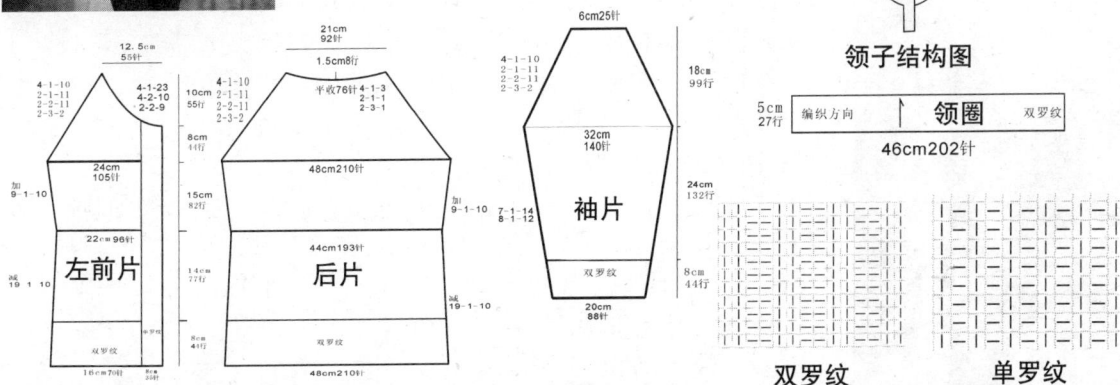

编织方向　领圈　双罗纹

5cm 27行

46cm202针

双罗纹　　单罗纹

左前片

12.5cm 55针

4-1-10
2-1-11
2-3-2

4-1-23
4-2-10
2-2-9

24cm 105针

加 9-1-10

22cm 96针

减 19　1　10

双罗纹

16cm 70行

后片

21cm 92针

1.5cm 8行

4-1-10
2-1-11
2-3-2

平收76针 4-1-3
2-1-11
2-3-1

48cm210针

44cm193针

双罗纹

48cm210针

加 9-1-10

减 19-1-10

10cm 55行

8cm 44行

15cm 82行

14cm 77行

8cm 44行

袖片

6cm25针

4-1-10
2-1-11
2-3-2

32cm 140针

袖片

双罗纹

20cm 88针

18cm 99行

24cm 132行

8cm 44行

7-1-14
8-1-12

【成品尺寸】衣长65cm　胸围96cm　袖长38cm

【工具】1.7mm棒针

【材料】白色、红色纯羊毛线

【密度】10cm²：44针×55行

【附件】扣子2枚　装饰花1朵　亮珠若干

【制作过程】前、后片按P82图起针，织单罗纹8cm并间色，后改织下针至织完成。衣身、袖窿和领窝按图加减针。衣袖按图起针，织单罗纹8cm并间色，后改织下针至织完成。袖片和袖山按图加减针，全部缝合。门襟和衣领分别另织8cm单罗纹，按领子结构图缝合。花朵另做好，全部缝到前领片上，缝上亮珠和扣子，完成。

前片
- 7.5cm 33针 | 21cm 92针 | 7.5cm 33针
- 8cm 44行
- 4-1-23 / 4-2-10
- 2-2-4 / 2-3-4 / 2-6-1
- 48cm 210针
- 10cm 55行
- 8cm 4行
- 加 9-1-10
- 44cm 193针
- 减 19-1-10
- 单罗纹
- 48cm 210针

后片
- 7.5cm 33针 | 21cm 92针 | 7.5cm 33针
- 1.5cm行
- 8cm 4行
- 平收76针 4 1 3 / 2 3 1
- 2-2-4 / 2-3-4 / 2-6-1
- 48cm 210针
- 15cm 82行
- 加 9-1-10
- 44cm 193针
- 24cm 132行
- 减 19-1-10
- 8cm 44行
- 单罗纹
- 48cm 210针

袖片
- 2-3-4 / 2-1-14 / 2-2-6 / 2-3-3 / 2-4-3
- 9cm 40针
- 11cm 60行
- 32cm 140针
- 19cm 104行
- 7-1-14 / 8-1-12
- 8cm 44行
- 单罗纹
- 20cm 88针

编织方向 **门襟** 单罗纹 10cm 44针
编织方向 **领圈** 单罗纹 5cm 27行

领子结构图

单罗纹

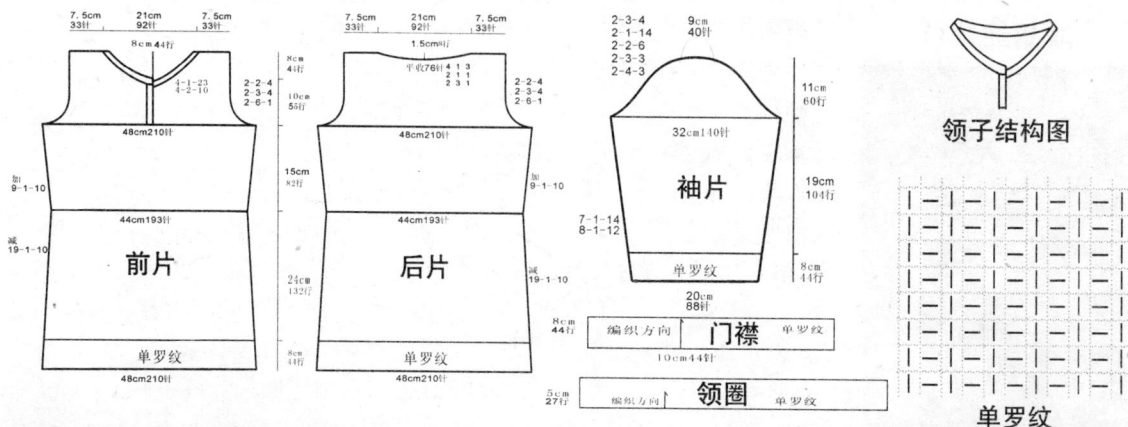

【成品尺寸】衣长65cm　胸围96cm　袖长38cm
【工具】1.7mm棒针
【材料】红色纯羊毛线
【密度】10cm²：44针×55行
【附件】亮片若干　刺绣花朵若干
【制作过程】前、后片按图起针，织下针，袖窿和领窝按图加减针，至织完成。衣袖按图起针，织下针。衣袖和袖山按图加减针，至织完成，全部缝合。门襟、下摆和袖口另织单罗纹，并间色，按彩图缝合，形成花边。缝上亮片和刺绣花朵，完成。

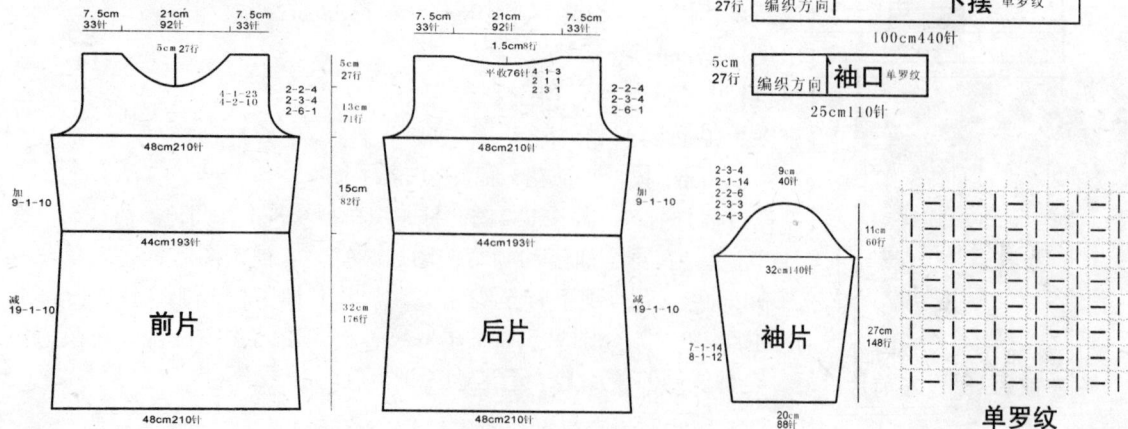

5cm 27行 编织方向 **门襟** 单罗纹 110cm 484针针
5cm 27行 编织方向 **下摆** 单罗纹 100cm 440针
5cm 27行 编织方向 **袖口** 单罗纹 25cm 110针

前片
- 7.5cm 33针 | 21cm 92针 | 7.5cm 33针
- 5cm 27行
- 4-1-23 / 4-2-10
- 2-2-4 / 2-3-4 / 2-6-1
- 48cm 210针
- 加 9-1-10
- 44cm 193针
- 减 19-1-10
- 48cm 210针

后片
- 7.5cm 33针 | 21cm 92针 | 7.5cm 33针
- 1.5cm行
- 平收76针 4 1 3 / 2 3 1
- 5cm 27行
- 13cm 7行
- 2-2-4 / 2-3-4 / 2-6-1
- 48cm 210针
- 15cm 82行
- 加 9-1-10
- 44cm 193针
- 32cm 17行
- 减 19-1-10
- 48cm 210针

袖片
- 2-3-4 / 2-1-14 / 2-3-3 / 2-4-3
- 9cm 40针
- 11cm 60行
- 32cm 140针
- 27cm 148行
- 7-1-14 / 8-1-12
- 20cm 88针

单罗纹

靓丽红颜衫

【成品尺寸】 胸围 82cm　衣长 52cm　袖长 48cm

【工具】 14号棒针 1付　1.5mm钩针 1支

【材料】 红色细毛线 500g　灰色细毛线 100g

【密度】 10cm²：37针×42行

【附件】 纽扣 8枚

【制作过程】 1. 14号棒针起针148针，织双罗纹，织4cm织下针。前片中间12cm，每织4行换一次颜色，织彩条28cm后，按图留袖窿，同时中间彩条加长，每4行两侧颜色多加1针，前片再织1cm。从中间分左片和右片中间位置的10cm平针，然后两边分别留领窝，后片按图留袖窿和领窝。另外起针织外加前片，门襟按图减针，袖窿部分和前片一样织法。

2. 衣袖由袖口织起，起80针织双罗纹边，织4cm后每4行加1针，共加20针，然后按图腋下加针，织够34cm按图织袖山。

3. 领口接前门襟挑150针，折回织上针，织10cm。用红线和灰线另起72针织16行上针抱在门襟上，然后交错缝合，缝上纽扣。

4. 按钩针图解钩外加前片门襟及下摆花边以及带子。

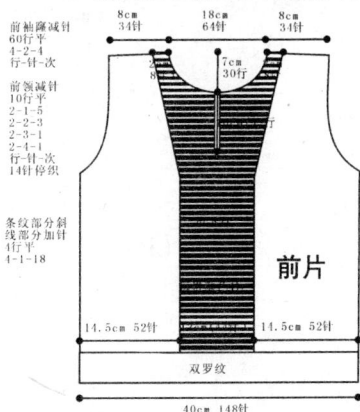

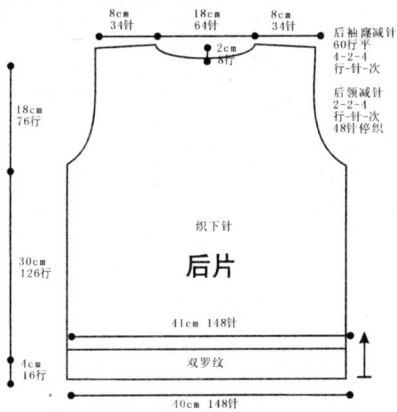

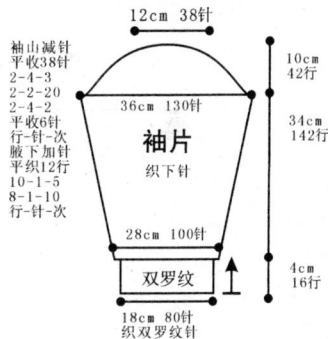

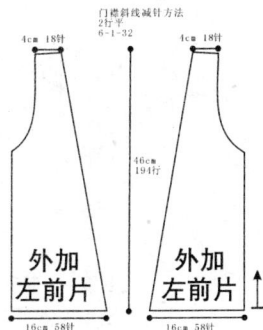

前片

前袖窿减针
60行平
4-2-4
行-针-次

前领减针
10行平
2-1-1
2-2-3
2-3-1
行-针-次
14针停织

条纹部分斜线部分加针
4行平
4-1-18

8cm 34针　18cm 64针　8cm 34针

7cm 30行

18cm 76行

30cm 126行

14.5cm 52针　14.5cm 52针

双罗纹

4cm 16行

40cm 148针

后片

后袖窿减针
10行平
4-2-4
行-针-次

后领减针
2-2-4
行-针-次
48针停织

8cm 34针　18cm 64针　8cm 34针

2cm 8行

织下针

41cm 148针

双罗纹

40cm 148针

袖片

袖山减针
平收38针
2-4-3
2-2-20
2-4-2
平收6针
行-针-次
腋下加针
平织12行
10-1-5
8-1-10
行-针-次

12cm 38针

10cm 42行

36cm 130针

34cm 142行

织下针

28cm 100针

双罗纹

18cm 80针
织双罗纹针

4cm 16行

挑150行
折回织上针

10cm 42行

门襟斜线减针方法
2行平
6-1-32

4cm 18针　4cm 18针

46cm 191行

外加左前片　外加左前片

16cm 58针

外加前片门襟和下摆花边

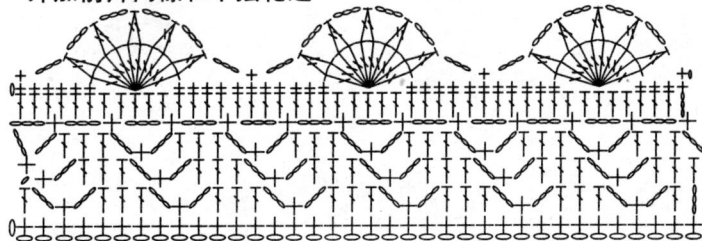

【成品尺寸】衣长65cm　胸围96cm　袖长53cm

【工具】1.7mm棒针

【材料】红色纯羊毛线

【密度】10cm²：44针×55行

【附件】亮珠、装饰花若干

【制作过程】前、后片分别按图起针，织双罗纹12cm后，改织下针，袖窿和领窝按图加减针，至织完成。衣袖按图起针，织双罗纹12cm后，改织下针，至织完成。袖山和袖片按图加减针，全部缝合。领圈挑针，织下针5cm，褶边缝合，形成双层圆领。围巾另织，起5针织单罗纹，按图减针，至织完成。按彩图缝好亮珠，绣上装饰花，完成。

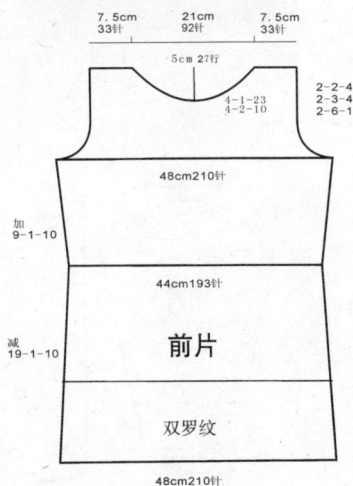

前片

7.5cm 33针　21cm 92针　7.5cm 33针
5cm 27行
2-2-4
2-3-4
2-6-1
4-1-23
4-2-10
48cm210针
加 9-1-10
44cm193针
减 19-1-10
双罗纹
48cm210针

18cm 99行
15cm 82行
20cm 110行
12cm 66行

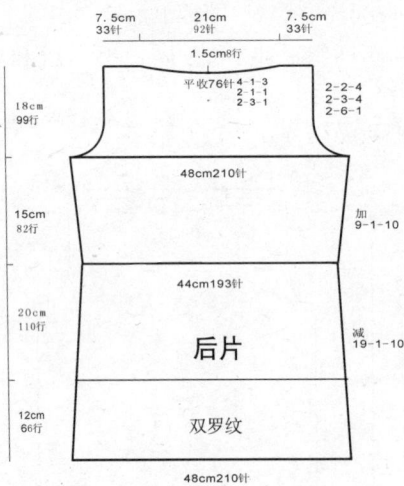

后片

7.5cm 33针　21cm 92针　7.5cm 33针
1.5cm8行
平收76针 4-1-3 2-1-1 2-3-1
2-2-4
2-3-4
2-6-1
48cm210针
加 9-1-10
44cm193针
减 19-1-10
双罗纹
48cm210针

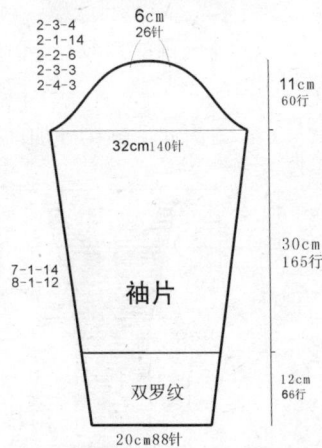

袖片

2-3-4
2-1-14
2-2-6
2-3-3
2-4-3
6cm 26针
32cm140针
7-1-14
8-1-12
双罗纹
20cm88针

11cm 60行
30cm 165行
12cm 66行

领子结构图

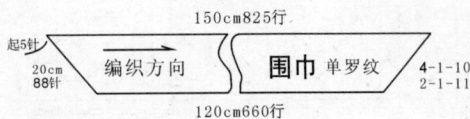

围巾 单罗纹

起5针
20cm 88针
编织方向
150cm825行
120cm660行
4-1-10
2-1-11

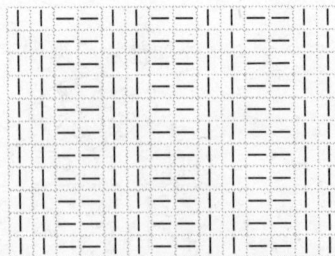

双罗纹

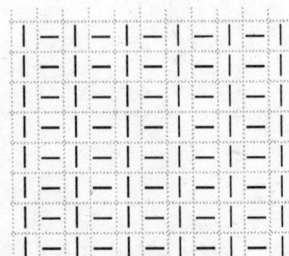

单罗纹

【成品尺寸】衣长65cm　胸围96cm　袖长38cm

【工具】1.7mm棒针

【材料】红色纯羊毛线

【密度】10cm²：44针×55行

【附件】亮片若干

【制作过程】前、后片按图起针，织单罗纹，袖窿和领窝按图加减针，至织完成。衣袖按图起针，织单罗纹，衣袖和袖山按图加减针，至织完成，全部缝合。领圈挑针，织5cm单罗纹，形成圆领，缝上亮片，完成。

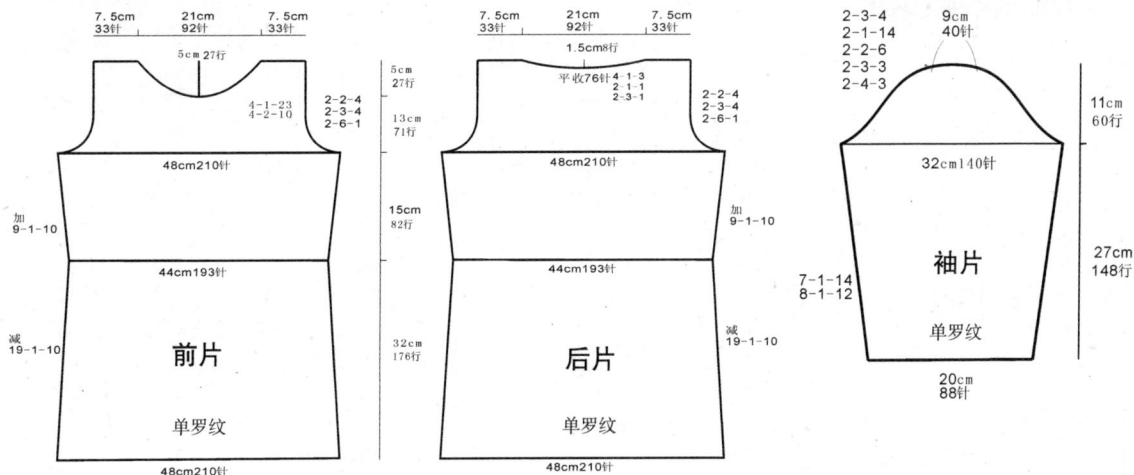

前片

7.5cm 33针　21cm 92针　7.5cm 33针

5cm 27行

4-1-23
4-2-10

2-2-4
2-3-4
2-6-1

48cm210针

加 9-1-10

44cm193针

减 19-1-10

单罗纹

48cm210针

后片

7.5cm 33针　21cm 92针　7.5cm 33针

1.5cm8行

5cm 27行

平收76针
2-3-1
4-1-1
4-1-3

2-2-4
2-3-4
2-6-1

13cm 71行

15cm 82行

48cm210针

加 9-1-10

44cm193针

减 19-1-10

32cm 176行

单罗纹

48cm210针

袖片

2-3-4
2-2-6
2-1-14
2-3-4

9cm 40针

11cm 60行

32cm140针

7-1-14
8-1-12

27cm 148行

单罗纹

20cm 88针

领子结构图

5cm 27行　编织方向　领圈 单罗纹

42cm184针

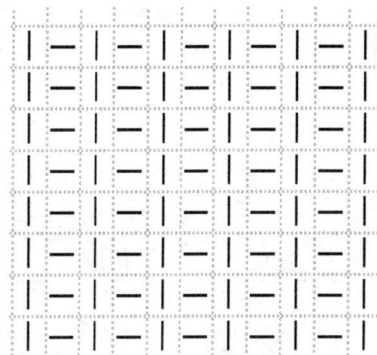

单罗纹

俏丽花边衫

【成品尺寸】衣长65cm　胸围96cm　袖长53cm

【工具】1.7mm棒针　绣花针

【材料】杏色纯羊毛线

【密度】10cm²：44针×55行

【附件】绣花图案、亮珠若干

【制作过程】前片分左、右两片，左前片和右前片织法相同，分别按图起针，织下针，衣摆圆角部分按图收针，至织完成。后片起针，织下针至织完成。袖窿和领窝按图加减针。衣袖按图起针，织4cm单罗纹，再织6cm双罗纹，然后改织下针，至织完成。袖山和袖片按图加减针，全部缝合。衣片花边另织，按彩图与衣片缝合。绣上绣花图案和亮珠，完成。

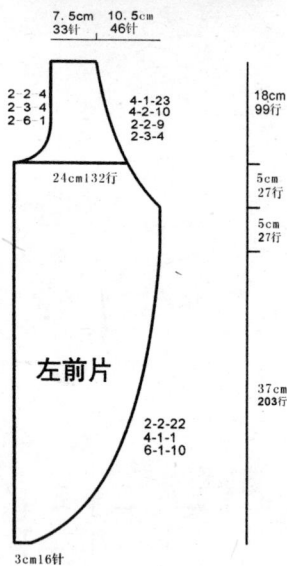

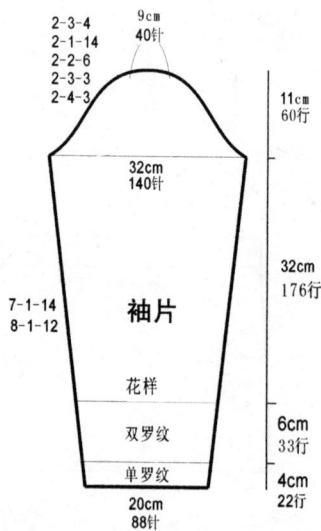

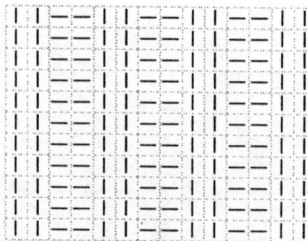

双罗纹

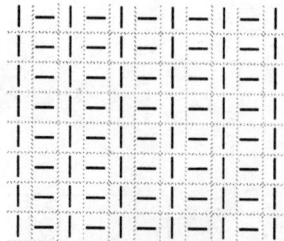

单罗纹

【成品尺寸】衣长65cm　胸围96cm　袖长53cm

【工具】1.7mm棒针

【材料】米白色纯羊毛线

【密度】10cm²：44针×55行

【附件】扣子18枚

【制作过程】内前片按图起针，织双罗纹至织完成，外前片按图起针，织10cm双罗纹后，改织下针并分成左、右两片，按图织好。后片按图起针，织双罗纹至织完成。袖窿和领窝按图加减针。衣袖按图起针，织10cm双罗纹后，改织下针，袖片和袖山按图加减针，至织完成。外前片领圈和门襟另织，与前片缝合。内前片和外前片重叠好，全部缝合。内前片领圈挑针，织下针15cm，形成半高领。缝上扣子，完成。

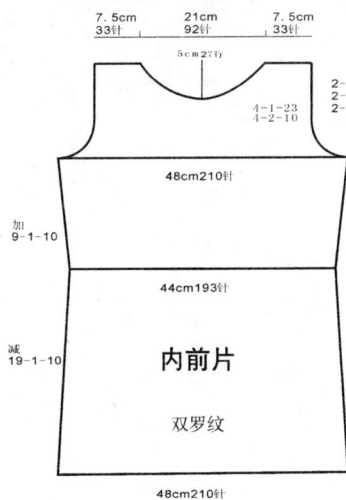

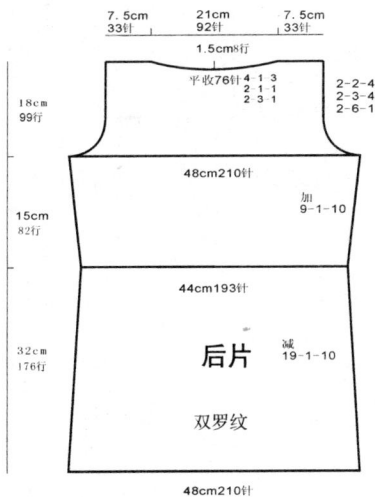

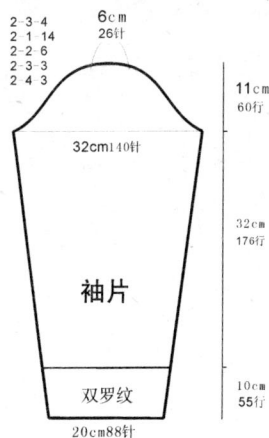

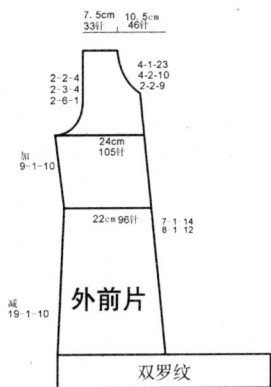

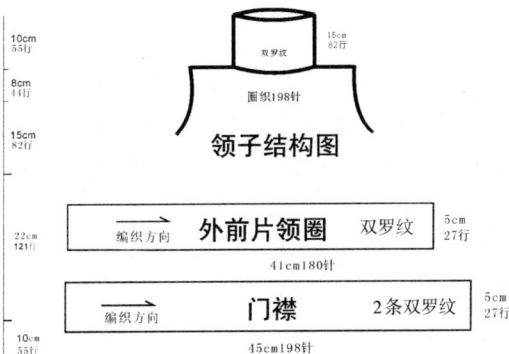

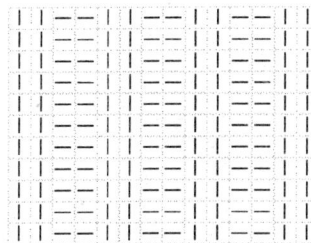

内前片

7.5cm 33针 | 21cm 92针 | 7.5cm 33针

5cm27行

4-1-23
4-2-10

2-2-4
2-3-4
2-6-1

48cm210针

加 9-1-10

44cm193针

减 19-1-10

内前片

双罗纹

48cm210针

后片

7.5cm 33针 | 21cm 92针 | 7.5cm 33针

1.5cm8行

平收76针　4-1-3
4-2-3
2-3-1

2-2-4
2-3-4
2-6-1

18cm 99行

48cm210针

15cm 82行

加 9-1-10

44cm193针

32cm 176行

减 19-1-10

后片

双罗纹

48cm210针

袖片

2-3-4
2-1-14
2-2-6
2-3-3
2-4-3

6cm 26针

11cm 60行

32cm140针

32cm 176行

袖片

10cm 55行

双罗纹

20cm88针

外前片

7.5cm 33行 | 10.5cm 46针

4-1-23
4-2-10
2-2-9

2-2-4
2-3-4
2-6-1

24cm 105针

加 9-1-10

22cm96针

7-1-14
8-1-12

减 19-1-10

外前片

双罗纹

10cm 55行

8cm 44行

15cm 82行

22cm 121行

领子结构图

15cm 82行

双罗纹

圈织198针

领子结构图

编织方向 → 外前片领圈　双罗纹 5cm 27行

41cm180针

编织方向 → 门襟　2条双罗纹 5cm 27行

45cm198针

双罗纹

微笑达人衫

【成品尺寸】衣长52cm　胸围82cm　袖长48cm

【工具】14号棒针1付　钩针1支

【材料】粉色细毛线600g

【密度】10cm²：37针×42行

【制作过程】1. 14号棒针起针148针，织双罗纹，织28cm后按图留袖窿及领窝。

2. 衣袖由袖口织起，起80针织双罗纹边，织10cm后每4针加1针，共加20针，然后按图示腋下加针。

3. 领口挑148针，织双罗纹，织6cm。

4. 钩针部分:按钩针图解钩两外前片，边织2cm双罗纹，收针，和前片一起缝合。

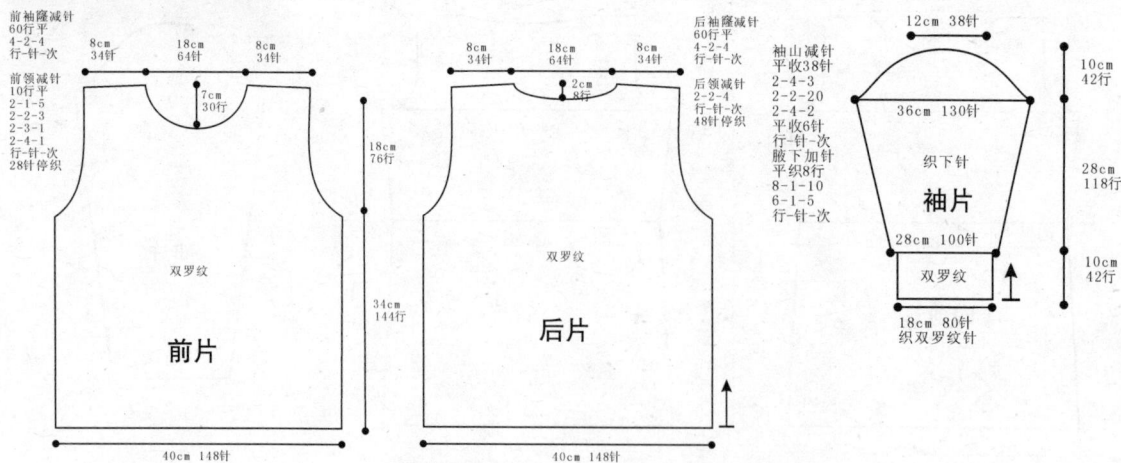

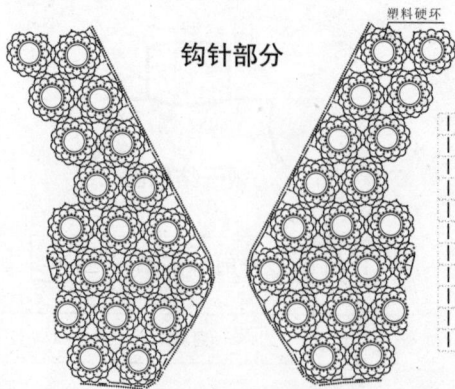

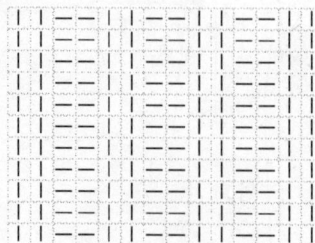

前袖窿减针
60行平
4-2-4
行-针-次

前领减针
10行平
2-1-5
2-2-3
2-3-1
2-4-1
行-针-一次
28针停织

8cm
34针

18cm
64针

8cm
34针

7cm
30行

18cm
76行

34cm
144行

双罗纹

前片

40cm 148针

后袖窿减针
60行平
4-2-4
行-针-次

后领减针
2-2-4
2-4-2
行-针-次
48针停织

8cm
34针

18cm
64针

8cm
34针

2cm
8行

双罗纹

后片

40cm 148针

袖山减针
平收38针
2-4-3
2-2-20
2-4-2
平收6针
行-针-一次
腋下加针
平织8行
8-1-10
6-1-5
行-针-一次

12cm 38针

36cm 130针

织下针

袖片

28cm 100针

双罗纹

18cm 80针
织双罗纹针

10cm
42行

28cm
118行

10cm
42行

6cm 26行

挑148针，
织双罗纹

钩针部分

塑料硬环

双罗纹

【成品尺寸】衣长65cm　胸围96cm　袖长53cm

【工具】1.7mm棒针

【材料】粉红色、深紫色纯羊毛线

【密度】10cm²：44针×55行

【附件】亮珠若干

【制作过程】前、后片分别按图起针，先织双层平针底边后，改织下针，并间色，至织完成。衣片、袖窿和领窝按图加减针。衣袖按图起针，先织双层平针底边后，改织下针，至织完成。袖片和袖山按图加减针，全部缝合。内前领和领边另织，褶边缝合，形成双层内领边，外领圈另织下针，褶边缝合，形成双层V领。内前领与外领圈，按彩图叠压缝合，缝上亮珠，完成。

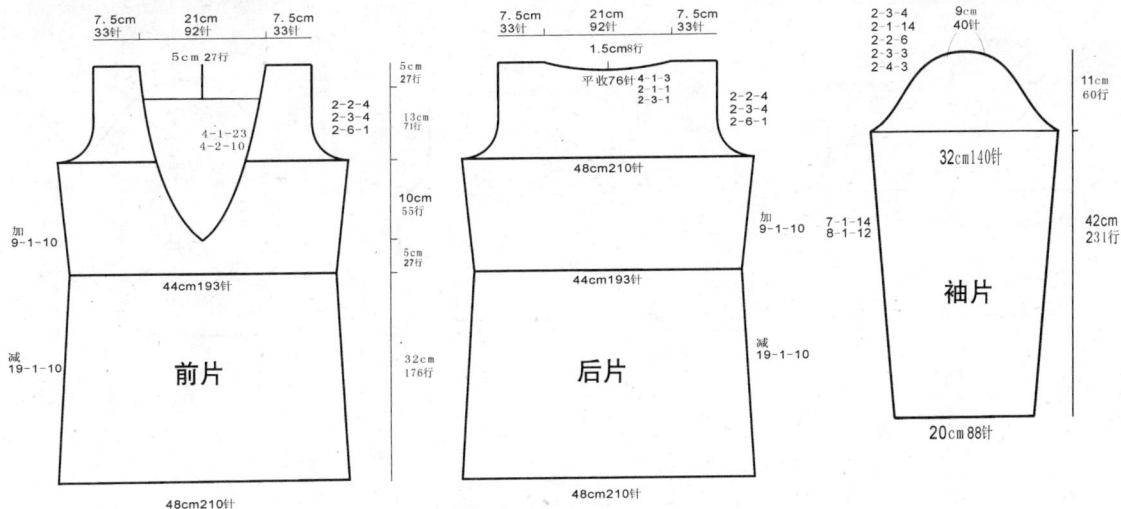

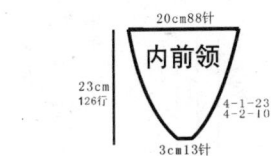

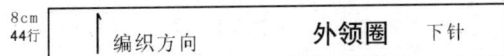

前片：
7.5cm 33针　21cm 92针　7.5cm 33针
5cm 27行
2-2-4
2-3-4
2-6-1
4-1-23
4-2-10
加 9-1-10
44cm193针
减 19-1-10
48cm210针
5cm 27行
13cm 7行
10cm 55行
5cm 27行
32cm 176行
前片

后片：
7.5cm 33针　21cm 92针　7.5cm 33针
1.5cm8行
平收76针　4-1-3 / 2-1-1 / 2-3-1
2-2-4 / 2-3-4 / 2-6-1
48cm210针
加 9-1-10
44cm193针
减 19-1-10
48cm210针
后片

袖片：
2-3-4 / 2-1-1 / 2-2-6 / 2-1-12 / 2-4-3
9cm 40针
32cm140针
11cm 60行
42cm 231行
7-1-1 / 8-1-12
袖片
20cm88针

内前领：
20cm88针
23cm 126行
4-1-23 / 4-2-10
内前领
3cm13针

领子结构图

8cm 44行
↑编织方向　　**外领圈**　下针
68cm299针

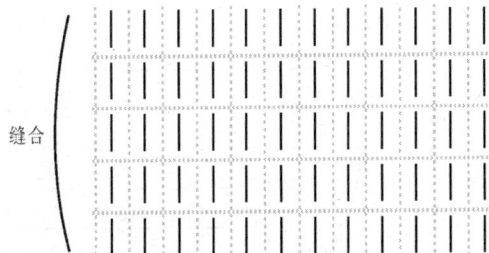

缝合
双层平针底边图解

奔放红装

【成品尺寸】衣长65cm　胸围96cm　袖长53cm

【工具】1.7mm棒针

【材料】红色纯羊毛线

【密度】10cm²：44针×47行

【制作过程】前、后片分别按图起针，先织双层平针底边，后织下针至32cm，再改织花样，至完成。衣袖按图织好，与衣片缝合。领圈挑针织下针，褶边缝合，形成双层圆领，完成。

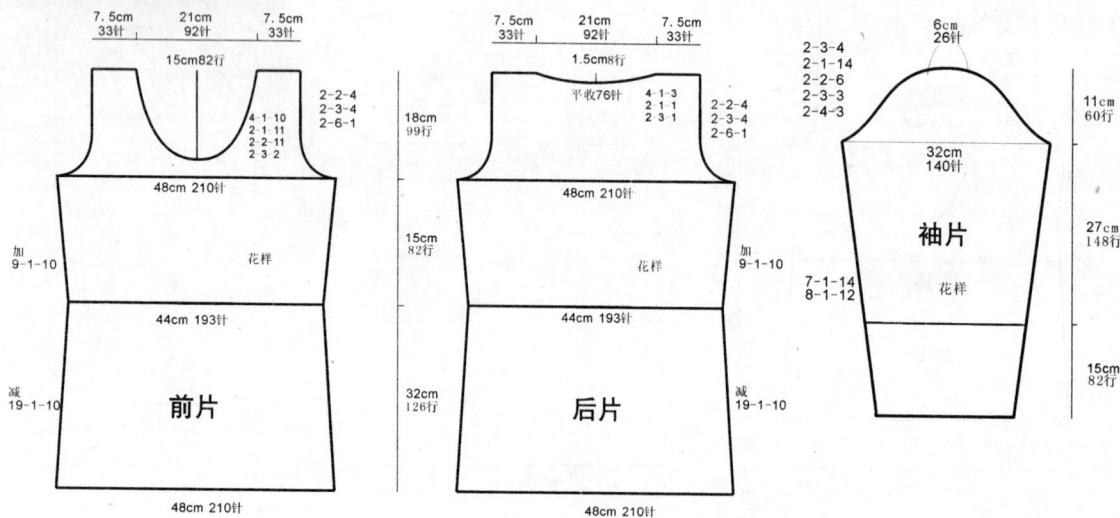

前片

7.5cm 33针　21cm 92针　7.5cm 33针

15cm82行

2-2-4
2-3-4
2-6-1

4-1-10
2-1-11
2-2-11
2-3-2

48cm 210针

加 9-1-10　花样

44cm 193针

减 19-1-10

48cm 210针

后片

7.5cm 33针　21cm 92针　7.5cm 33针

1.5cm8行

平收76针

18cm 99行

4-1-3
2-1-1
2-3-1

2-2-4
2-3-4
2-6-1

48cm 210针

15cm 82行

加 9-1-10　花样

44cm 193针

32cm 126行

减 19-1-10

48cm 210针

袖片

6cm 26针

2-3-4
2-1-14
2-2-6
2-3-3
2-4-3

11cm 60行

32cm 140针

袖片

27cm 148行

7-1-14
8-1-12

花样

15cm 82行

缝合

双层平针底边图解

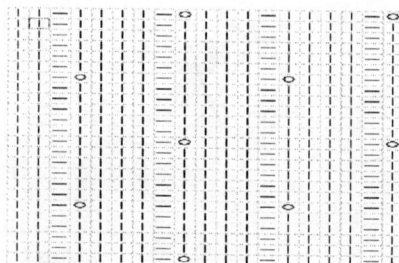

花样

【成品尺寸】衣长65cm　胸围96cm　袖长53cm

【工具】1.7mm棒针

【材料】红色纯羊毛线

【密度】10cm²：44针×55行

【附件】丝绸花边　毛毛边若干

【制作过程】前、后片分别按图起针，织双罗纹32cm后，改织下针，袖窿和领窝按图加减针，至织完成。衣袖按图起针，织双罗纹15cm后，改织下针，至织完成。袖山和袖片按图加减针，全部缝合。领圈挑针，织下针5cm，褶边缝合，形成双层圆领。按彩图缝好丝绸花边和毛毛边，完成。

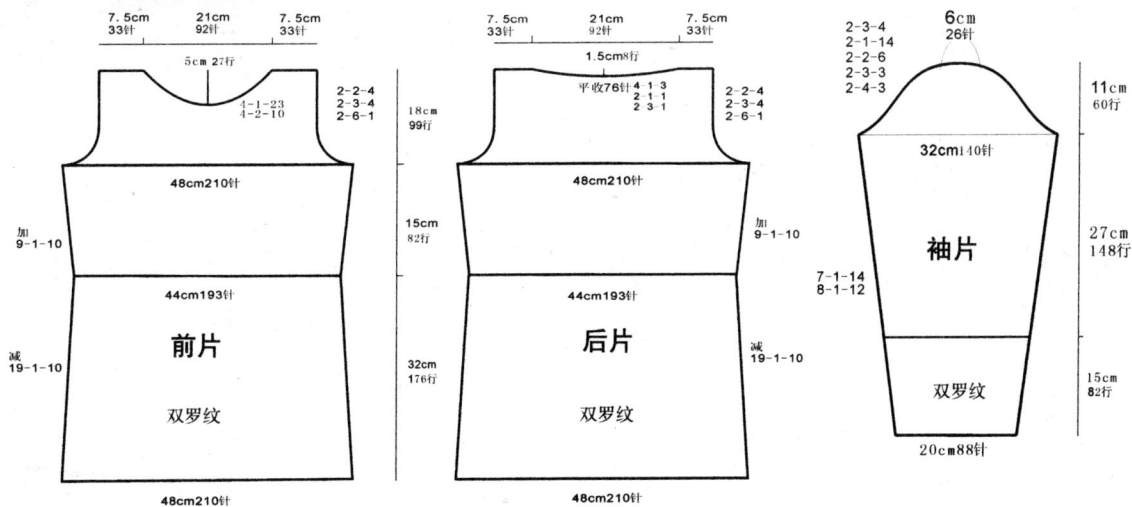

前片

7.5cm 33针　21cm 92针　7.5cm 33针

5cm 27行

4-1-23
4-2-10

2-2-4
2-3-4
2-6-1

48cm210针

18cm 99行

15cm 82行

加 9-1-10

44cm193针

减 19-1-10

前片

双罗纹

48cm210针

后片

7.5cm 33针　21cm 92针　7.5cm 33针

1.5cm8行

平收76针 4-1-3
2-1-1
2-3-1

2-2-4
2-3-4
2-6-1

48cm210针

加 9-1-10

44cm193针

32cm 176行

减 19-1-10

后片

双罗纹

48cm210针

袖片

2-3-4
2-1-14
2-2-6
2-3-3
2-4-3

6cm 26针

11cm 60行

32cm140针

27cm 148行

7-1-14
8-1-12

袖片

15cm 82行

双罗纹

20cm88针

领子结构图

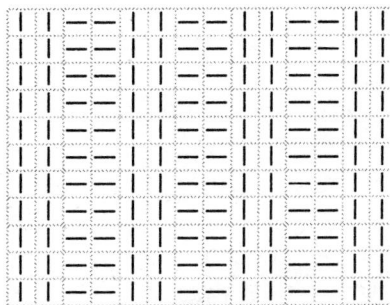

双罗纹

【成品尺寸】衣长65cm　胸围96cm　袖长53cm

【工具】1.7mm棒针

【材料】玫红色纯羊毛线

【密度】10cm²：44针×55行

【附件】扣子7枚　亮珠若干

【制作过程】前片分左、右两片，左前片和右前片织法相同，分别按图起针，织5cm双罗纹后，改织下针至织完成。后片按图起针，织5cm双罗纹后，改织下针至织完成。袖窿和领窝按图加减针。衣袖按图起针，织5cm双罗纹后，改织下针，至织完成。袖片和袖山按图加减针，全部缝合。门襟另织5cm下针，褶边缝合，形成双层门襟。前领片另织按结构图缝合，缝上扣子和亮珠，完成。

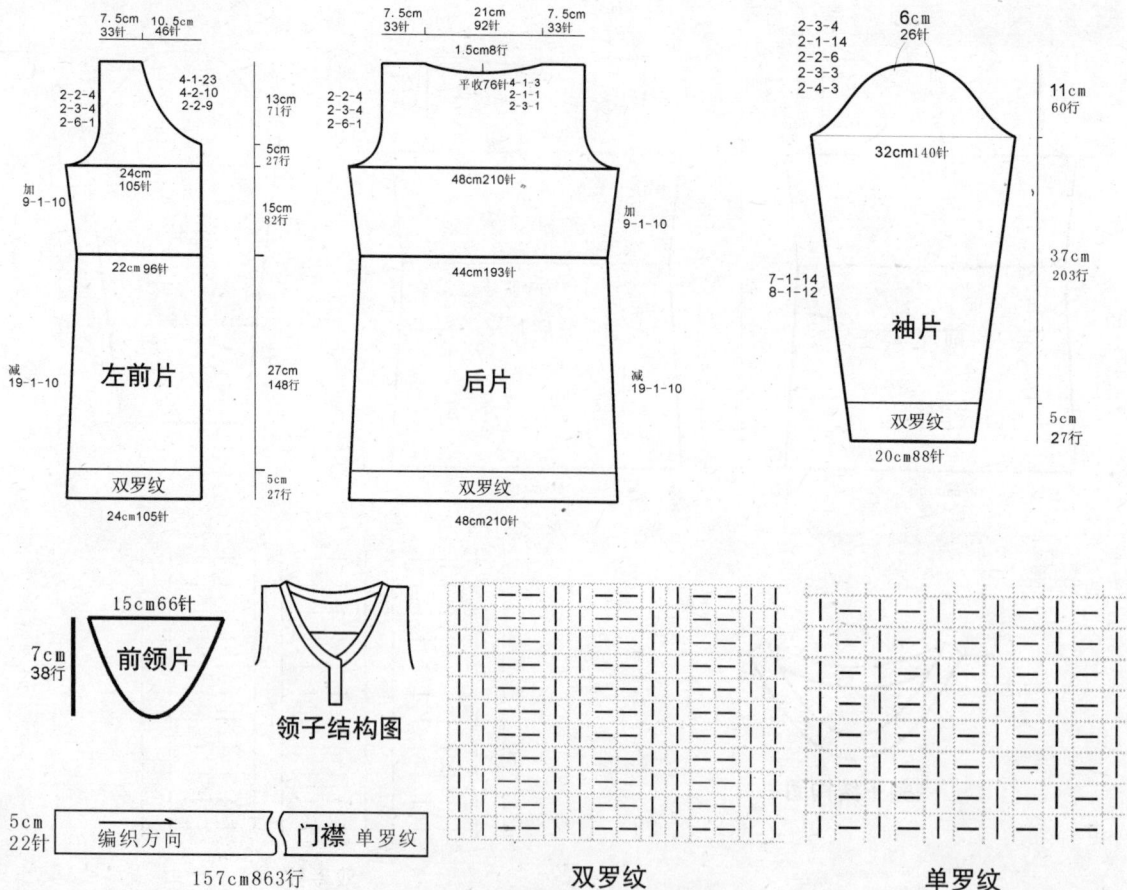

左前片

7.5cm 33针　10.5cm 46针

2-2-4
2-3-4
2-6-1

4-1-23
4-2-10
2-2-9

13cm 71行

5cm 27行

加 9-1-10

24cm 105针

15cm 82行

22cm 96针

减 19-1-10

27cm 148行

左前片

双罗纹

5cm 27行

24cm105针

后片

7.5cm 33针　21cm 92针　7.5cm 33针

1.5cm8行

平收76针

2-2-4
2-3-4
2-6-1

4-1-3
2-1-1
2-3-1

48cm210针

加 9-1-10

44cm193针

减 19-1-10

后片

双罗纹

48cm210针

袖片

2-3-4
2-1-14
2-2-6
2-3-3
2-4-3

6cm 26针

11cm 60行

32cm140针

7-1-14
8-1-12

37cm 203行

袖片

双罗纹

5cm 27行

20cm88针

前领片

15cm66针

7cm 38行

前领片

领子结构图

5cm 22针

编织方向

门襟 单罗纹

157cm863行

双罗纹

单罗纹

明亮橙色衫

【成品尺寸】衣长65cm　胸围96cm　袖长53cm

【工具】1.7mm棒针

【材料】橙黄色纯羊毛线

【密度】10cm²：44针×55行

【附件】亮珠若干

【制作过程】前片按图起针，织双罗纹12cm后，改织下针，并编入图案，至织完成。后片按图起针，织双罗纹12cm后，改织下针，至织完成。衣片、袖窿和领窝按图加减针。衣袖按图起针，织15cm双罗纹后，改织下针，至织完成。袖片和袖山按图加减针，全部缝合。领子挑针，织5cm下针，领尖缝合，形成双层领。前领另织双罗纹，不收针，与领缝合后，后片挑针，一起圈织15cm双罗纹，形成半高领，缝上亮珠，完成。

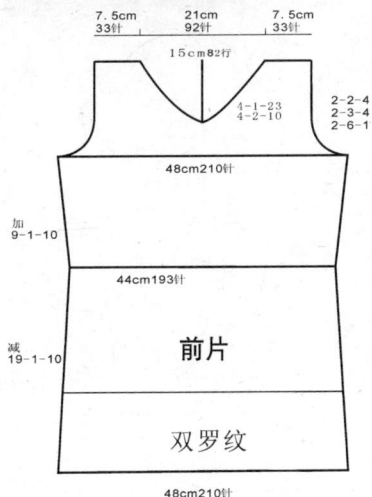

前片

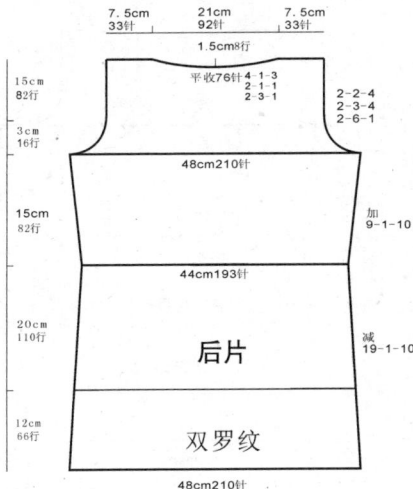

后片

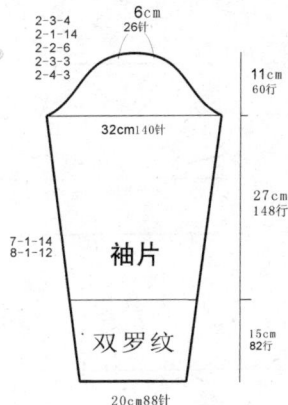

袖片

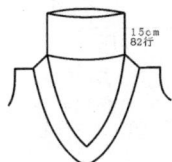

领子结构图

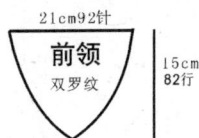

前领

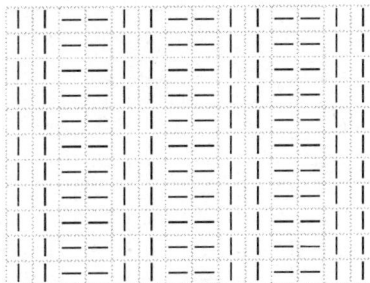

双罗纹

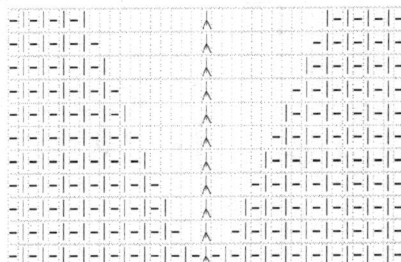

领口花样

【成品尺寸】衣长65cm　胸围96cm　袖长53cm

【工具】1.7mm棒针

【材料】橙色纯羊毛线

【密度】10cm²：44针×52行

【附件】装饰绣花　亮珠若干

【制作过程】前片按图起针，织10cm双罗纹后，改织下针，织至39.5cm时开袖窿，至织完成。小前片另织好，与前片缝合。后片按图起针，织双罗纹10cm后，改织下针，袖窿和领窝按图加减针，至织完成。衣袖按图起针，织双罗纹10cm后，改织下针，衣袖和袖山按图减针，至织完成，全部缝合。前领片另织，一端卷起缝好如结构图。小前片门襟另织，与前片至领圈缝合。缝上亮珠和绣花，完成。

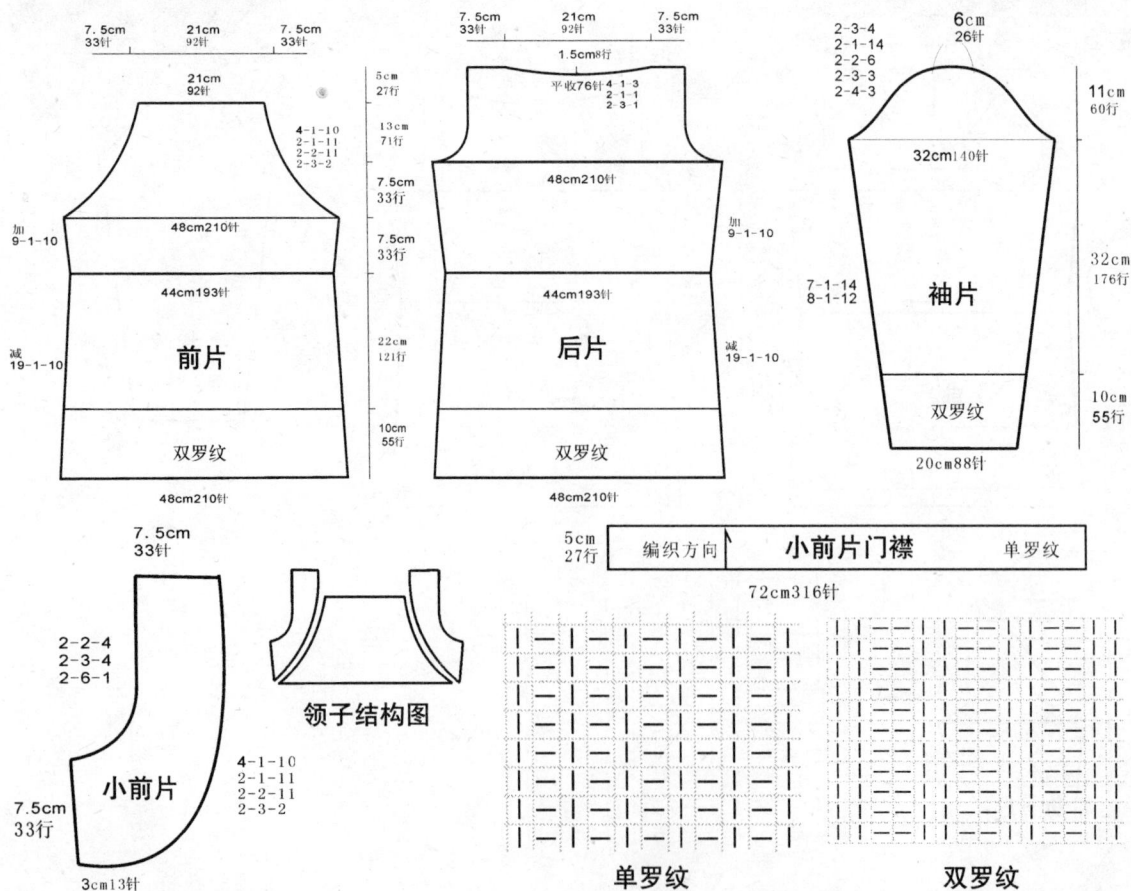

前片

7.5cm 33针　21cm 92针　7.5cm 33针

21cm 92针

4-1-10
2-1-11
2-2-11
2-3-2

加 9-1-10

48cm210针

44cm193针

前片

减 19-1-10

双罗纹

48cm210针

后片

7.5cm 33针　21cm 92针　7.5cm 33针

1.5cm8行

平收76针 4-1-3
2-1-3
2-3-1

5cm 27行

13cm 71行

48cm210针

7.5cm 33行

加 9-1-10

7.5cm 33行

44cm193针

后片

减 19-1-10

22cm 121行

10cm 55行

双罗纹

48cm210针

袖片

2-3-4
2-1-14
2-2-6
2-3-3
2-4-3

6cm 26针

11cm 60行

32cm140针

袖片

7-1-14
8-1-12

32cm 176行

10cm 55行

双罗纹

20cm88针

小前片

7.5cm 33针

2-2-4
2-3-4
2-6-1

4-1-10
2-1-11
2-2-11
2-3-2

小前片

7.5cm 33行

3cm13针

领子结构图

小前片门襟

5cm 27行　编织方向　小前片门襟　单罗纹

72cm316针

单罗纹

双罗纹

【成品尺寸】衣长65cm　胸围96cm　袖长53cm

【工具】1.7mm棒针

【材料】橙红色纯羊毛线

【密度】10cm²：44针×55行

【附件】扣子1枚

【制作过程】后片按图起针，先织双层平针底边后，改织下针，至织完成。内前片按图起针，先织双层平针底边后，改织下针，至织完成。外前片按图起针，织下针至织完成，衣片、袖窿和领窝按图加减针。衣袖按图起针，织双罗纹10cm后，改织下针，至织完成。衣片和袖山按图加减针，内前片和外前片重叠与后片和衣袖缝合。领圈和外门襟另织，按彩图缝合。领口带子和领带扣另织，缝上扣子，完成。

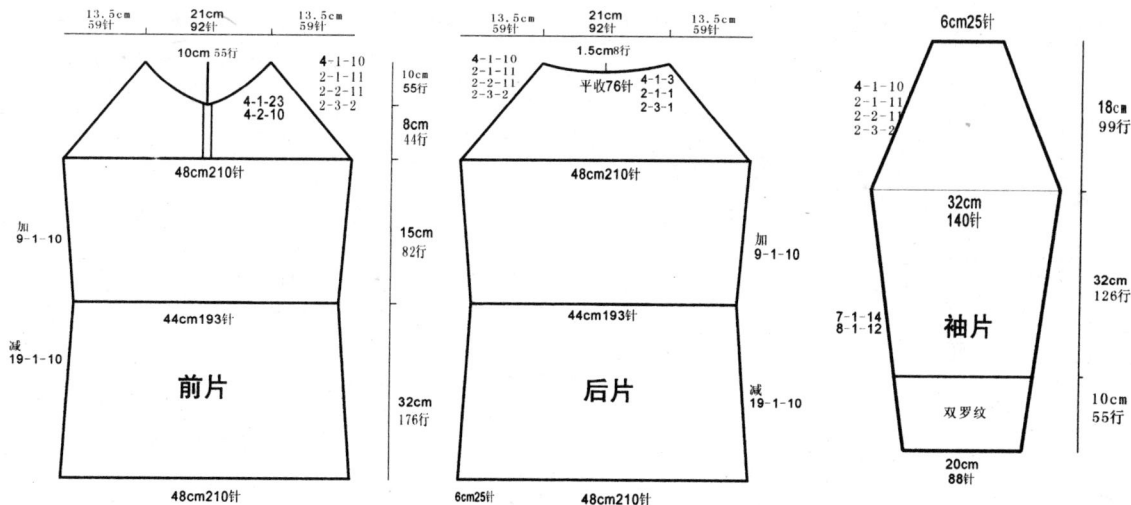

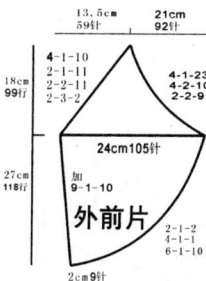

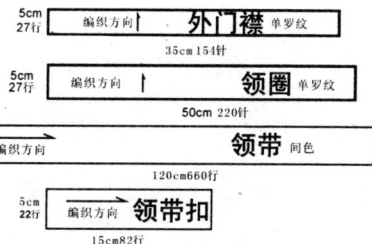

前片

13.5cm 59针　21cm 92针　13.5cm 59针

10cm 55行

4-1-10
2-1-11
2-2-11
2-3-2

10cm 55行

4-1-23
4-2-10

8cm 44行

48cm210针

加 9-1-10

15cm 82行

44cm193针

减 19-1-10

32cm 176行

48cm210针

后片

13.5cm 59针　21cm 92针　13.5cm 59针

1.5cm8行

4-1-11
2-1-11
2-3-2

平收76针

4-1-3
2-1-1
2-3-1

48cm210针

加 9-1-10

44cm193针

减 19-1-10

6cm25针　48cm210针

袖片

6cm25针

4-1-10
2-1-11
2-2-11
2-3-2

18cm 99行

32cm 140针

7-1-14
8-1-12

32cm 126行

双罗纹

10cm 55行

20cm 88针

外前片

13.5cm 59针　21cm 92针

4-1-10
2-1-11
2-2-11
2-3-2

18cm 99行

4-1-23
4-2-10
2-2-9

24cm105针

加 9-1-10

27cm 118行

2-1-2
4-1-1
6-1-10

2cm9针

5cm 27行　编织方向 ⊢ 外门襟 单罗纹

35cm154针

5cm 27行　编织方向 ↑ 领圈 单罗纹

50cm 220针

5cm 22行　编织方向 → 领带 间色

120cm660行　缝合

5cm 22行　编织方向 → 领带扣

15cm82行

领子结构图

双层平针底边图解　　双罗纹

气质修身毛衣

【成品尺寸】衣长65cm　胸围96cm　袖长53cm

【工具】1.7mm棒针

【材料】蓝色纯羊毛线

【密度】10cm²：44针×55行

【附件】亮珠若干　装饰带1条

【制作过程】前、后片分别按图起210针，织双罗纹12cm后，改织下针，至织完成。腰部、袖窿和领窝按结构图加减针。衣袖按图起针，织双罗纹15cm后，改织下针至织完成。袖身和袖山按结构图加减针，全部缝合。领圈打皱褶挑针，织双罗纹5cm，形成圆领。缝上亮珠和装饰带，完成。

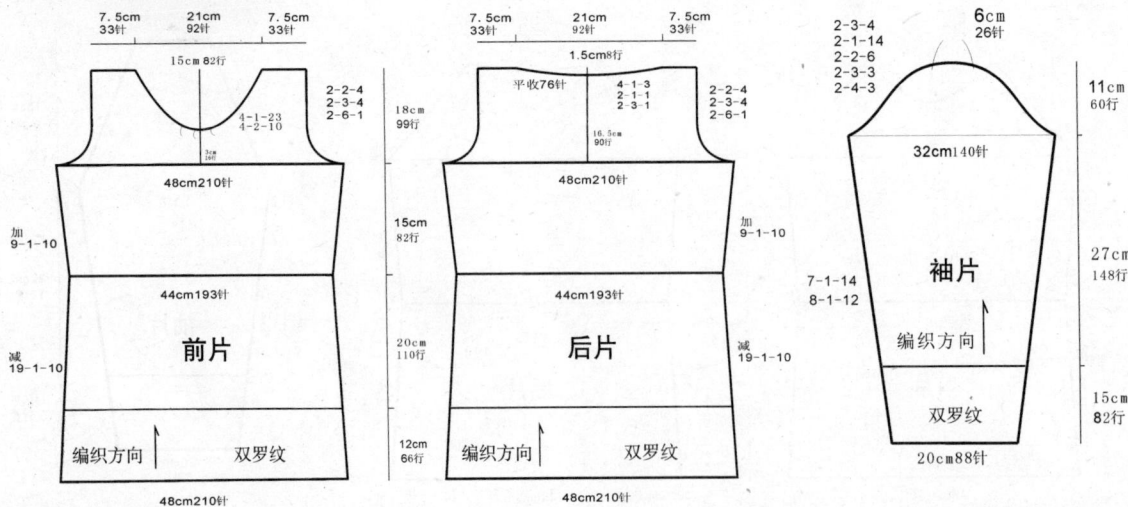

前片

7.5cm 33针	21cm 92针	7.5cm 33针

15cm 82行

4-1-23
4-2-10

2-2-4
2-3-4
2-6-1

48cm210针

加 9-1-10

44cm193针

减 19-1-10

编织方向　双罗纹

48cm210针

后片

7.5cm 33针	21cm 92针	7.5cm 33针

1.5cm8行

平收76针

4-1-3
2-1-1
2-1-1

18cm 99行

16.5cm 90行

2-2-4
2-3-4
2-6-1

48cm210针

15cm 82行

加 9-1-10

44cm193针

20cm 110行

减 19-1-10

12cm 66行

编织方向　双罗纹

48cm210针

袖片

2-3-4
2-1-14
2-2-3
2-3-3
2-4-3

6cm 26针

11cm 60行

32cm140针

27cm 148行

7-1-14
8-1-12

编织方向

15cm 82行

双罗纹

20cm88针

领子结构图

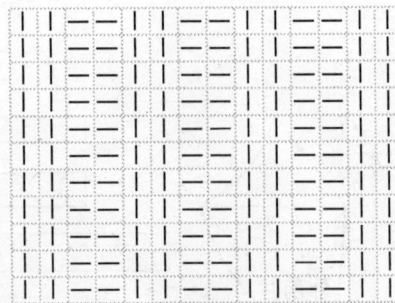

双罗纹

【成品尺寸】衣长65cm　胸围96cm　袖长53cm

【工具】1.7mm棒针

【材料】蓝黑色纯羊毛线

【密度】10cm²：44针×55行

【制作过程】前、后片分别按图起针，织双罗纹10cm后，改织下针，并编入图案，袖窿和领窝按图加减针，至织完成。衣袖按图起针，织双罗纹10cm后，改织下针。衣袖和袖山按图减针，至织完成，全部缝合。领圈挑针，织下针5cm，褶边缝合，形成双层圆领，完成。

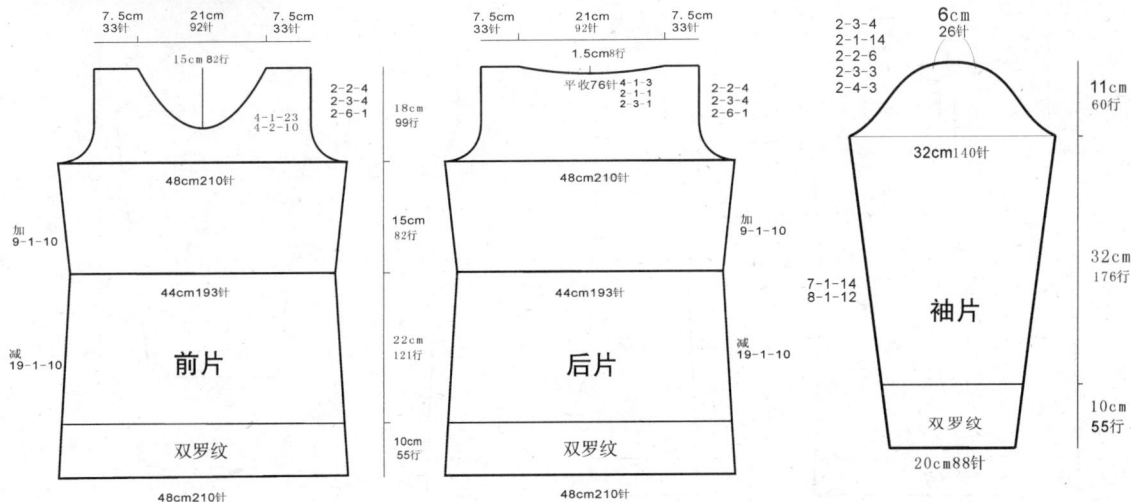

前片

7.5cm 33针　21cm 92针　7.5cm 33针

15cm 82行

2-2-4
2-3-4
2-6-1

4-1-23
4-2-10

48cm210针

15cm 82行

加 9-1-10

44cm193针

减 19-1-10

双罗纹

48cm210针

18cm 99行

后片

7.5cm 33针　21cm 92针　7.5cm 33针

1.5cm 8行

平收76针　4-1-3
2-1-1
2-3-1

2-2-4
2-3-4
2-6-1

48cm210针

加 9-1-10

44cm193针

减 19-1-10

22cm 121行

10cm 55行

双罗纹

48cm210针

15cm 82行

袖片

2-3-4
2-1-14
2-2-6
2-3-3
2-4-3

6cm 26针

11cm 60行

32cm140针

7-1-14
8-1-12

32cm 176行

10cm 55行

双罗纹

20cm88针

领子结构图

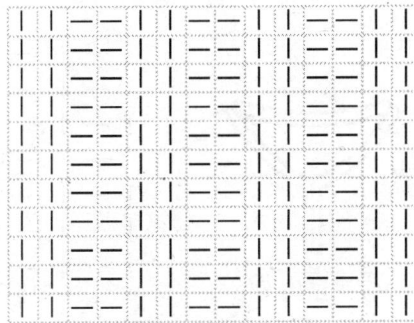

双罗纹

【成品尺寸】衣长65cm　胸围96cm　袖长53cm

【工具】1.7mm棒针

【材料】蓝色纯羊毛线

【密度】10cm²：44针×55行

【附件】扣子3枚　装饰带1条

【制作过程】前、后片分别按图起针，织双罗纹5cm后改织下针，袖窿和领窝按图加减针，至织完成。衣袖按图起针，织32cm双罗纹后改织下针，至编织完成。衣袖和袖山按图加减针，领圈挑针，织单罗纹5cm，褶边缝合，形成双层圆领，缝上扣子，系上装饰带，完成。

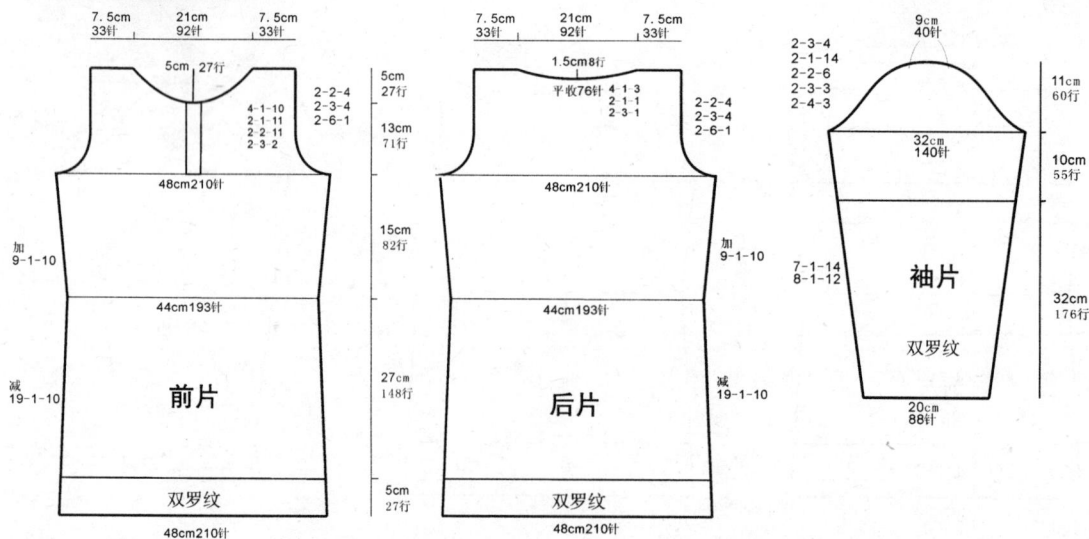

前片

7.5cm 33针　21cm 92针　7.5cm 33针

5cm 27行

4-1-10
2-3-4
2-2-11
2-3-2

2-2-4
2-3-4
2-6-1

48cm210针

加 9-1-10

44cm193针

减 19-1-10

双罗纹

48cm210针

5cm 27行

13cm 71行

15cm 82行

27cm 148行

5cm 27行

后片

7.5cm 33针　21cm 92针　7.5cm 33针

1.5cm8行

平收76针　4-1-3
2-1-1
2-3-1

2-2-4
2-3-4
2-6-1

48cm210针

加 9-1-10

44cm193针

减 19-1-10

双罗纹

48cm210针

袖片

9cm 40针

2-3-4
2-1-14
2-2-6
2-3-3
2-4-3

32cm 140针

7-1-14
8-1-12

双罗纹

20cm 88针

11cm 60行

10cm 55行

32cm 176行

领子结构图

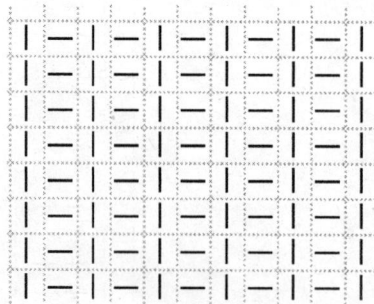

单罗纹

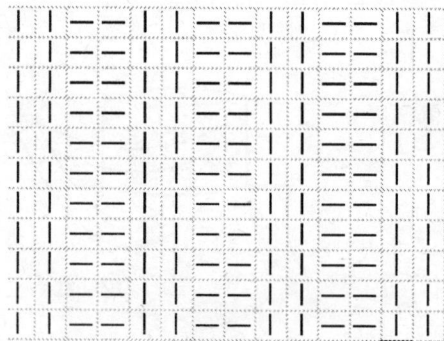

双罗纹

修身圆领衫

【成品尺寸】衣长65cm　胸围96cm　袖长53cm

【工具】1.7mm棒针

【材料】深紫色纯羊毛线

【密度】10cm²：44针×55行

【附件】丝带花、丝带若干

【制作过程】前、后片分别起针，织10cm单罗纹后，改织下针，至织完成。前片织47cm时，分片编织。衣片、袖窿和领窝按图加减针。衣袖按图起针，织10cm单罗纹后，至织完成。袖片和袖山按图加减针，全部缝合。领圈挑针，织15cm单罗纹，形成半高领，也可成为翻领。缝上丝带花和丝带，完成。

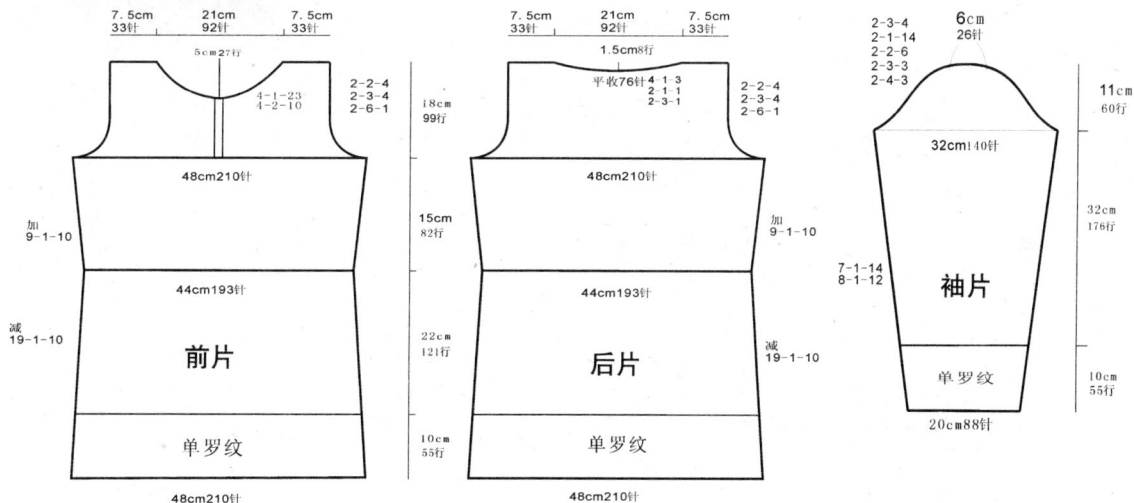

前片

后片

袖片

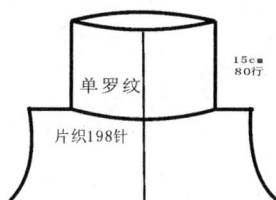

领子结构图

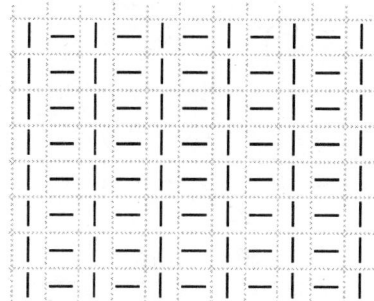

单罗纹

【成品尺寸】衣长65cm　胸围96cm　袖长53cm

【工具】1.7mm棒针

【材料】浅灰色、深灰色纯羊毛线

【密度】10cm²：44针×55行

【附件】扣子3枚

【制作过程】前、后片分别按图起针，织双罗纹10cm后，改织下针，至织完成。袖窿和领窝按图加减针，衣袖按图起针，织双罗纹10cm后，改织下针至织完成。袖片和袖山按图加减针，全部缝合。领圈挑针，织下针5cm，褶边缝合，形成双层圆领。内前领另织，打皱褶，门襟另织，褶边缝合，形成双层门襟。缝上扣子，完成。

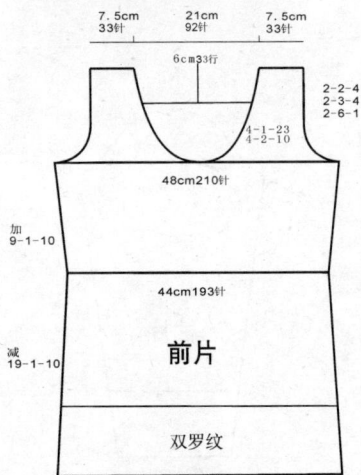

前片

7.5cm 33针　21cm 92针　7.5cm 33针
6cm33行
2-2-4
2-3-4
2-6-1
4-1-23
4-2-10
48cm210针
加 9-1-10
44cm193针
减 19-1-10
双罗纹
48cm210针
10cm 44针

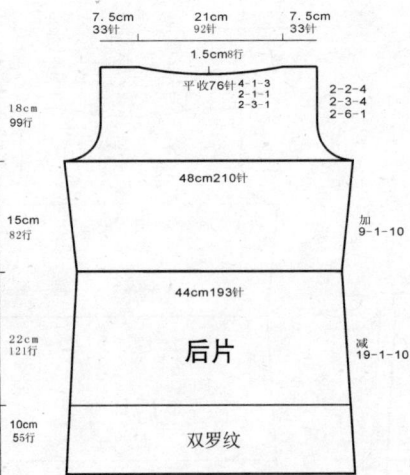

后片

7.5cm 33针　21cm 92针　7.5cm 33针
1.5cm8行
平收76针 4-1-3
2-1-1
2-3-1
2-2-4
2-3-4
2-6-1
18cm 99行
48cm210针
15cm 82行
加 9-1-10
44cm193针
减 19-1-10
22cm 121行
10cm 55针
双罗纹
48cm210针

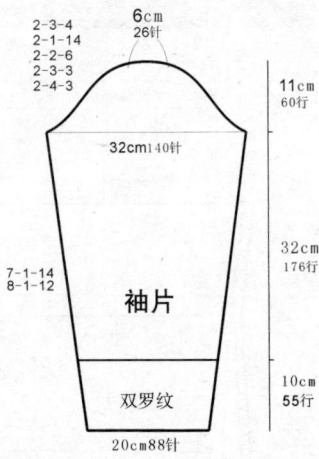

袖片

2-3-4
2-1-14
2-2-6
2-3-3
2-4-3
6cm 26针
11cm 60行
32cm140针
7-1-14
8-1-12
32cm 176行
双罗纹
10cm 55行
20cm88针

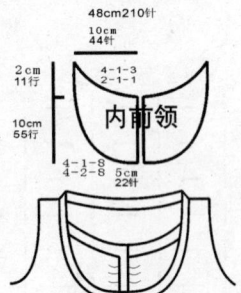

内前领

2cm 11行
10cm 55行
10cm 44针
4-1-3
2-1-1
4-1-8
4-2-8
5cm 22针

领子结构图

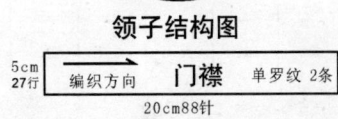

5cm 27行　编织方向　门襟 单罗纹 2条
20cm88针

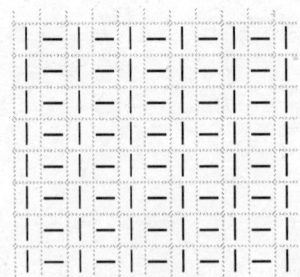

单罗纹

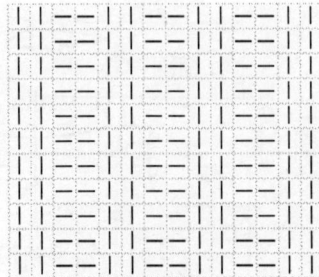

双罗纹

【成品尺寸】衣长65cm　胸围96cm　袖长53cm

【工具】1.7mm棒针

【材料】墨绿色纯羊毛线

【密度】10cm²：44针×55行

【附件】扣子7枚

【制作过程】前、后片分别按图起针，织双罗纹10cm后，改织下针，袖窿和领窝按图加减针，至织完成。衣袖按图起针，织双罗纹10cm后，改织下针。衣袖和袖山按图减减针，至织完成，全部缝合。领圈挑针，织下针5cm，形成圆领。衣袋和领圈衬耳另织，按彩图缝合，缝上扣子，完成。

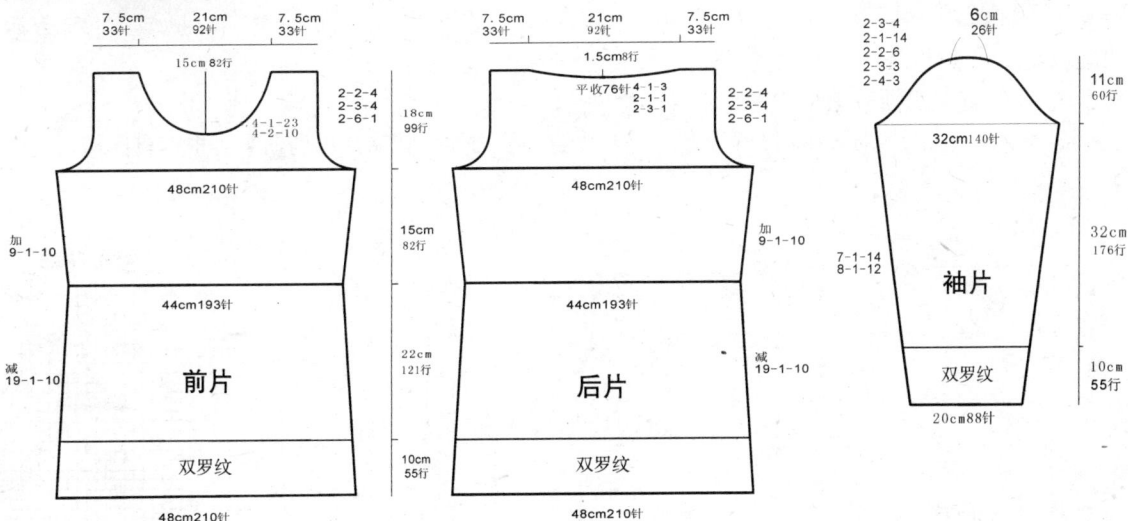

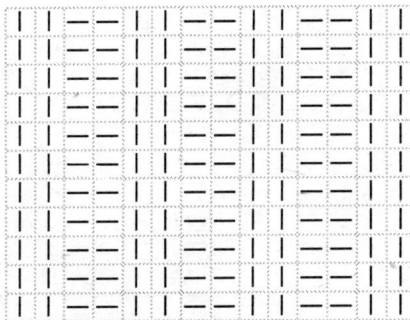

前片
7.5cm 33针　21cm 92针　7.5cm 33针
15cm 82行
2-2-4
2-3-4
2-6-1
4-1-23
4-2-10
48cm210针
加 9-1-10
44cm193针
减 19-1-10
双罗纹
48cm210针

后片
7.5cm 33针　21cm 92针　7.5cm 33针
1.5cm 8行
平收76针
4-1-3
2-3-1
2-2-4
2-3-4
2-6-1
18cm 99行
48cm210针
15cm 82行
加 9-1-10
44cm193针
22cm 121行
减 19-1-10
10cm 55行
双罗纹
48cm210针

袖片
2-3-4
2-1-14
2-2-6
2-3-3
2-4-3
6cm 26针
11cm 60行
32cm140针
7-1-14
8-1-12
32cm 176行
10cm 55行
双罗纹
20cm88针

领圈衬耳 10个
5cm 22针
15cm82行

袋片
双罗纹 3cm 16行
12cm 66行
13cm57针

领子结构图

双罗纹

舒适长款衫

【成品尺寸】衣长83cm 胸围92cm 连肩袖长57cm

【工具】9号棒针

【材料】灰色澳毛线780g

【密度】10cm²：25针×32行

【附件】装饰片若干

【制作过程】1. 单股线编织。

2. 起152针双罗纹针边，编织后片花样，编织到60cm时开始袖窿减针，按结构图减针后编织到肩部，两肩部各余9cm。

3. 同样方法起152针编织前片，织到71cm进行前领窝减针，按图示减针后肩部余9cm。

4. 起65针双罗纹针从袖口编织袖片花样，按图示均匀加针，袖长共织47cm后开始袖山减针，按图所示减针后余19针，断线。同样方法再完成另一片袖片。

5. 起20针编织领边花样，共织56cm，沿领边缝合。

6. 将身片、袖片对应相应位置缝合。沿前片缝好装饰片，装饰片排列图案可根据自己需要自由调节。

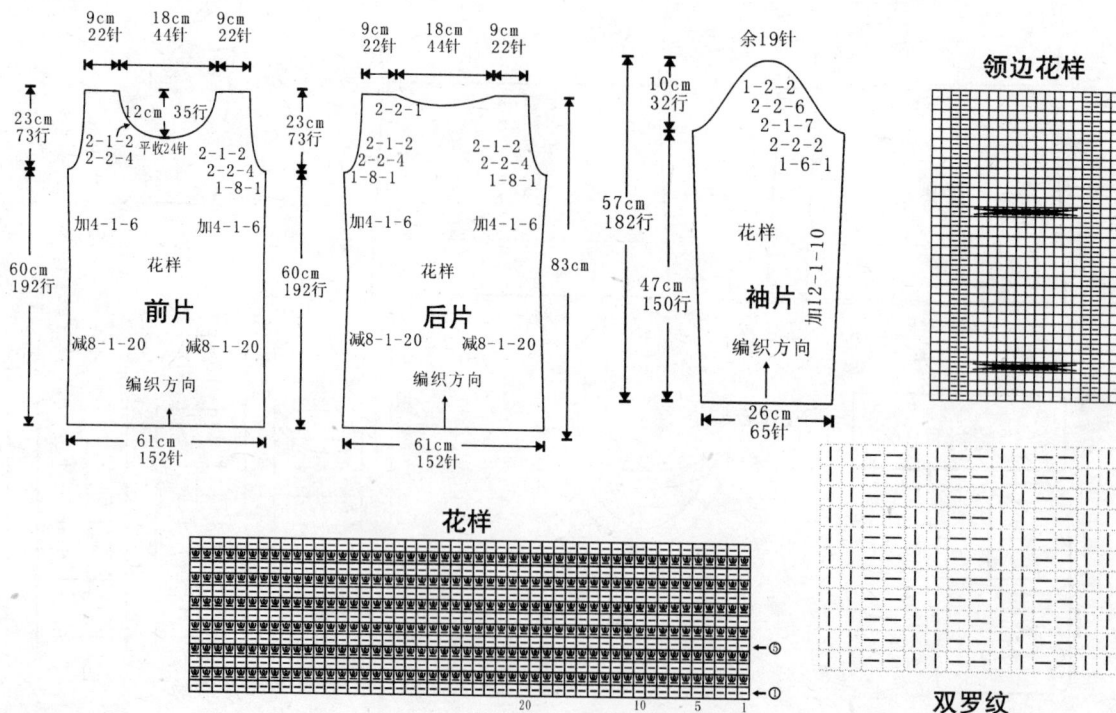

前片

9cm 22针　18cm 44针　9cm 22针

23cm 73行

12cm 35行

2-1-2 平收24针
2-2-4

2-1-2
2-2-4
1-8-1

加4-1-6　加4-1-6

花样

减8-1-20　减8-1-20

编织方向

60cm 192行

61cm 152针

后片

9cm 22针　18cm 44针　9cm 22针

23cm 73行

2-2-1
2-1-2
2-2-4
1-8-1

2-1-2
2-2-4
1-8-1

加4-1-6　加4-1-6

花样

减8-1-20　减8-1-20

编织方向

60cm 192行

83cm

61cm 152针

袖片

余19针

10cm 32行

1-2-2
2-2-6
2-1-7
2-2-2
1-6-1

花样

加12-1-10

编织方向

57cm 182行

47cm 150行

26cm 65针

领边花样

花样

20　10　5　1

双罗纹

【成品尺寸】衣长80cm　胸围96cm　袖长53cm

【工具】1.7mm棒针

【材料】灰色纯羊毛线

【密度】10cm²：44针×55行

【附件】亮片若干

【制作过程】后片按图起针，先织双层平针底边后，改织下针，至织完成。前片分上下部分组成，上部分按图起针，即编入花样，至织完成。下部分先织双层平针底边后，改织下针，至织完成。袖窿和领窝按图加减针，下部分打皱褶与上部分缝合。衣袖按图起针，织下针至织完成。袖片和袖山按图加减针，袖口另织与打皱褶的袖片缝合，袖山打皱褶与前后片缝合。领圈挑针，织下针24cm，形成高领。缝上亮片，完成。

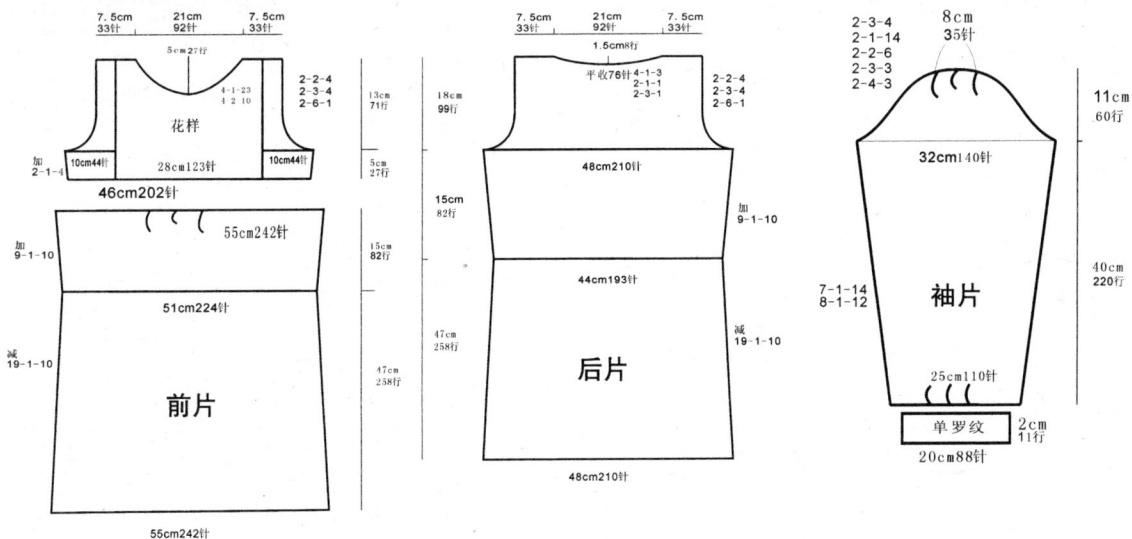

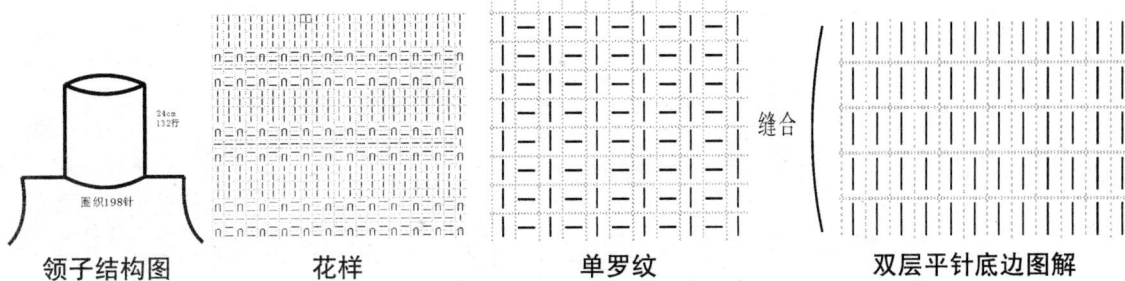

前片

7.5cm 33针　21cm 92针　7.5cm 33针

5cm27行

花样

2-2-4
2-3-4
2-6-1

13cm 71行

加 2-1-4

10cm44针　28cm123针　10cm44针

5cm 27行

46cm202针

55cm242针

加 9-1-10

51cm224针

15cm 82行

减 19-1-10

前片

55cm242针

后片

7.5cm 33针　21cm 92针　7.5cm 33针

1.5cm8行

平收76针 4-1-3
2-3-1

2-2-4
2-3-4
2-6-1

18cm 99行

48cm210针

15cm 82行

加 9-1-10

44cm193针

47cm 258行

减 19-1-10

后片

48cm210针

袖片

2-3-4
2-1-14
2-2-6
2-3-3
2-4-3

8cm 35针

32cm140针

11cm 60行

7-1-14
8-1-12

袖片

40cm 220行

25cm110针

单罗纹

2cm 11行

20cm88针

领子结构图

24cm 132行

圈织198针

领子结构图

花样

单罗纹

缝合

双层平针底边图解

103

修身靓丽装

【成品尺寸】 衣长47cm　胸围96cm　袖长63cm

【工具】 9号棒针

【材料】 灰色丝光绒线740g

【密度】 10cm²：20针×27行

【附件】 纽扣3枚

【制作过程】 1. 单股线编织。

2. 起96针编织后片花样，两侧加减针收腰后，共织25cm时开始袖窿减针，按结构图减针到肩部，余24针。

3. 起96针编织前片花样，侧缝加减针收腰，共编织25cm后开始袖窿减针，身长共编织到43cm时进行前衣领减针，按结构图减完针后收针断线。

4. 起65针袖口花样，按结构图所示均匀加针编织袖片，编织41cm后开始袖山减针，按图所示减针后余19针，断线。同样方法再完成另一片袖片。

5. 将前后片及袖片对应位置缝合。从前领窝处挑织下针帽片，共织89行，沿帽顶边对接缝合。从前片平收针处挑织衣襟边及帽边，缝好纽扣及前片装饰。

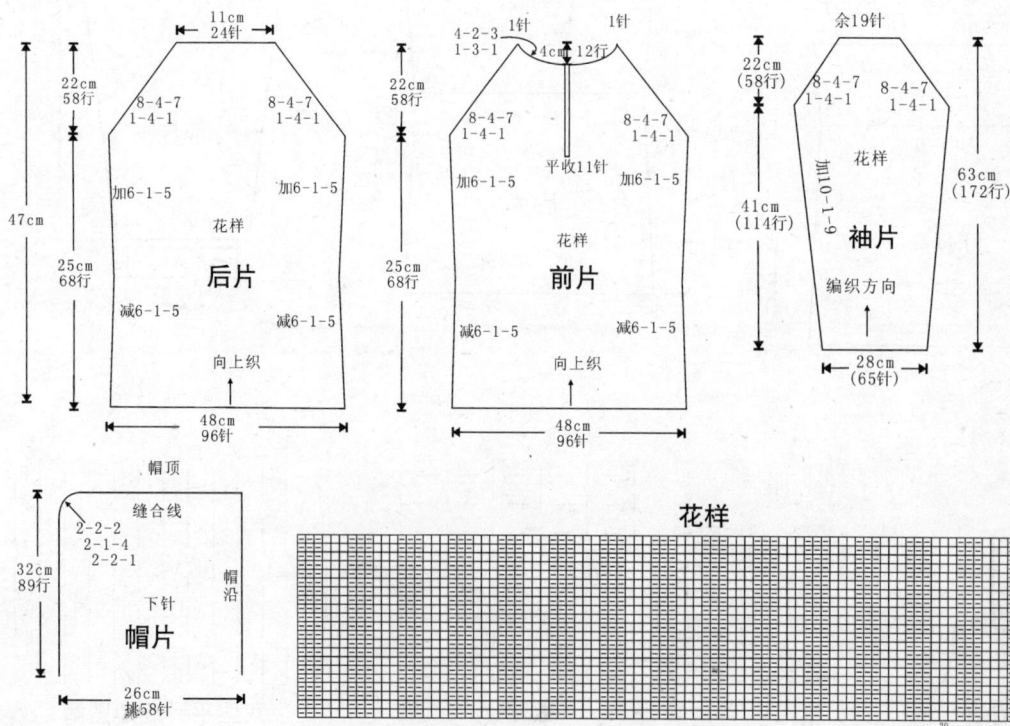

后片

11cm
24针

22cm
58行

8-4-7
1-4-1　　8-4-7
1-4-1

加6-1-5　　加6-1-5

花样

47cm

25cm
68行

减6-1-5　　减6-1-5

向上织

48cm
96针

前片

4-2-3　1针　　1针
1-3-1

4针　12行

8-4-7
1-4-1　　8-4-7
1-4-1

平收11针

加6-1-5　　加6-1-5

花样

22cm
58行

25cm
68行

减6-1-5　　减6-1-5

向上织

48cm
96针

袖片

余19针

22cm
(58行)

8-4-7
1-4-1　　8-4-7
1-4-1

花样

41cm
(114行)

加10-1-9

63cm
(172行)

编织方向

28cm
(65针)

帽片

帽顶

缝合线
2-2-2
2-1-4
2-2-1

32cm
89行

下针

帽沿

26cm
挑58针

花样

20　　10　5　1

· 104 ·

【成品尺寸】衣长65cm　胸围96cm　袖长53cm

【工具】1.7mm棒针

【材料】灰色纯羊毛线

【密度】10cm²：44针×55行

【制作过程】前、后片分别按图起针，编织双罗纹5cm后改织花样，至32cm时改织花样B如图所示，至编织完成。衣袖按图起针，织双罗纹至编织完成。领圈挑针，织双罗纹5cm，形成圆领。前片2条装饰边用双罗纹另织，按图缝合，完成。

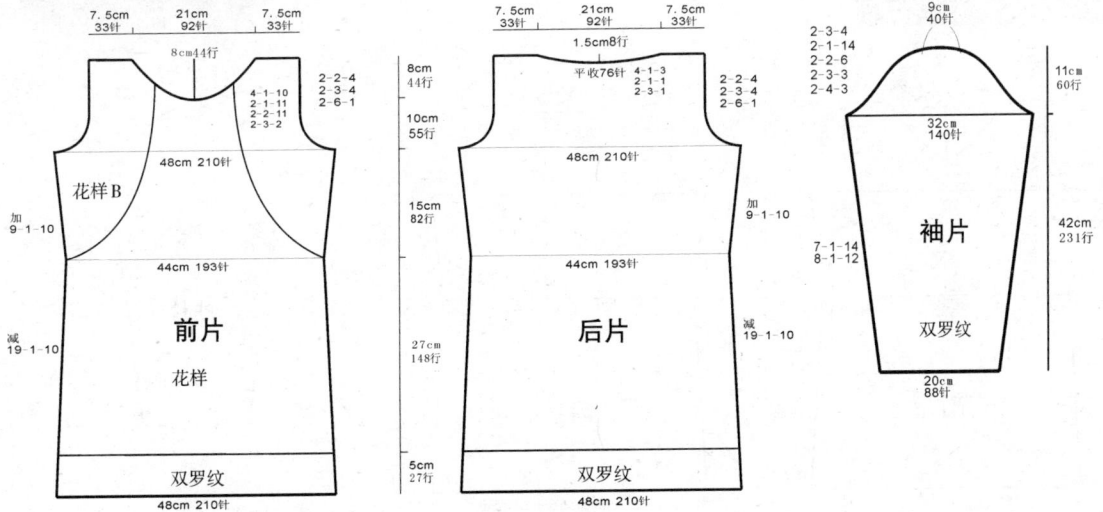

前片

7.5cm 33针　21cm 92针　7.5cm 33针

8cm44行

2-2-4
2-6-1

4-1-10
2-1-11
2-2-11
2-3-2

48cm 210针

花样B

加 9-1-10

44cm 193针

减 19-1-10

花样

双罗纹

48cm 210针

后片

7.5cm 33针　21cm 92针　7.5cm 33针

1.5cm8行

8cm 44行

平收76针

4-1-3
2-1-1
2-3-1

2-2-4
2-1-1
2-6-1

10cm 55行

48cm 210针

加 9-1-10

15cm 82行

44cm 193针

减 19-1-10

27cm 148行

5cm 27行

双罗纹

48cm 210针

袖片

9cm 40针

2-3-4
2-1-14
2-2-6
2-3-3
2-4-3

11cm 60行

32cm 140针

42cm 231行

7-1-14
8-1-12

双罗纹

20cm 88针

装饰边　2条·双罗纹

5cm 27行　编织方向

30cm 132针

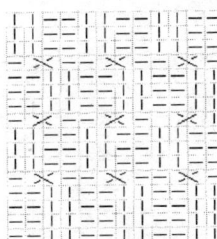

花样

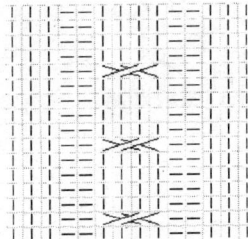

花样B

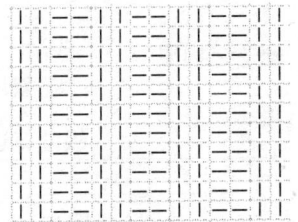

双罗纹

温馨花边衫

【成品尺寸】衣长65cm　胸围96cm　袖长53cm

【工具】1.7mm棒针

【材料】杏色纯羊毛线

【密度】10cm²：44针×55行

【附件】亮片、装饰花若干

【制作过程】前、后片按图起针，先织双层平针底边后，改织下针，至织完成。衣片、袖窿和领窝按图加减针。衣袖按图起针，先织双层平针底边后，改织下针，至织完成。袖片和袖山按图加减针，全部缝合。领子挑针，织10cm双罗纹，领尖缝合，形成圆领。领子花边另织，与领圈缝合，缝上亮珠和装饰花，完成。

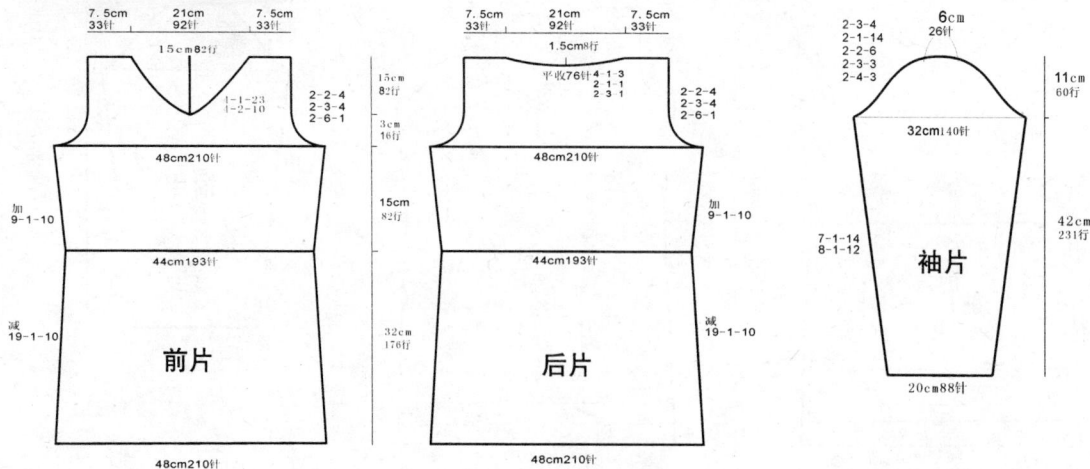

前片

后片

袖片

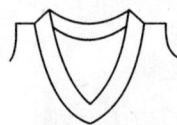

领子结构图

双层平针底边图解

领圈花边　单罗纹
65cm286针

领圈　双罗纹
51cm224针

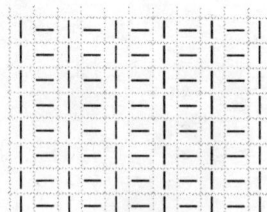

单罗纹

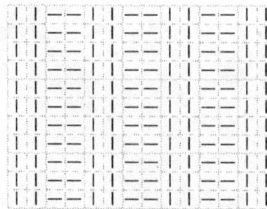

双罗纹

【成品尺寸】衣长65cm　　胸围96cm　　袖长53cm

【工具】1.7mm棒针

【材料】灰色纯羊毛线

【密度】10cm²：44针×55行

【附件】尼龙花边若干

【制作过程】前、后片分别按图起针，织双罗纹10cm后，改织下针，袖窿和领窝按图加减针，至织完成。衣袖按图起针，织双罗纹至织完成。袖山和袖片按图加减针，全部缝合。领圈挑针，织下针5cm，褶边缝合，形成双层圆领。按彩图缝好尼龙花边，完成。

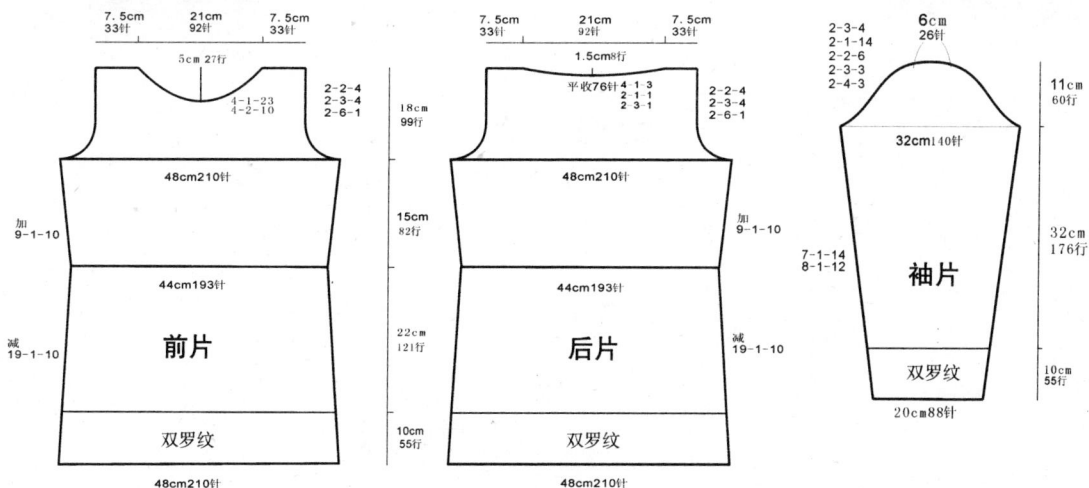

前片

7.5cm 33针　　21cm 92针　　7.5cm 33针

5cm 27行

2-2-4
2-3-4
2-6-1

4-1-23
4-2-10

48cm210针

加 9-1-10

44cm193针

减 19-1-10

双罗纹

48cm210针

后片

7.5cm 33针　　21cm 92针　　7.5cm 33针

1.5cm8行

平收76针 4 1 3
1 1 1
2 3 1

2-2-4
2-3-4
2-6-1

18cm 99行

48cm210针

15cm 82行

加 9-1-10

44cm193针

22cm 121行

减 19-1-10

10cm 55行

双罗纹

48cm210针

袖片

2-3-4
2-1-14
2-2-6
2-3-3
2-4-3

6cm 26针

32cm140针

11cm 60行

7-1-14
8-1-12

32cm 176行

双罗纹

10cm 55行

20cm88针

领子结构图

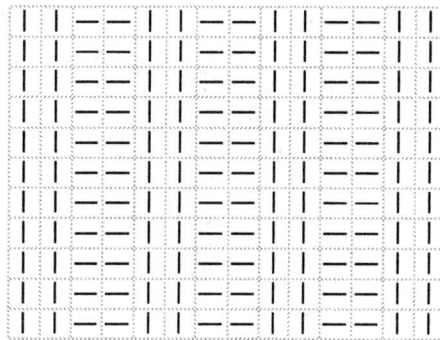

双罗纹

俏皮纽扣衫

【成品尺寸】衣长65cm　胸围96cm　袖长53cm
【工具】1.7mm棒针
【材料】深驼色纯羊毛线
【密度】10cm²：44针×55行
【附件】金属扣42枚　金属蝴蝶7只　亮片若干
【制作过程】内前片和后片分别按图起针，织单罗纹15cm后，改织下针，袖窿和领窝按图加减针，至织完成。外前片另织好，衣袖按图起针，织15cm单罗纹后，改织下针，至织完成。袖山和袖片按图加减针，内前片和外前片重叠后，全部缝合。前领窝挑针，织单罗纹5cm，褶边缝合，形成双层领圈。外前片门襟挑针，织5cm单罗纹，褶边缝合，形成双层门襟。外领圈挑针，织单罗纹5cm，褶边缝合，形成双层圆领。按彩图缝好金属扣、金属蝴蝶和亮珠，完成。

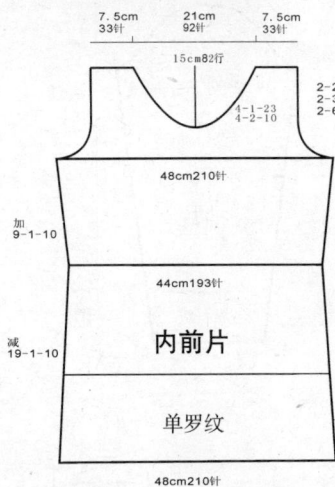

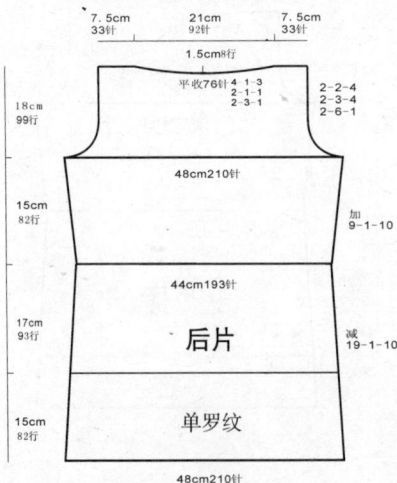

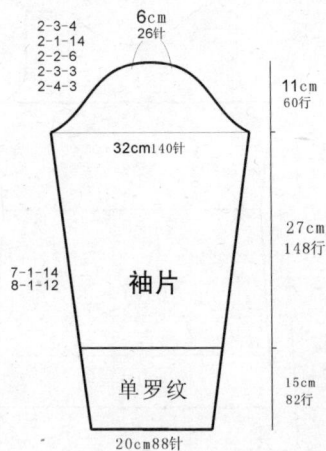

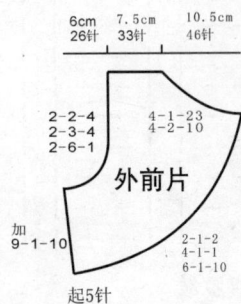

领子结构图

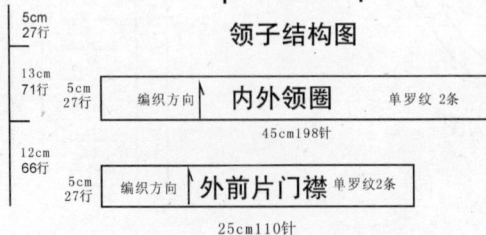

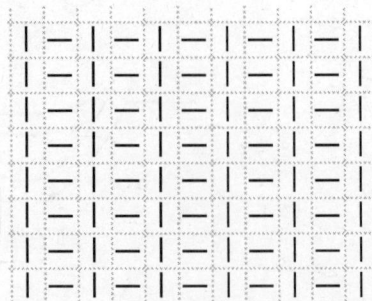

单罗纹

【成品尺寸】衣长65cm　胸围96cm　袖长53cm

【工具】1.7mm棒针

【材料】蓝黑色纯羊毛线

【密度】10cm²：44针×55行

【附件】扣子12枚　金属扣2枚

【制作过程】前片由A、B、C共3片组成，A片别按图起72针，织双罗纹5cm后，改织下针，至织完成。腰部、袖窿和领窝按结构图加减针。用同样方法织C片，中间B片按编织方向织双罗纹。后片按图织好，衣袖按图起针，织双罗纹10cm后，改织下针至织完成。袖身和袖山按结构图加减针，全部缝合。领圈挑针，织双罗纹10cm，形成立领。前肩装饰片另织，缝合前肩。袖山装饰片和立领装饰片另织，按结构图装上金属扣，缝上扣子，完成。

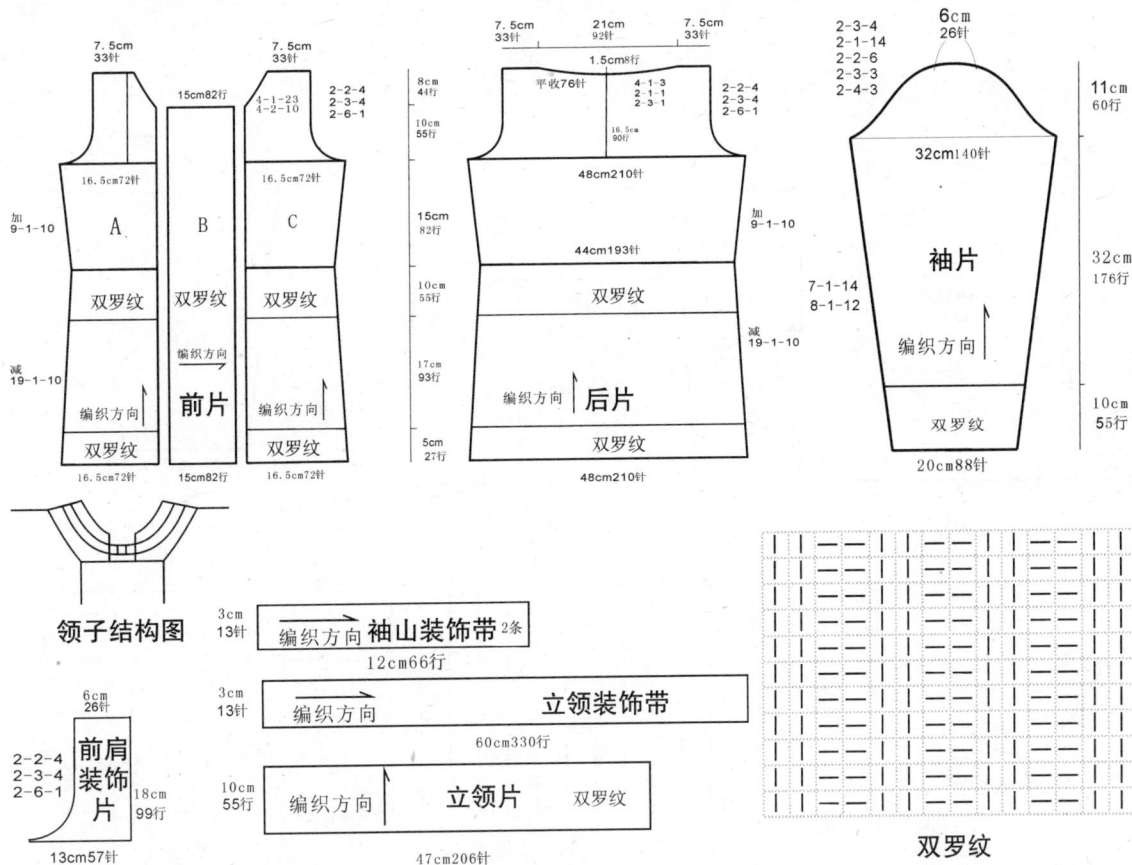

前片

7.5cm 33针 / 7.5cm 33针

15cm82行

16.5cm72针 (A) / 16.5cm72针 (C)

2-2-4 / 2-3-4 / 2-6-1

4-1-23 / 4-2-10

加 9-1-10

A　B　C

双罗纹　双罗纹　双罗纹

编织方向　前片

减 19-1-10

编织方向　编织方向

双罗纹　双罗纹

16.5cm72针　15cm82行　16.5cm72针

后片

7.5cm 33针 / 21cm 92针 / 7.5cm 33针

1.5cm8针

8cm 44行

10cm 55行

平收76针　4-1-3 / 2-1-1 / 2-3-1

2-2-4 / 2-3-4 / 2-6-1

16.5cm 90针

加 9-1-10

48cm210针

15cm 82行

44cm193针

10cm 55行

双罗纹

减 19-1-10

17cm 93行

编织方向　后片

5cm 27行

双罗纹

48cm210针

袖片

2-3-4 / 2-1-14 / 2-2-6 / 2-3-3 / 2-4-3

6cm 26针

11cm 60行

32cm140针

32cm 176行

7-1-14 / 8-1-12

袖片

编织方向

10cm 55行

双罗纹

20cm88针

领子结构图

前肩装饰片

6cm 26针

2-2-4 / 2-3-4 / 2-6-1

前肩装饰片

18cm 99行

13cm57针

袖山装饰带 2条

3cm 13针

编织方向　袖山装饰带 2条

12cm66行

立领装饰带

3cm 13针

编织方向　立领装饰带

60cm330行

立领片

10cm 55行

编织方向　立领片　双罗纹

47cm206针

双罗纹

· 109 ·

魅力修身衫

【成品尺寸】衣长65cm　胸围96cm　袖长53cm
【工具】1.7mm棒针
【材料】绿色纯羊毛线
【密度】10cm²：44针×55行
【附件】亮珠、花边若干
【制作过程】前、后片分别按图起针，先织双层平针底边后，改织下针，袖窿和领窝按图加减针，至织完成。衣袖按图起针，织双层平针底边后，改织下针至织完成。袖山和袖片按图加减针，全部缝合。领圈挑针，织双罗纹5cm，褶边缝合，形成双层圆领。按彩图缝好亮珠和花边，完成。

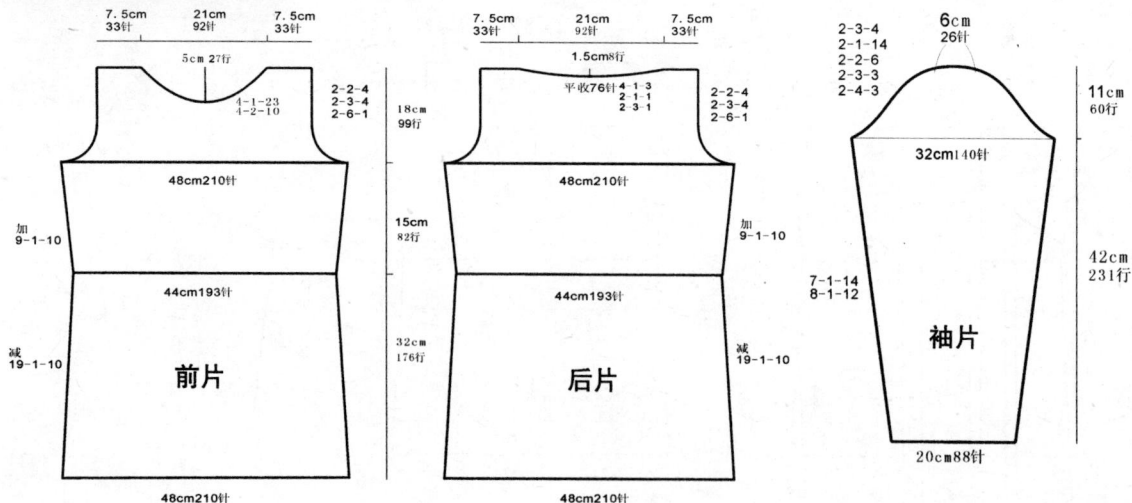

前片

| 7.5cm 33针 | 21cm 92针 | 7.5cm 33针 |

5cm 27行

2-2-4
2-3-4
2-6-1

4-1-23
4-2-10

48cm210针

加 9-1-10

44cm193针

减 19-1-10

前片

48cm210针

18cm 99行

15cm 82行

32cm 176行

后片

| 7.5cm 33针 | 21cm 92针 | 7.5cm 33针 |

1.5cm8行

平收76针
4-1-3
2-1-1
2-3-1

2-2-4
2-3-4
2-6-1

48cm210针

加 9-1-10

44cm193针

减 19-1-10

后片

48cm210针

袖片

| | 6cm 26针 |

2-3-4
2-1-14
2-2-6
2-3-3
2-4-3

32cm140针

11cm 60行

7-1-14
8-1-12

42cm 231行

袖片

20cm88针

领子结构图

缝合

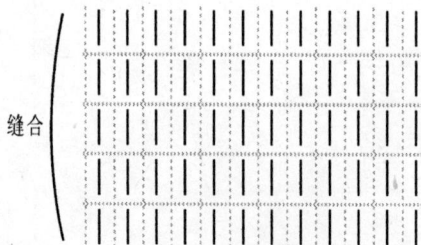

双层平针底边图解

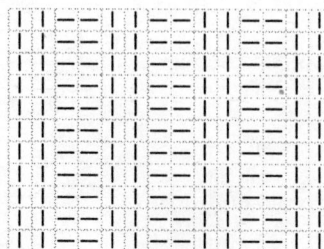

双罗纹

【成品尺寸】衣长65cm　胸围96cm　袖长53cm

【工具】1.7mm棒针

【材料】黑色、咖啡色纯羊毛线

【密度】10cm²：44针×55行

【附件】扣子1枚

【制作过程】前片分A、B2片组成，A片按图起5针，织下针至织完成，并按图加减针和开袖窿。B片按图起5针，织花样至织完成，按图开领窝。A、B片缝合后，衣脚挑针织5cm下针，褶边缝合，形成双层底边。同样方法织另一前片。后片按图先织双层平针底边后，改织下针至织完成，并按图加减针和开袖窿。衣袖按图起针，先织双层平针底边后，改织下针，至织完成，并按图加减针和收袖山。同样方法织另一袖，与衣片缝合。门襟另织，按彩图缝合，缝上扣子，完成。

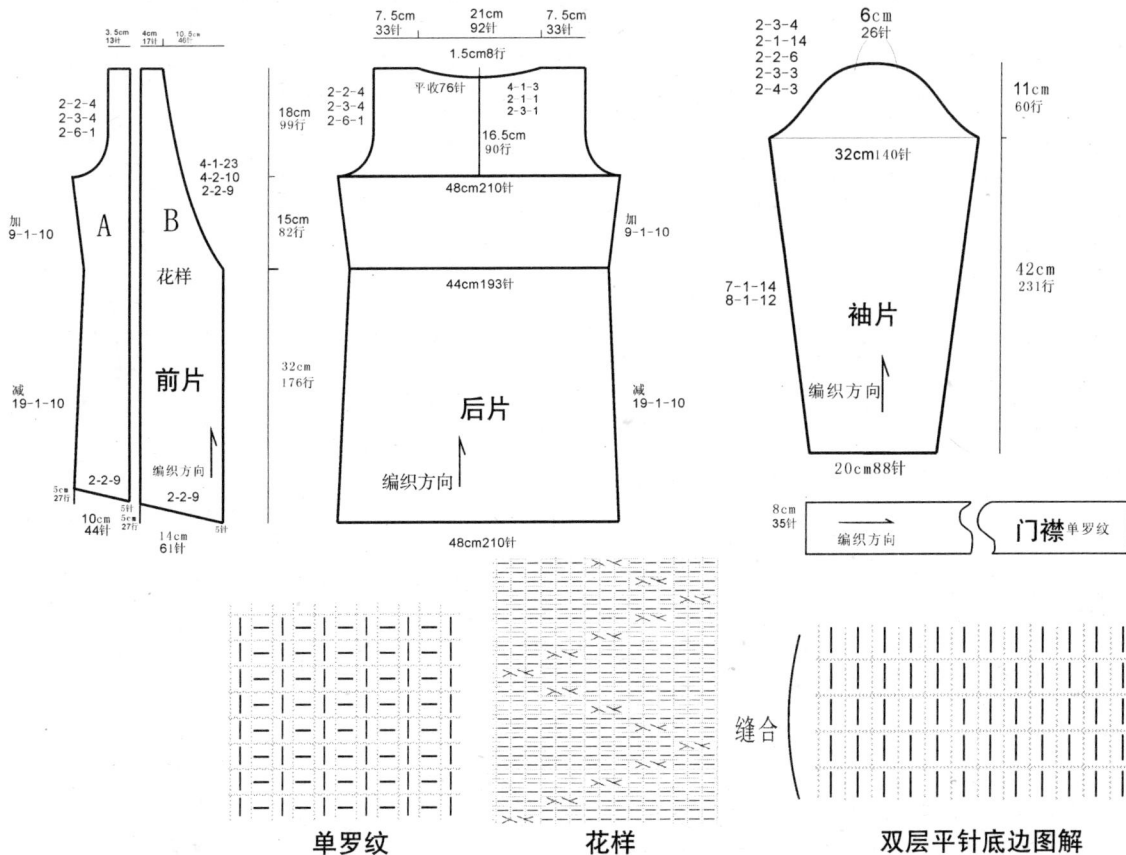

前片

3.5cm 13针　4cm 17针　10.8cm 46针

2-2-4
2-3-4
2-6-1

4-1-23
4-2-10
2-2-9

加 9-1-10

A　B 花样

减 19-1-10

2-2-9

5cm 27针

10cm 44针　5针 14cm 61针　5针　2-2-9

后片

7.5cm 33针　21cm 92针　7.5cm 33针

1.5cm8行

2-2-4
2-3-4
2-6-1

平收76针　4-1-3　2 1　2-3-1

18cm 99行

16.5cm 90行

48cm210针

15cm 82行

44cm193针

加 9-1-10

减 19-1-10

32cm 176行

48cm210针

袖片

2-3-4
2-1-14
2-2-6
2-3-3
2-4-3

6cm 26针

11cm 60行

32cm140针

7-1-14
8-1-12

42cm 231行

编织方向

20cm88针

门襟 单罗纹

8cm 35针　编织方向

缝合

单罗纹　　花样　　双层平针底边图解

• 111

舒心春韵衫

【成品尺寸】衣长65cm　胸围96cm　袖长38cm

【工具】1.7mm棒针

【材料】白色、绿色纯羊毛线

【密度】10cm²：44针×55行

【附件】亮珠若干

【制作过程】前、后片按图起针，织单罗纹8cm，并间色，后改织下针至织完成。衣身、袖窿和领窝按图加减针。衣袖按图起针，织单罗纹8cm，并间色，后改织下针至织完成。袖片和袖山按图加减针，全部缝合。衣领另织8cm单罗纹，按领子结构图缝合，形成圆领。前领装饰带另织3条，编成辫子装饰带，花朵片另织，做成花朵。全部缝到前领片上，缝上亮珠，完成。

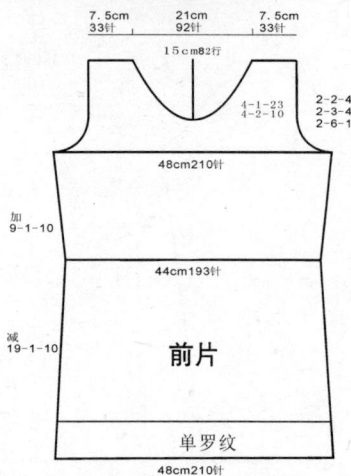

前片

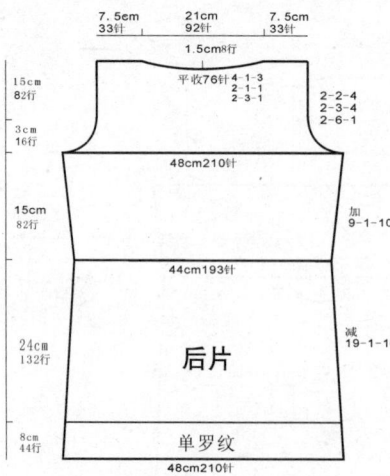

后片

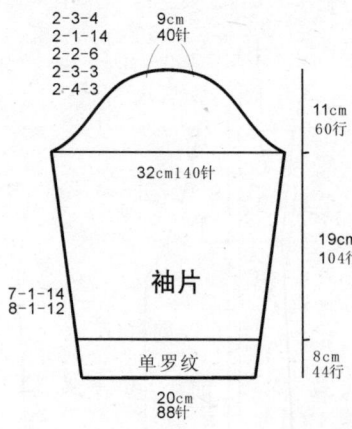

袖片

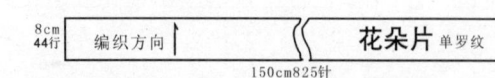

花朵片　单罗纹

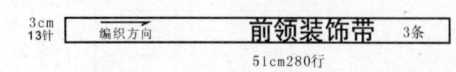

前领装饰带　3条

领子结构图

领圈　单罗纹

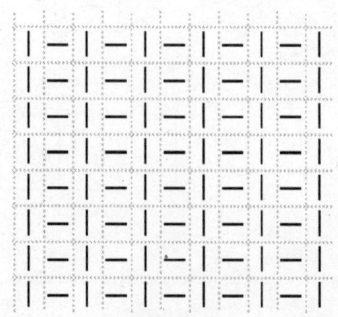

单罗纹

【成品尺寸】衣长65cm　胸围96cm　袖长38cm

【工具】1.7mm棒针

【材料】绿色纯羊毛线

【密度】10cm²：44针×55行

【附件】亮片若干

【制作过程】前、后片按图起针，织单罗纹，并间色，袖窿和领窝按图加减针，至织完成。衣袖按图起针，织单罗纹，并间色，衣袖和袖山按图加减针，至织完成，全部缝合。领圈挑针，织5cm单罗纹，形成圆领。前领装饰片另织，留下口子按彩图缝合，缝上亮片，完成。

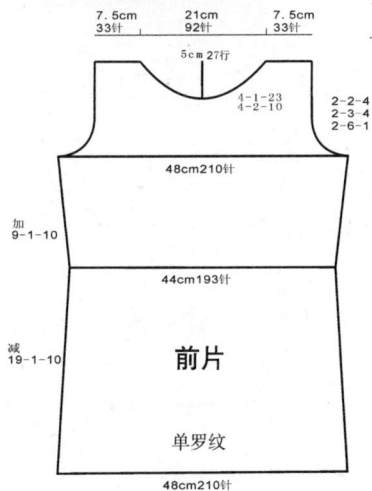

前片

7.5cm 33针　21cm 92针　7.5cm 33针

5cm 27行

4-1-23
4-2-10

2-2-4
2-3-4
2-6-1

48cm210针

加 9-1-10

44cm193针

减 19-1-10

单罗纹

48cm210针

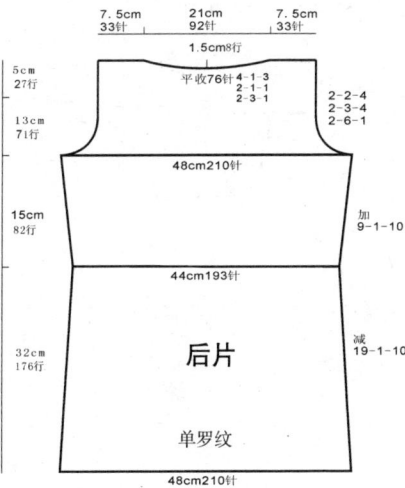

后片

7.5cm 33针　21cm 92针　7.5cm 33针

5cm 27行

1.5cm8行

平收76针 4-1-3
4-1-1
2-1-1
2-3-1

2-2-4
2-3-4
2-6-1

48cm210针

13cm 71行

15cm 82行

加 9-1-10

44cm193针

减 19-1-10

32cm 176行

单罗纹

48cm210针

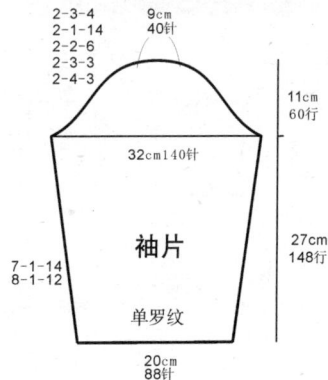

袖片

2-3-4
2-1-14
2-2-6
2-3-3
2-4-3

9cm 40针

32cm140针

11cm 60行

27cm 148行

7-1-14
8-1-12

单罗纹

20cm 88针

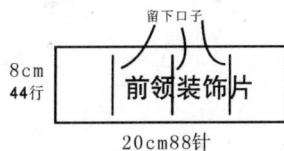

8cm 44行

留下口子

前领装饰片

20cm88针

领子结构图

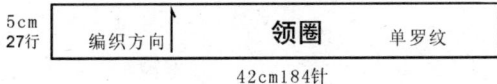

5cm 27行

编织方向　领圈　单罗纹

42cm184针

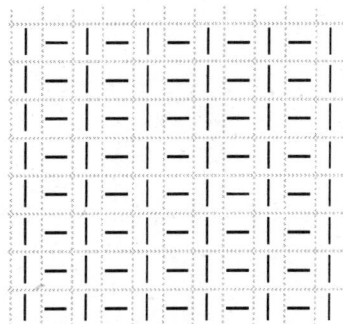

单罗纹

俏丽花纹衫

【成品尺寸】衣长65cm　胸围96cm　袖长53cm

【工具】1.7mm棒针　绣花针

【材料】灰色纯羊毛线

【密度】10cm²：44针×55行

【附件】扣子3枚　装饰绣花若干

【制作过程】前片按图起针，织10cm双罗纹后，改织下针，至47cm时，分左右两边，至织完成。后片按图起针，织双罗纹10cm后，改织下针至织完成。衣身、袖窿和领窝按图加减针。衣袖按图起针，织双罗纹12cm后，改织下针至织完成。袖片和袖山按图加减针，全部缝合。领圈至门襟挑针织5cm单罗纹，形成圆领。缝上扣子，绣上装饰花，完成。

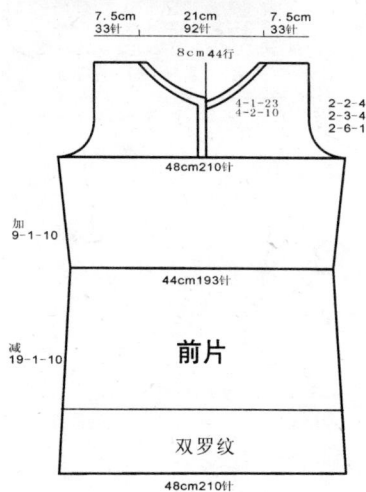

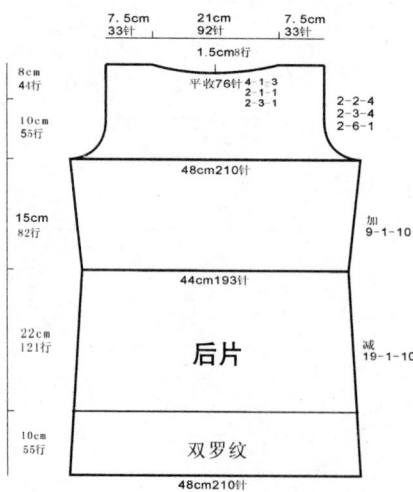

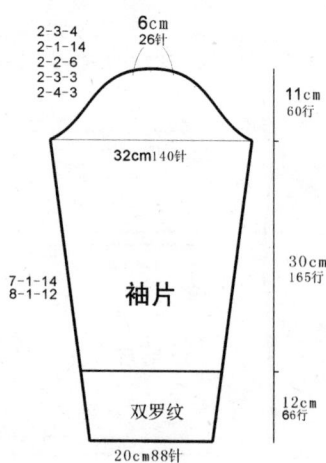

领子结构图

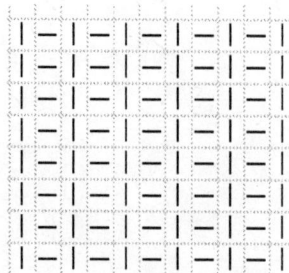

单罗纹

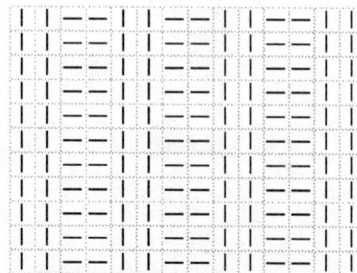

双罗纹

【成品尺寸】衣长65cm　胸围96cm　袖长53cm

【工具】1.7mm棒针

【材料】紫色纯羊毛线

【密度】10cm²：44针×55行

【附件】亮珠、装饰花若干　扣子5枚

【制作过程】前片按图起针，先织双层平针底边后，改织下针，至47cm时，分左右两边，至织完成。后片按图起针，先织双层平针底边后，改织下针，至织完成。袖窿和领窝按图加减针，衣袖按图起针，织双层平针底边后，改织下针至织完成。袖山和袖片按图加减针，全部缝合。前领门襟边挑针，织花样。领圈挑针，织5cm花样，形成圆领。按彩图缝好亮珠和装饰花，缝上扣子，完成。

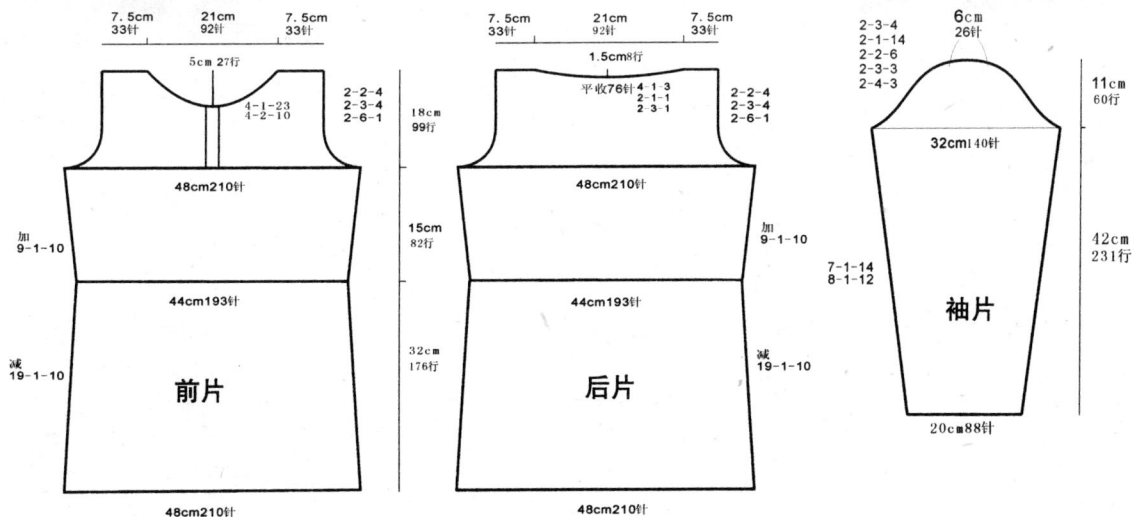

前片

- 7.5cm 33针　21cm 92针　7.5cm 33针
- 5cm 27行
- 4-1-23　4-2-10
- 2-2-4　2-3-4　2-6-1
- 48cm210针
- 加 9-1-10
- 44cm193针
- 减 19-1-10
- 48cm210针

后片

- 7.5cm 33针　21cm 92针　7.5cm 33针
- 1.5cm8行
- 平收76针　4-1-3　2-1-1　2-3-1
- 2-2-4　2-3-4　2-6-1
- 18cm 99行
- 48cm210针
- 15cm 82行
- 加 9-1-10
- 44cm193针
- 32cm 176行
- 减 19-1-10
- 48cm210针

袖片

- 2-3-4　2-1-14　2-2-6　2-3-3　2-4-3
- 6cm 26针
- 11cm 60行
- 32cm140针
- 7-1-14　8-1-12
- 42cm 231行
- 20cm88针

领子结构图

5cm 27行　编织方向　领圈边　花样
45cm198针

5cm 27行　编织方向　花样　前领门襟边
13cm57针

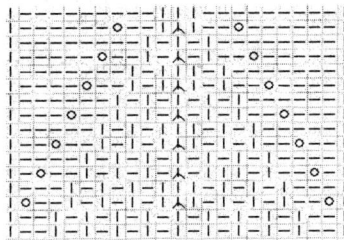

花样

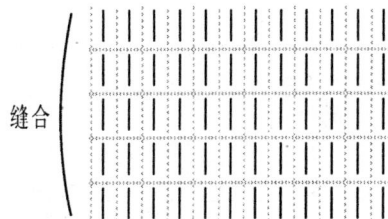

缝合

双层平针底边图解

紫色梦幻衫

【成品尺寸】 衣长56cm　胸围96cm　连肩袖长57cm

【工具】 9号棒针

【材料】 蓝光紫色毛线700g

【密度】 10cm²：25针×32行

【附件】 装饰带

【制作过程】 1. 单股线编织。

2. 起120针编织后片下针，共编织到34cm时开始袖窿减针，按结构图减完针后，不加减针编织到肩部，两肩部各余9cm。

3. 同样方法起120针编织前片花样，袖窿减针，身长织到48cm时进行前领窝减针，按图示减针后肩部余9cm。

4. 起65针双罗纹针从袖口编织袖片下针，按图示均匀加针，编织47cm后开始袖山减针，按图所示减针后余19针，断线。同样方法再完成另一片袖片。

5. 起150针编织下片下针，不加减针织20cm，共织2片。沿对应位置将各片缝合，将下片拿活褶后与上身片缝合，起下针编织6行后改织双罗纹针领边，沿领窝缝合。沿上下身片缝合线外侧挑织下针，织6行后盖过缝隙沿边缝实，穿入装饰带，沿花样边及下边定型装饰。

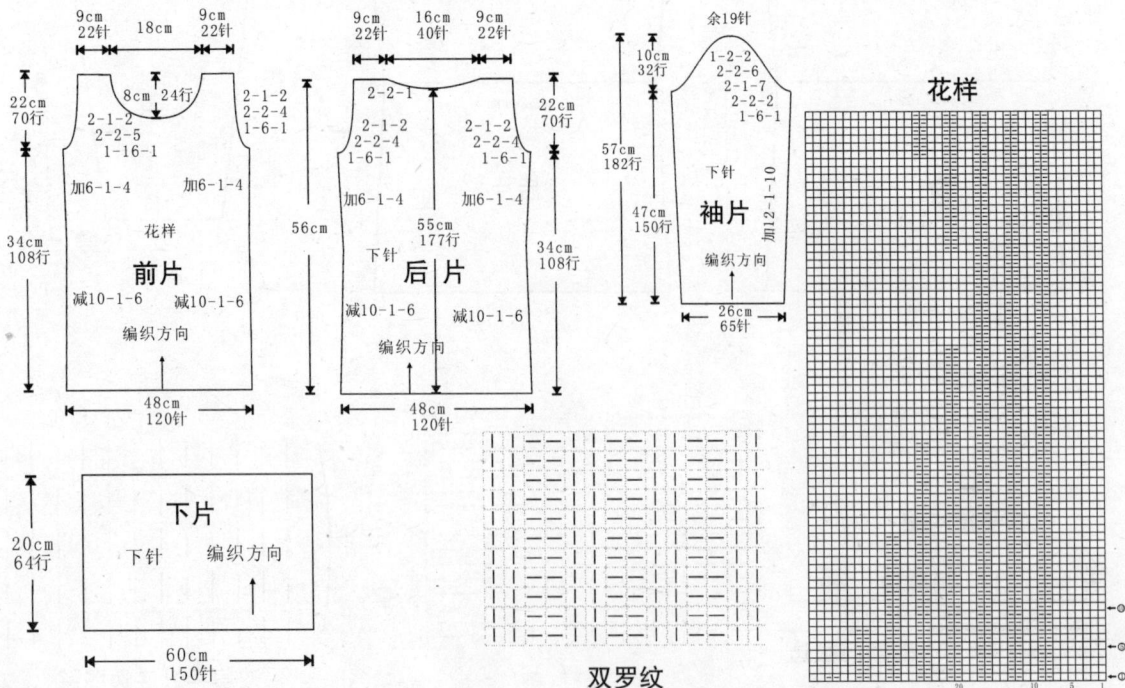

前片

9cm 22针　18cm　9cm 22针
8cm 24行
2-1-2
2-1-2
2-2-5
1-16-1
加6-1-4　加6-1-4
22cm 70行
34cm 108行
花样
减10-1-6　减10-1-6
编织方向
48cm 120针

后片

9cm 22针　16cm 40针　9cm 22针
2-2-1
2-1-2　2-1-2
2-2-4　2-2-4
1-6-1　1-6-1
加6-1-4　加6-1-4
22cm 70行
56cm
下针
55cm 177行
34cm 108行
减10-1-6　减10-1-6
编织方向
48cm 120针

袖片

余19针
1-2-2
2-2-6
2-1-7
2-1-1
1-6-1
10cm 32行
57cm 182行
下针
47cm 150行
加12-1-10
编织方向
26cm 65针

下片

20cm 64行
下针　编织方向
60cm 150针

花样

双罗纹

【成品尺寸】衣长74cm　胸围96cm　袖长57cm

【工具】9号棒针

【材料】蓝光紫色毛线620g

【密度】10cm²：25针×32行

【制作过程】1. 单股线编织。

2. 起120针双罗纹针边，然后编织后片下针，编织到52cm时开始袖窿减针，按结构图减针后编织到肩部，两肩部各余9cm。

3. 同样方法起120针编织前片下针，袖窿减针后织到56cm进行前领窝减针，按图示减针后肩部余9cm。

4. 起77针双罗纹针从袖口编织袖片下针，按图示均匀加针，47cm后开始袖山减针，按图所示减针后余19针，断线。同样方法再完成另一片袖片。

5. 对应相应位置缝合，沿领窝挑织双罗纹针领边，织5cm。

6. 起16针编织单罗纹针装饰带，不加减针织160cm。

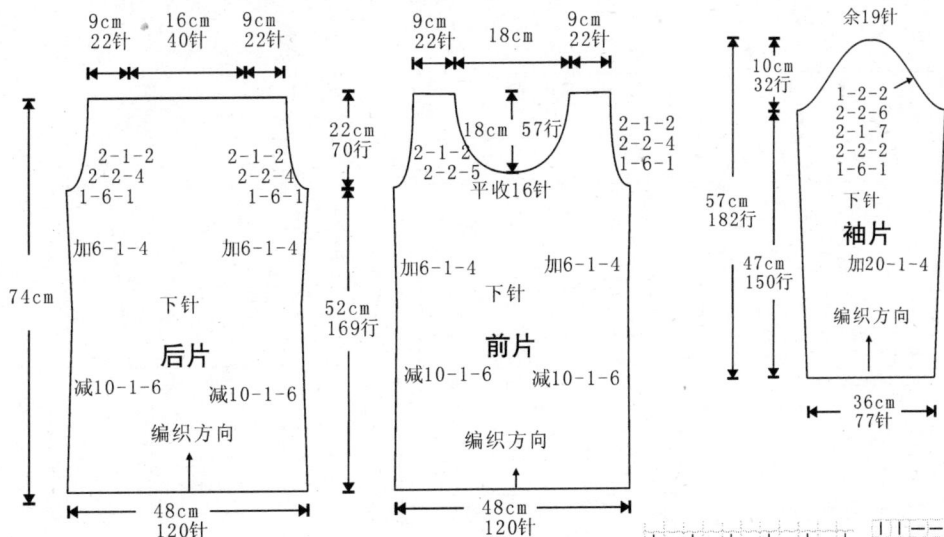

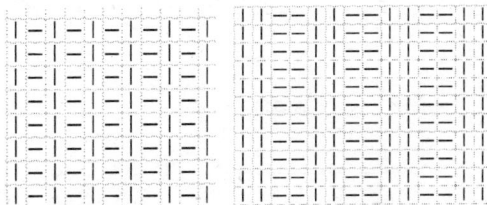

后片

9cm 22针　16cm 40针　9cm 22针

22cm 70行

2-1-2　2-1-2
2-2-4　2-2-4
1-6-1　1-6-1

加6-1-4　加6-1-4

下针

后片

减10-1-6　减10-1-6

编织方向

74cm

52cm 169行

48cm 120针

前片

9cm 22针　18cm　9cm 22针

18cm 57行

2-1-2　2-1-2
2-2-5　2-2-5
　　　　1-6-1

平收16针

加6-1-4　加6-1-4

下针

前片

减10-1-6　减10-1-6

编织方向

48cm 120针

袖片

余19针

10cm 32行

1-2-2
2-2-6
2-1-7
2-2-2
1-6-1

57cm 182行

下针

袖片

47cm 150行

加20-1-4

编织方向

36cm 77针

腰带

单罗纹针 腰 带　编织方向

6cm 16针

160cm 512行

单罗纹　　双罗纹

淡雅修身装

【成品尺寸】衣长65cm 胸围96cm 袖长53cm

【工具】1.7mm棒针

【材料】深咖啡色纯羊毛线

【密度】10cm²：44针×55行

【附件】亮珠若干

【制作过程】前、后片分别按图起针，织双罗纹10cm后，改织下针，袖窿和领窝按图加减针，至织完成。衣袖按图起针，织双罗纹至织完成。袖山和袖片按图加减针，全部缝合。领圈挑针，织下针5cm，褶边缝合，形成双层圆领。装饰花边另织，按彩图缝好，缝上亮珠图案，完成。

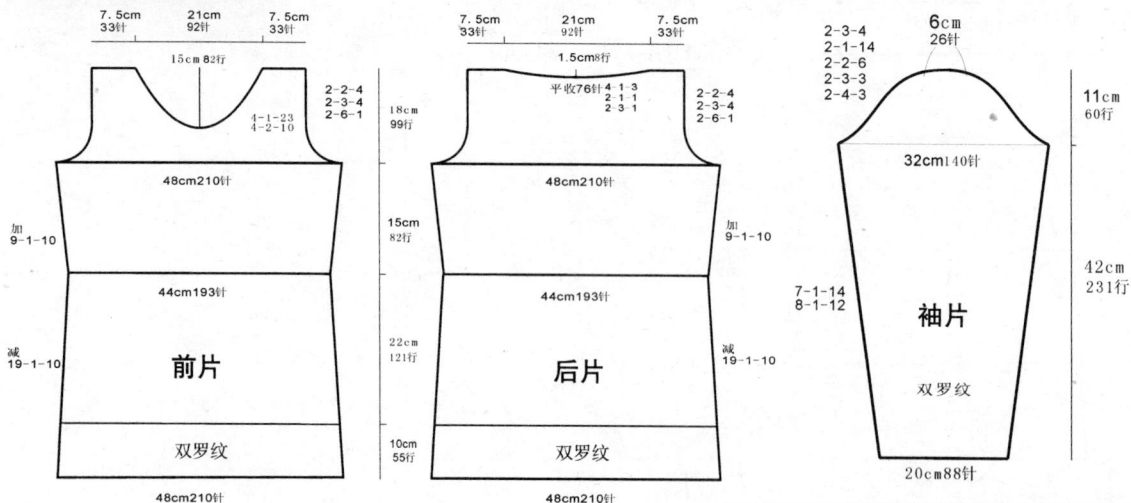

前片

7.5cm 33针 21cm 92针 7.5cm 33针
15cm 82行
2-2-4
2-3-4
2-6-1
4-1-23
4-2-10
48cm210针
加 9-1-10
44cm193针
减 19-1-10
双罗纹
48cm210针

后片

7.5cm 33针 21cm 92针 7.5cm 33针
1.5cm8行
平收76针 4-1-3
2-3-1
2-2-4
2-3-4
2-6-1
18cm 99行
48cm210针
15cm 82行
加 9-1-10
44cm193针
22cm 121行
减 19-1-10
10cm 55行
双罗纹
48cm210针

袖片

2-3-4
2-1-14
2-2-6
2-3-3
2-4-3
6cm 26针
11cm 60行
32cm140针
7-1-14
8-1-12
42cm 231行
双罗纹
20cm88针

领子结构图

5cm 27行 编织方向 装饰 花边 双罗纹2条
120cm528针

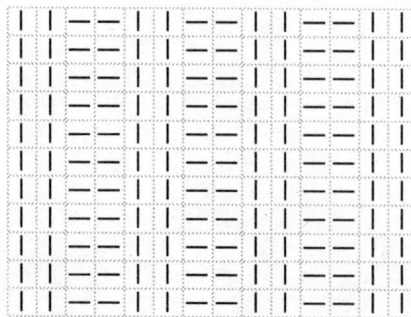

双罗纹

【成品尺寸】衣长65cm　胸围96cm　袖长53cm
【工具】1.7mm棒针
【材料】深咖啡色纯羊毛线
【密度】10cm²：44针×55行
【附件】亮珠若干
【制作过程】前、后片分别按图起针，织双罗纹15cm后，改织下针，至织完成。腰部、袖窿和领窝按结构图加减针。横领另织双罗纹10cm，与前后片领窝缝合。衣袖按图起针，织双罗纹20cm后，改织下针至织完成。袖身和袖山按结构图加减针，前后片领圈叠压好，按彩图全部缝合。图案部分用亮珠装饰，完成。

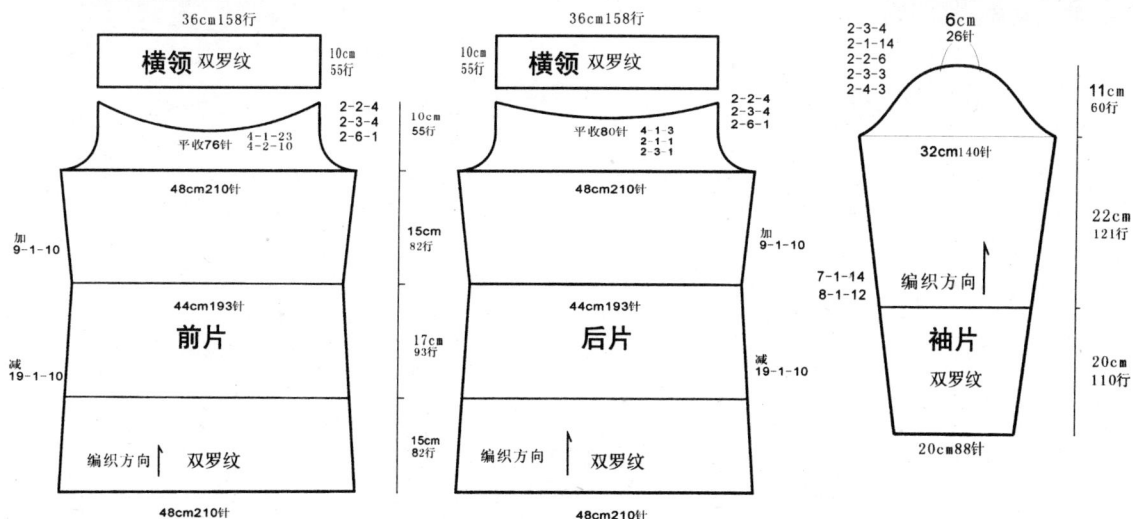

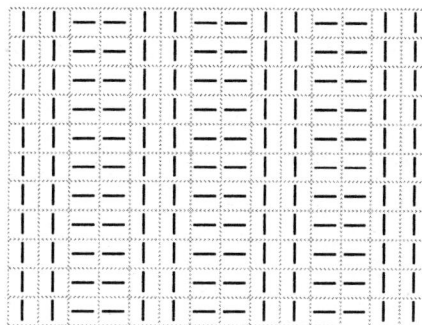

前片

36cm158行

横领 双罗纹　10cm 55行

平收76针　4-1-23
　　　　　4-2-10

2-2-4
2-3-4
2-6-1

48cm210针

加 9-1-10

44cm193针

前片

减 19-1-10

编织方向 双罗纹

48cm210针

后片

36cm158行

10cm 55行　横领 双罗纹

平收80针　4-1-3
　　　　　4-1-1
　　　　　2-3-1

2-2-4
2-3-4
2-6-1

10cm 55行

48cm210针

15cm 82行

加 9-1-10

44cm193针

后片

17cm 93行

减 19-1-10

15cm 82行

编织方向 双罗纹

48cm210针

袖片

2-3-4
2-1-14
2-2-6
2-3-3
2-4-3

6cm 26针

11cm 60行

32cm140针

22cm 121行

7-1-14
8-1-12

编织方向

袖片

双罗纹

20cm 110行

20cm88针

双罗纹

双罗纹

双罗纹

温暖长袖衫

【成品尺寸】衣长65cm 胸围96cm 袖长53cm

【工具】1.7mm棒针

【材料】红色、深蓝色纯羊毛线

【密度】10cm²：44针×55行

【附件】扣子3枚 亮珠若干

【制作过程】前、后片分别按图起针，先织双层平针底边后，改织下针，至织完成。袖窿和领窝按图加减针，衣袖按图起针，先织双层平针底边后，改织下针，至织完成。袖片和袖山按图加减针，领圈另织，全部缝合。内前领另织，按图起针，织下针至织完成。外领圈按图减针，门襟另织，褶边缝合，形成双层门襟。内领圈挑198针，织20cm下针，形成高领。下摆和衣袖的衬边另织，按图缝合，缝上扣子和亮珠图案，完成。

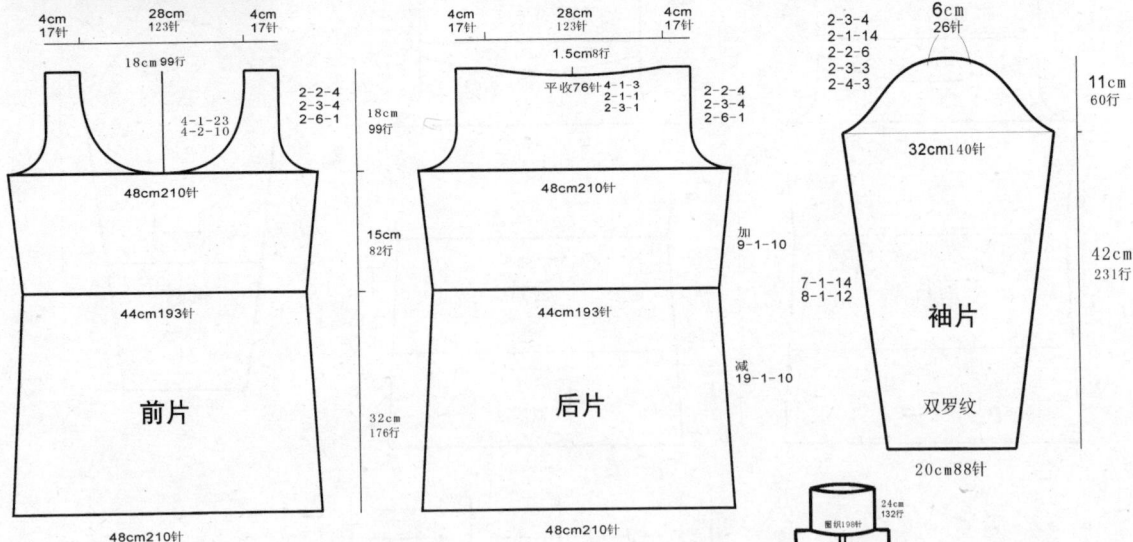

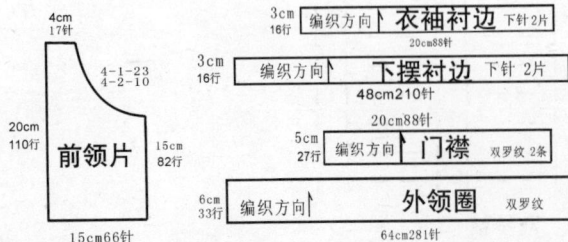

前片

4cm 17针 — 28cm 123针 — 4cm 17针

18cm 99行

2-2-4
2-3-4
2-6-1

4-1-23
4-2-10行

48cm210针

15cm 82行

44cm193针

48cm210针

后片

4cm 17针 — 28cm 123针 — 4cm 17针

1.5cm8行

平收76针

4-1-3
2-1-1
2-3-1

2-2-4
2-3-4
2-6-1

18cm 99行

48cm210针

15cm 82行

加 9-1-10

44cm193针

减 19-1-10

48cm210针

32cm 176行

袖片 双罗纹

2-3-4
2-1-14
2-2-6
2-3-3
2-4-3

6cm 26针

11cm 60行

32cm140针

7-1-14
8-1-12

42cm 231行

20cm88针

前领结构图

圈织198针

24cm 132行

前领片

4cm 17针

4-1-23
4-2-10针

20cm 110行

15cm 82行

15cm66针

衣袖衬边 下针2片

3cm 16行 编织方向

20cm88针

下摆衬边 下针 2片

3cm 16行 编织方向

48cm210针

门襟 双罗纹 2条

5cm 27行 编织方向

20cm88针

外领圈 双罗纹

6cm 33行 编织方向

64cm281针

缝合

双层平针底边图解

双罗纹

【成品尺寸】衣长65cm　胸围96cm　袖长53cm

【工具】1.7mm棒针

【材料】红色、深蓝色纯羊毛线

【密度】10cm²：44针×55行

【附件】扣子6枚　装饰图案

【制作过程】前、后片分别按图起针，先织双层平针底边后，改织下针，至织完成。袖窿和领窝按图加减针，衣袖按图起针，先织双层平针底边后，改织下针，至织完成。袖片和袖山按图加减针，领圈另织，全部缝合。内前领另织，按图起针，织下针至织完成。领圈按图减针，门襟另织，褶边缝合，形成双层门襟。内领圈挑198针，织20cm下针，形成高领。下摆和衣袖的衬边另织，按图缝合。缝上扣子和装饰图案，完成。

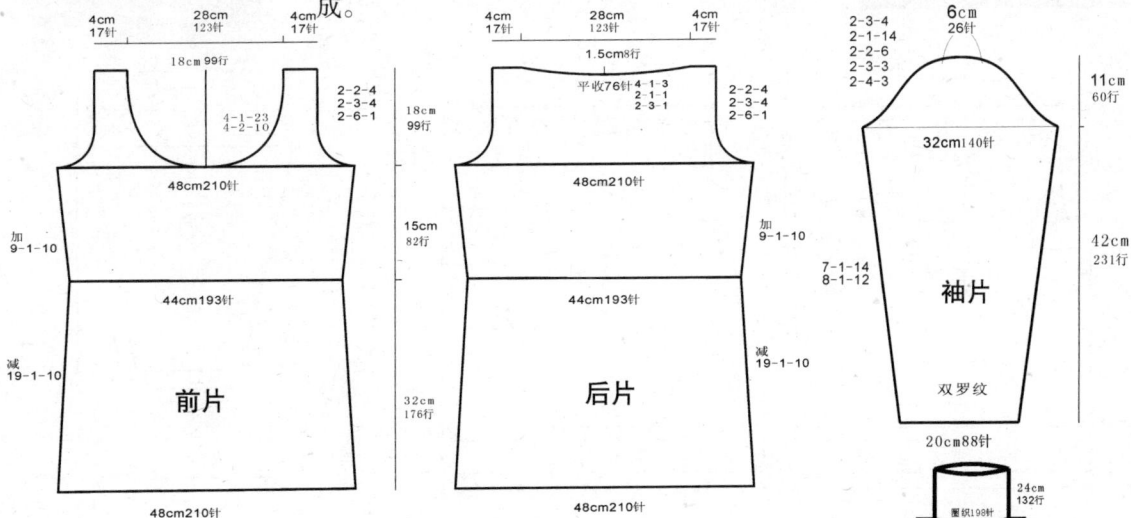

前片

后片

袖片　双罗纹

前领结构图

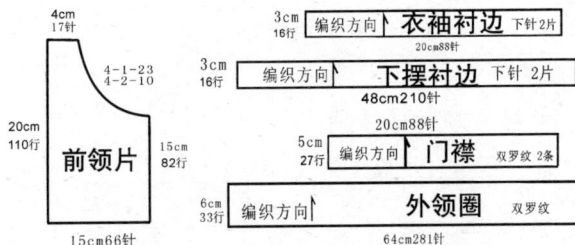

前领片

衣袖衬边　下针2片

下摆衬边　下针 2片

门襟　双罗纹 2条

外领圈　双罗纹

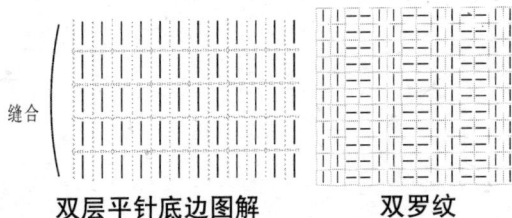

双层平针底边图解　　双罗纹

热情红色装

【制作尺寸】衣长52cm　胸围82cm　袖长48cm

【工具】14号、13号棒针各1付　1.5mm钩针1支

【材料】红色细毛线600g　绿色、灰色毛线少许

【密度】10cm²：37针×42行

【制作过程】1. 14号棒针起针148针，织双罗纹，织6cm换13号棒针织下针。织28cm后按图留袖窿及领窝，袖窿按机器袖的方法减针。

2. 衣袖由袖口织起，起84针织双罗纹边，然后按图示腋下加针。织够38cm按图减出袖山。

3. 在领口挑148针，织双罗纹织18cm收针。

4. 钩针部分:先按图解用灰色和绿色线钩出花瓣，然后按结构图将它们缝合，并在花瓣中间点缀小珍珠，然后按图钩衣片，钩到有花的位置边钩边连接。将钩好的衣片和前片同时和后片缝合。

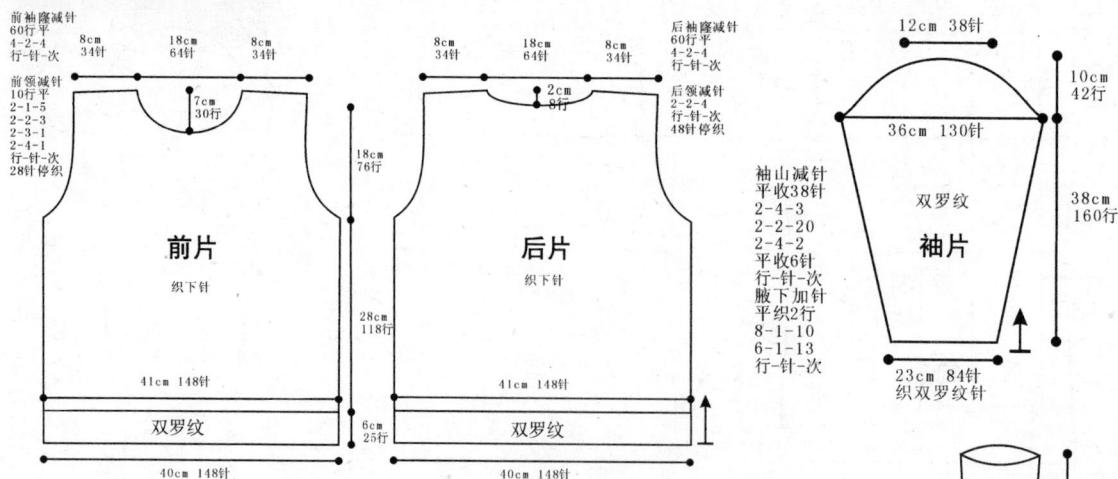

前袖窿减针
60行平
4-2-4
行-针-次

8cm 34针　18cm 64针　8cm 34针

前领减针
10行平
2-1-5
2-2-3
2-3-1
2-4-1
行-针-次
28针停织

7cm 30行

前片
织下针

41cm 148针

双罗纹

40cm 148针

后袖窿减针
60行平
4-2-4
行-针-次

8cm 34针　18cm 64针　8cm 34针

后领减针
2-2-4
行-针-次
48针停织

2cm 8行

18cm 76行

后片
织下针

28cm 118行

41cm 148针

双罗纹

6cm 25行

40cm 148针

12cm 38针

10cm 42行

36cm 130针

袖山减针
平收38针
2-4-3
2-2-20
2-4-2
平收6针
行-针-次
腋下加针
平织2行
8-1-10
6-1-13
行-针-次

双罗纹

袖片

38cm 160行

23cm 84针
织双罗纹针

挑148针，
织双罗纹

18cm

按图将钩好的花瓣叠放缝合中间缝上小珍珠

领口花片排列方法

单片叶片和花瓣钩法

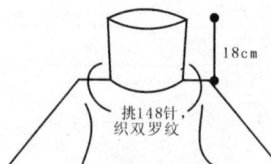

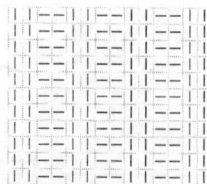

花藤钩法

双罗纹

【成品尺寸】衣长65cm　胸围96cm　袖长53cm

【工具】1.7mm棒针

【材料】红色纯羊毛线

【密度】10cm²：44针×55行

【附件】装饰带1条　扣子10枚

【制作过程】前片按图起针，先织双层平针底边后，改织下针，织至15cm时分左、右两片，分别编织花样，袖窿和领窝按图加减针，至织完成。后片起针，先织双层平针底边后，改织下针，袖窿和领窝按图加减针，至织完成。衣袖按图起针，先织双层平针底边后，改织下针，至织完成。袖片和袖山按图加减针，全部缝合。领圈挑针，织10cm花样，形成翻领。门襟另织5cm双罗纹，与前片缝合，前片装上装饰带，缝上扣子，完成。

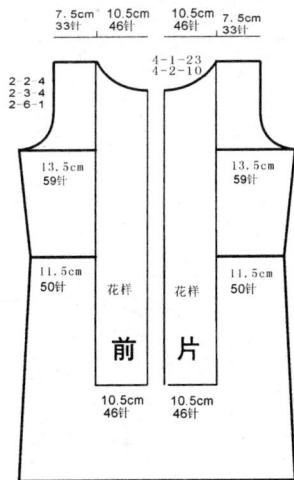

| 7.5cm 33针 | 10.5cm 46针 | 10.5cm 46针 | 7.5cm 33针 |

4-1-23
4-2-10

2-2-4
2-3-4
2-6-1

13.5cm 59针　13.5cm 59针

加 9·1·10

11.5cm 50针　花样　花样　11.5cm 50针

减 19·1·10

前　片

10.5cm 46针　10.5cm 46针

48cm210针

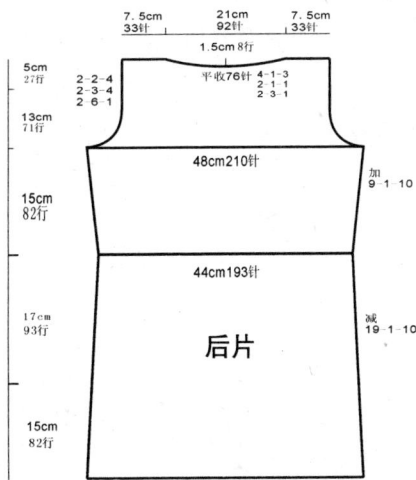

| 7.5cm 33针 | 21cm 92针 | 7.5cm 33针 |

1.5cm 8行

5cm 27行　平收76针　4-1-3 2-1-1 2-3-1

2-2-4 2-3-4 2-6-1

13cm 71行

48cm210针

加 9·1·10

15cm 82行

44cm193针

17cm 93行

减 19·1·10

后　片

15cm 82行

48cm210针

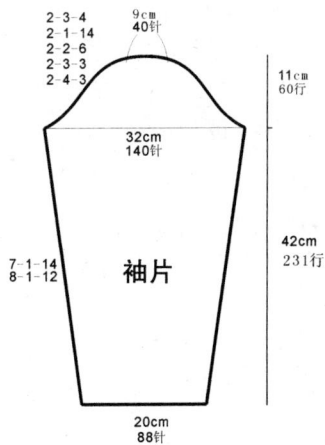

2-3-4
2-1-14
2-2-6
2-3-3
2-4-3

9cm 40针

11cm 60行

32cm 140针

42cm 231行

7-1-14
8-1-12

袖片

20cm 88针

领子结构图

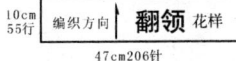

10cm 55行　编织方向　翻领　花样

47cm206针

5cm 27行　编织方向　门襟　双罗纹2片

60cm264针

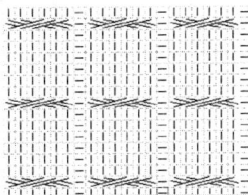

花样

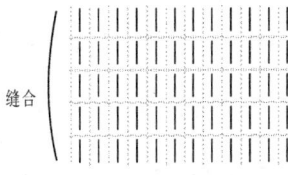

缝合

双层平针底边图解

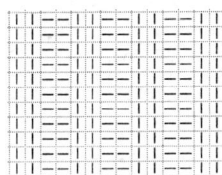

双罗纹

百变长袖衫

【成品尺寸】 衣长74cm　胸围96cm　袖长57cm

【工具】 9号棒针

【材料】 褐色牛奶绒380g　橘红色牛奶绒230g

【密度】 10cm²：25针×32行

【附件】 纽扣3枚

【制作过程】 1. 单股线编织。

2. 单色线起120针双罗纹针边，然后编织后片花样，编织到52cm时开始袖窿减针，按结构图减针后编织到肩部，两肩部各余9cm。

3. 同样方法起120针编织前片花样，织到48cm时平收12针后不加减针继续编织，身长共织65cm进行前领窝减针，按图示减针后肩部余9cm。

4. 单色线起65针双罗纹针边，从袖口编织单色袖片下针，按图示均匀加针，47cm后开始袖山减针，按图所示减针后余19针，断线。同样方法再完成另一片袖片。

5. 对应相应位置缝合，沿领窝挑织双罗纹针领片，织16cm。沿袖片与衣片缝合线外侧挑织双罗纹针装饰边，缝好纽扣。

6. 起55针编织口袋片花样，织12cm，袋口用单色线编织下针后向内折缝实，共织2片，分别贴前片沿内侧缝实。

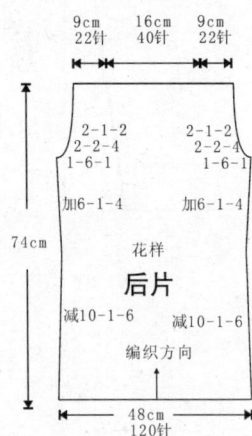

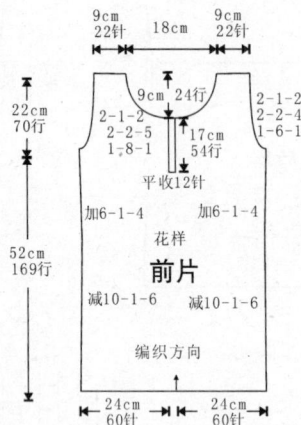

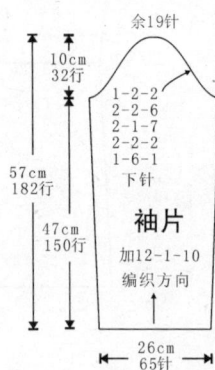

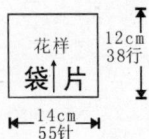

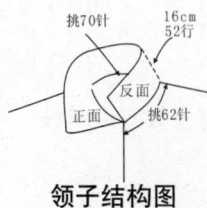

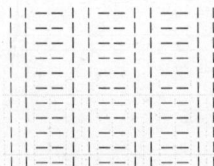

后片

9cm 22针　16cm 40针　9cm 22针

2-1-2　2-1-2
2-4-7　2-4-7
1-6-1　1-6-1

加6-1-4　加6-1-4

花样

减10-1-6　减10-1-6

编织方向

74cm

22cm 70行

52cm 169行

48cm 120针

前片

9cm 22针　18cm　9cm 22针

9cm 24行

2-1-2
2-2-2
2-2-5
1-8-1

17cm 54行

2-1-2
2-2-4
1-6-1

平收12针

加6-1-4　加6-1-4

花样

减10-1-6　减10-1-6

编织方向

24cm 60针　24cm 60针

袖片

余19针

10cm 32行

1-2-2
2-2-6
2-1-7
2-2-2
1-6-1

下针

57cm 182行

47cm 150行

加12-1-10
编织方向

26cm 65针

袋片

花样

12cm 38行

14cm 55针

领子结构图

挑70针

16cm 52针

反面

正面

挑62针

双罗纹

花样

图示说明：
■ =褐色
□ =橘红色

20　15　10　5

【成品尺寸】衣长65cm 胸围96cm 袖长53cm

【工具】1.7mm棒针

【材料】红色、黑色纯羊毛线

【密度】10cm²：44针×55行

【附件】装饰花2朵

【制作过程】前、后片分别按图起针，先织双层平针底边后，改织下针，至织完成。袖窿和领窝按图加减针，衣袖按图起针，先织双层平针底边后，改织下针，至织完成。袖口另织，先织双层平针底边后，改织下针，并间色，织完成后于衣袖缝合。袖片和袖山按图加减针，领圈另织，全部缝合。内前片另织，按图起针，织下针，并间色，至织完成。然后挑针，织10cm双罗纹，形成翻领。缝上装饰花，系上领带完成。

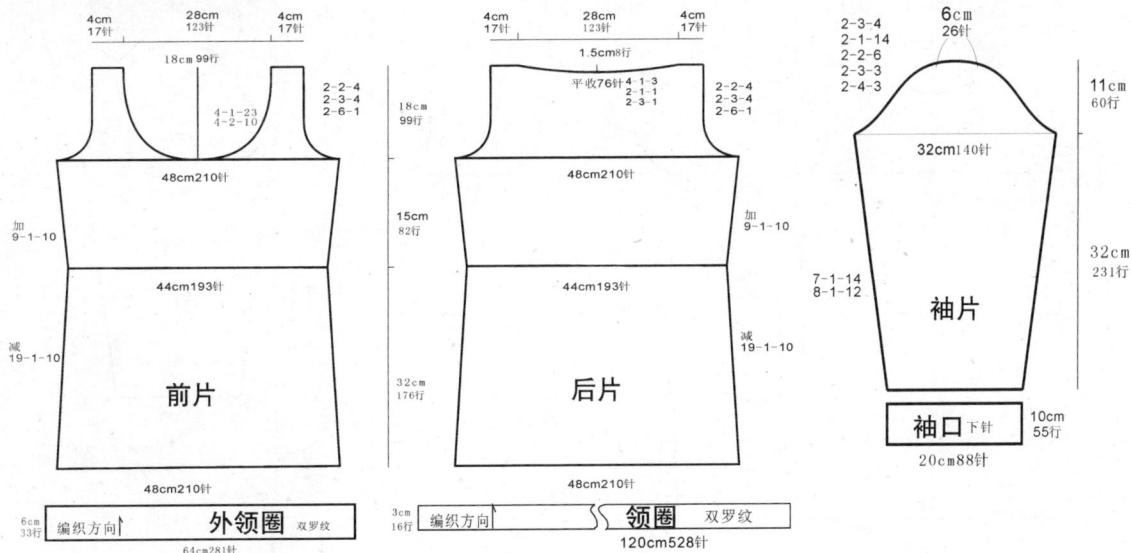

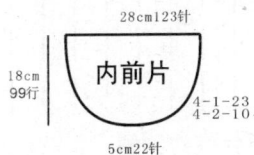

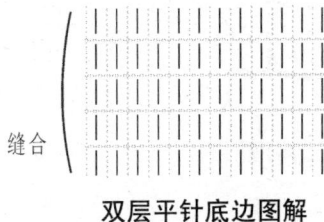

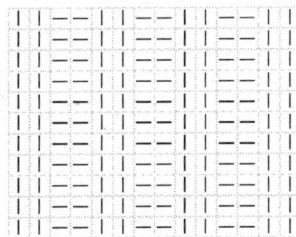

前片

4cm 17针　28cm 123针　4cm 17针

18cm 99行

2-2-4
2-3-4
2-6-1

4-1-23
4-2-10

48cm210针

加 9-1-10

44cm193针

减 19-1-10

48cm210针

后片

4cm 17针　28cm 123针　4cm 17针

1.5cm8行

平收76针 4-1-3
2-1-1
2-3-1

2-2-4
2-3-4
2-6-1

18cm 99行

48cm210针

15cm 82行

44cm193针

加 9-1-10

减 19-1-10

32cm 176行

48cm210针

袖片

2-3-4
2-1-14
2-2-6
2-3-3
2-4-3

6cm 26针

11cm 60行

32cm140针

32cm 231行

7-1-14
8-1-12

袖口 下针　10cm 55行
20cm88针

外领圈 双罗纹

6cm 33行　编织方向

64cm281针

领圈 双罗纹

3cm 16行　编织方向

120cm528针

内前片

28cm123针

18cm 99行

4-1-23
4-2-10

5cm22针

前领结构图

缝合

双层平针底边图解

双罗纹

【成品尺寸】衣长65cm　胸围96cm　袖长53cm

【工具】1.7mm棒针

【材料】红色、杏色纯羊毛线

【密度】10cm²：44针×55行

【制作过程】前、后片分别按图起针，先织双层平针底边，后改织下针，并间色，至织完成。袖窿和领窝按图加减针，衣袖按图起针，先织双层平针底边后，改织下针，并间色，至织完成。袖山和袖片按图加减针，全部缝合。领圈挑198针，圈织24cm下针，形成高领，完成。

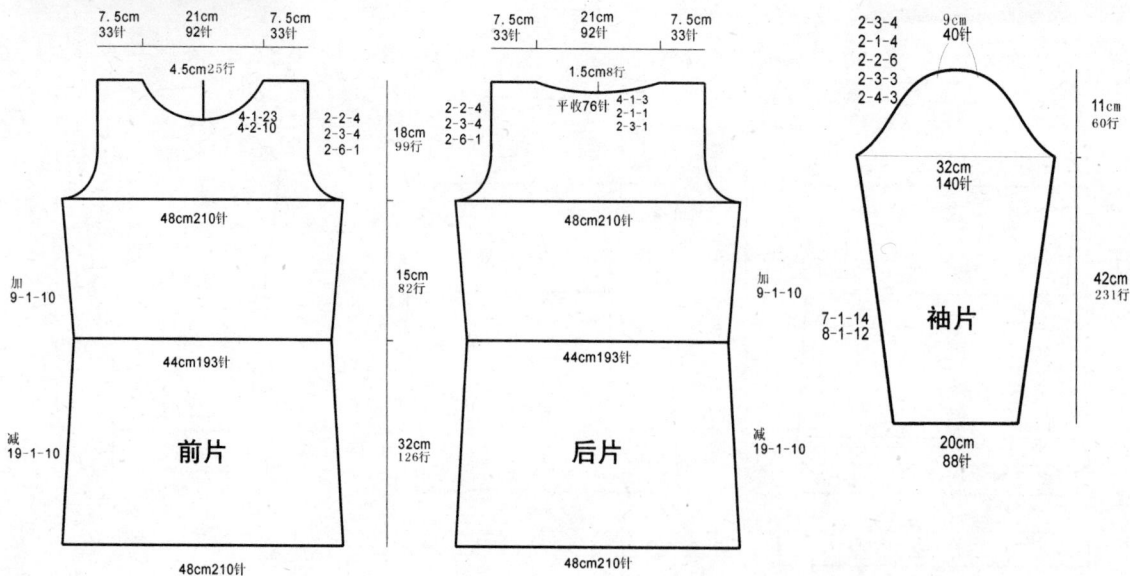

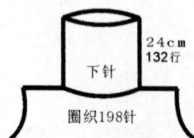

前片:
7.5cm 33针　21cm 92针　7.5cm 33针
4.5cm 25行
4-1-23
4-2-10
2-2-4
2-3-4
2-6-1
18cm 99行
48cm 210针
加 9-1-10
15cm 82行
44cm 193针
减 19-1-10
前片
32cm 126行
48cm 210针

后片:
7.5cm 33针　21cm 92针　7.5cm 33针
1.5cm 8行
平收76针
4-1-3
2-1-1
2-3-1
2-2-4
2-3-4
2-6-1
48cm 210针
加 9-1-10
44cm 193针
减 19-1-10
后片
48cm 210针

袖片:
2-3-4
2-1-4
2-2-6
2-3-3
2-4-3
9cm 40针
11cm 60行
32cm 140针
7-1-14
8-1-12
42cm 231行
袖片
20cm 88针

领子结构图:
24cm 132行
下针
圈织198针
领子结构图

缝合

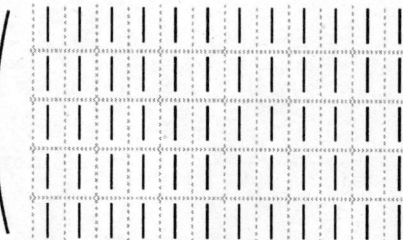

双层平针底边图解

心动粉红衫

【制作尺寸】衣长52cm　胸围82cm　袖长48cm

【工具】14号棒针1付　1.5mm钩针1支

【材料】粉色细毛线600g

【密度】10cm²：37针×42行

【制作过程】1. 14号棒针起针148针，织8行下针，然后将底边挑起，钩针和棒针上对应的针对齐并织。衣身全部织下针，按图留袖窿及领窝，袖窿按机器袖的方法减针。

　　2. 衣袖按图解钩出，按图留出袖山。袖口改用棒针起88针织双罗纹，织10cm高后收针，和钩针部分缝合。

　　3. 按图解花形钩领，领起6组花形，钩4排花。

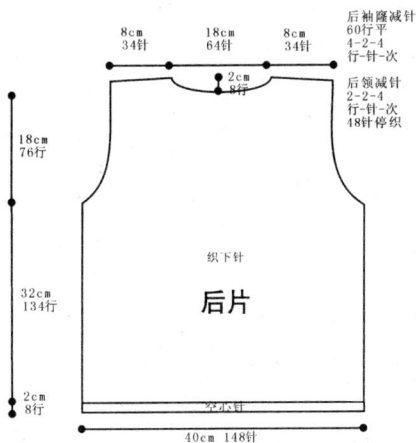

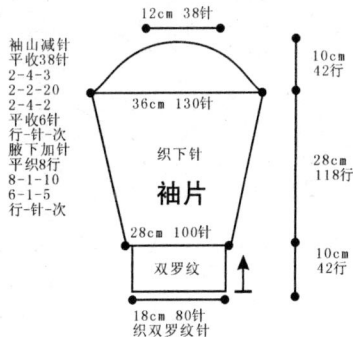

前袖窿减针
60行平
4-2-4
行-针-次
前领减针
10行平
2-1-5
2-2-3
2-3-1
2-4-1
行-针-一次
28针停织

8cm 34针　18cm 64针　8cm 34针

7cm 30行

18cm 76行

织下针

前片

32cm 134行

2cm 8行

空心针

40cm 148针

8cm 34针　18cm 64针　8cm 34针

2cm 8行

后袖窿减针
60行平
4-2-4
行-针-次
后领减针
2-2-4
行-针-一次
48针停织

织下针

后片

空心针

40cm 148针

12cm 38针

袖山减针
平收38针
2-4-3
2-2-20
2-4-2
平收6针
行-针-一次
腋下加针
平织8行
8-1-10
6-1-5
行-针-一次

36cm 130针

10cm 42行

织下针

袖片

28cm 118行

28cm 100针

双罗纹

10cm 42行

18cm 80针
织双罗纹针

25cm

起6个花形

袖的钩法

54cm

6.5cm

31.5cm

起针

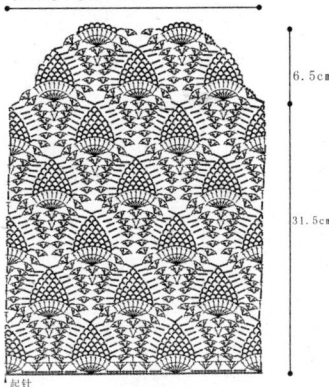

领的基本花型

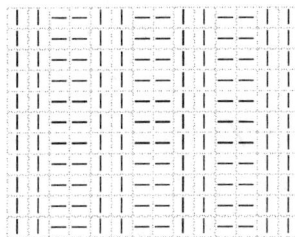

起针

双罗纹

【成品尺寸】衣长65cm　胸围96cm　袖长53cm

【工具】1.7mm棒针　绣花针

【材料】粉红色、深紫色纯羊毛线

【密度】10cm²：44针×55行

【附件】亮珠、绣花若干

【制作过程】前、后片分别按图起针，先织双层平针底边后，改织下针，并间色，至织完成。衣片、袖窿和领窝按图加减针，衣袖按图起针，先织双层平针底边后改织下针，至织完成。袖片和袖山按图加减针，全部缝合。领圈挑198针，织24cm双罗纹，形成高领。绣上亮珠和绣花，完成。

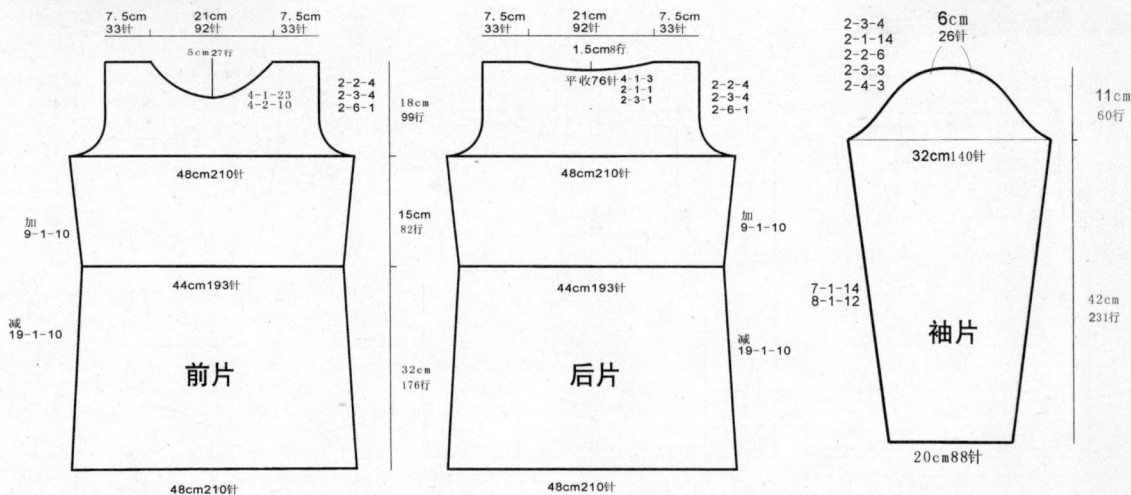

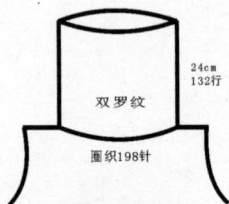

前片

7.5cm 33针　21cm 92针　7.5cm 33针

5cm27行

2-2-4
2-3-4
2-6-1

4-1-23
4-2-10

48cm210针

加 9-1-10

44cm193针

减 19-1-10

48cm210针

后片

7.5cm 33针　21cm 92针　7.5cm 33针

1.5cm8行

平收76针

4-1-3
2-1-1
2-3-1

2-2-4
2-3-4
2-6-1

18cm 99行

48cm210针

15cm 82行

加 9-1-10

44cm193针

32cm 176行

减 19-1-10

48cm210针

袖片

2-3-4
2-1-14
2-2-6
2-3-3
2-4-3

6cm 26针

11cm 60行

32cm140针

7-1-14
8-1-12

42cm 231行

20cm88针

领子结构图

双罗纹

24cm 132行

圈织198针

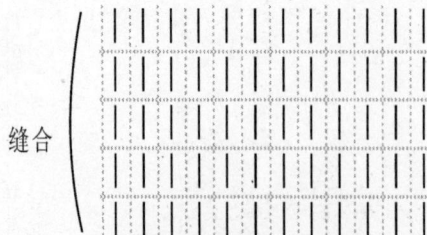

双层平针底边图解

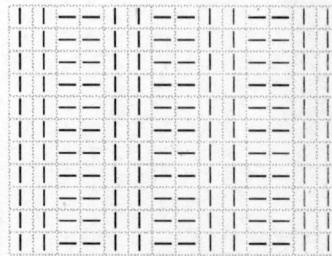

缝合

双罗纹

时尚短款毛衣

【成品尺寸】衣长58cm　胸围98cm　袖长54cm

【工具】7号棒针

【材料】粉色毛线520g

【密度】10cm²：21针×25行

【附件】灰色针织装饰布　拉链1条

【制作过程】1. 单股线编织。毛衣由前、后身片、袖片组成。

2. 起100针编织双罗纹针后片花样，共编织到35cm时开始袖窿减针，按结构图减完针后，不加减针编织到56cm时，减出后领窝，两肩部各余10cm。

3. 起32针编织双罗纹针前片，编织到35cm时进行袖窿减针，按结构图减完针后，不加减针织到肩部。收针断线。同样方法完成另一侧前片，减针方向相反。

4. 起60针双罗纹针从袖口开始编织袖片，按结构图所示均匀加针，编织45cm后开始袖山减针，按图所示减针后余20针，断线。同样方法再完成另一片袖片。

5. 沿边对应相应位置缝实。将裁剪完成的灰色针织装饰布与毛衣片缝实，缝上拉链。

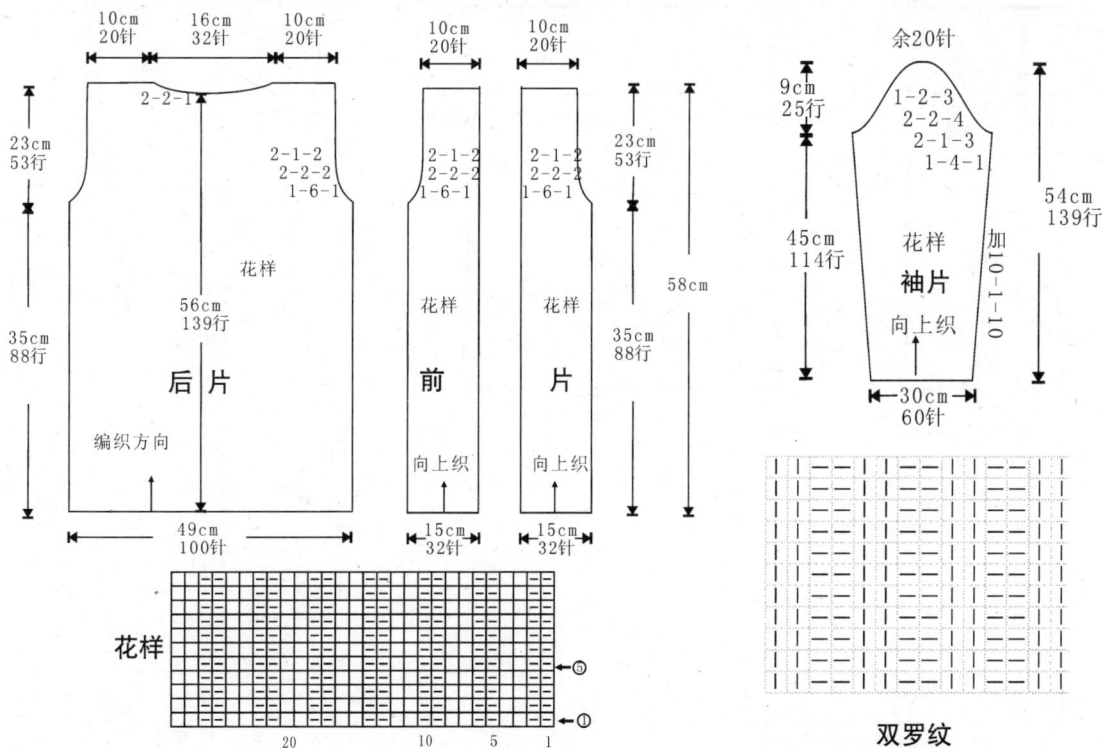

后片

10cm 20针　16cm 32针　10cm 20针

2-2-1

2-1-2
2-2-2
1-6-1

23cm 53行

35cm 88行

56cm 139行

花样

编织方向

49cm 100针

前片

10cm 20针

2-1-2
2-2-2
1-6-1

花样

向上织

15cm 32针

片

10cm 20针

2-1-2
2-2-2
1-6-1

花样

向上织

15cm 32针

23cm 53行

35cm 88行

58cm

袖片

余20针

9cm 25行

1-2-3
2-2-4
2-1-3
1-4-1

45cm 114行

花样

向上织

加10-1-10

54cm 139行

30cm 60针

花样

20　10　5　1

⓷ ←
① ←

双罗纹

【成品尺寸】衣长65cm　胸围96cm　袖长53cm

【工具】1.7mm棒针

【材料】白色、灰黑色纯羊毛线

【密度】10cm²：44针×55行

【附件】拉链1条　标志图案

【制作过程】前片分左、右两片，左前片与右前片织法相同，分别按图起针，织双罗纹10cm后，改织下针，并间色，至织完成。后片和衣袖按图织双罗纹10cm后，改织下针，并间色，至织完成，全部缝合。领圈挑针，织15cm双罗纹的长方形，装上拉链，形成翻领。缝上标志图案，完成。

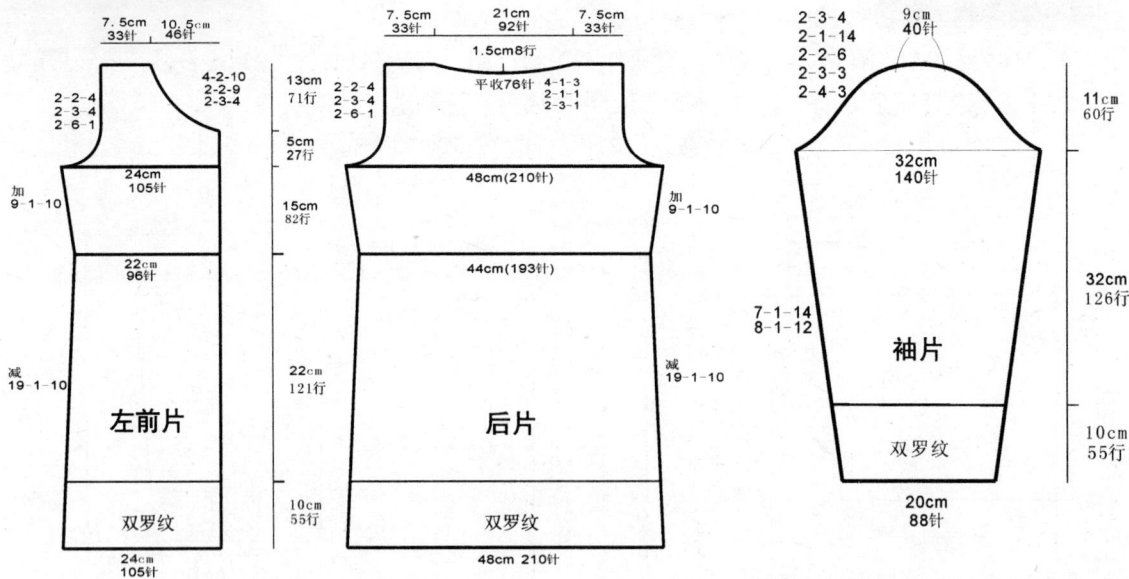

左前片

7.5cm 33针　10.5cm 46针

4-2-10
2-2-9
2-3-4

2-2-4
2-3-4
2-6-1

24cm 105针

加 9-1-10

22cm 96针

减 19-1-10

双罗纹

24cm 105针

后片

7.5cm 33针　21cm 92针　7.5cm 33针

1.5cm8行

13cm 71行

5cm 27行

平收76针

2-2-4
2-3-4
2-6-1

4-1-3
2-1-1
2-3-1

48cm(210针)

15cm 82行

44cm(193针)

加 9-1-10

22cm 121行

减 19-1-10

双罗纹

10cm 55行

48cm 210针

袖片

2-3-4
2-1-14
2-2-6
2-3-3
2-4-3

9cm 40针

11cm 60行

32cm 140针

7-1-14
8-1-12

32cm 126行

双罗纹

10cm 55行

20cm 88针

编织方向 1　领圈　双罗纹

15cm 82行

39cm171针

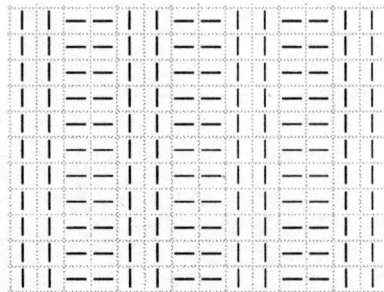

双罗纹

粉色丽人装

【成品尺寸】衣长65cm　胸围96cm　袖长53cm

【工具】1.7mm棒针　绣花针

【材料】粉红色纯羊毛线

【密度】10cm²：44针×55行

【附件】亮珠若干

【制作过程】前、后片分别起针，织15cm双罗纹后，改织下针，至织完成。衣片、袖窿和领窝按图加减针。衣袖按图起针，织15cm双罗纹后，改织下针，至织完成。袖片和袖山按图加减针，全部缝合。领圈挑针，织24cm双罗纹，形成高领。缝上亮珠，完成。

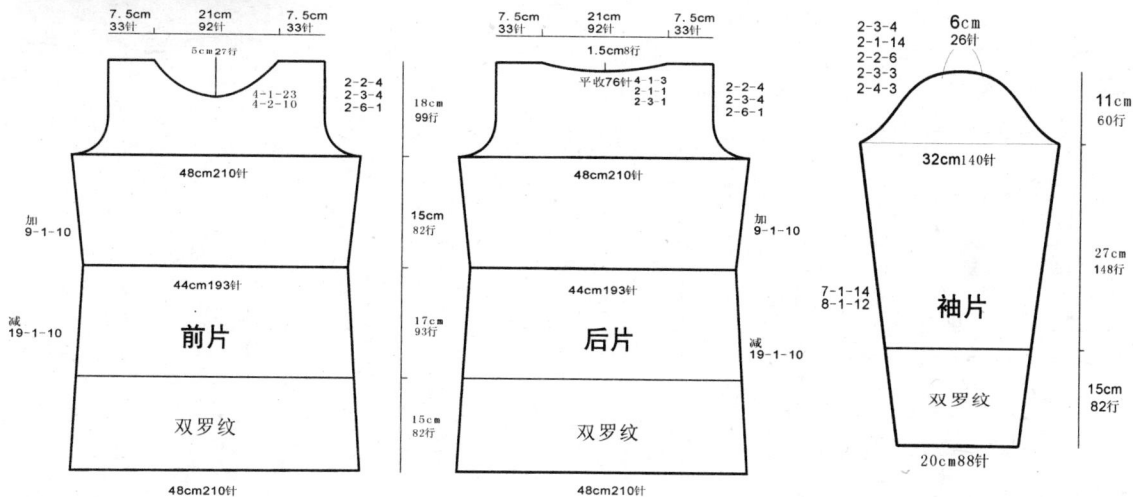

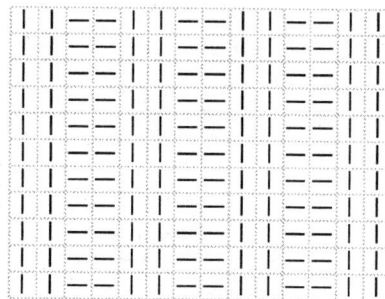

前片

| 7.5cm 33针 | 21cm 92针 | 7.5cm 33针 |

5cm27针

2-2-4
2-3-4
2-6-1

4-1-23
4-2-10

48cm210针

加 9-1-10

44cm193针

减 19-1-10

前片

双罗纹

48cm210针

后片

| 7.5cm 33针 | 21cm 92针 | 7.5cm 33针 |

1.5cm8行

平收76针 4-1-3
2-2-1
2-3-1

2-2-4
2-3-4
2-6-1

18cm 99行

48cm210针

15cm 82行

加 9-1-10

17cm 93行

44cm193针

减 19-1-10

后片

15cm 82行

双罗纹

48cm210针

袖片

2-3-4
2-1-14
2-2-6
2-3-3
2-4-3

6cm 26针

11cm 60行

32cm140针

7-1-14
8-1-12

27cm 148行

袖片

15cm 82行

双罗纹

20cm88针

领子结构图

双罗纹

24cm 132行

圈织198针

领子结构图

双罗纹

双罗纹

【成品尺寸】衣长65cm 胸围96cm 袖长53cm

【工具】1.7mm棒针 绣花针

【材料】粉红色纯羊毛线

【密度】$10cm^2$：44针×55行

【附件】亮珠、绣花若干

【制作过程】前、后片分别起针，织双罗纹15cm后，改织下针，至织完成。衣片、袖窿和领窝按图加减针。衣袖按图起针，织双罗纹15cm后，改织下针，至织完成。袖片和袖山按图加减针，全部缝合。后领圈另织双罗纹，前翻领片另织双罗纹，按彩图缝合。缝好亮珠和绣花图案，完成。

前片

- 7.5cm 33针 | 21cm 92针 | 7.5cm 33针
- 18cm 99行
- 2-2-4, 2-3-4, 2-6-1
- 4-1-23, 4-2-10, 2-3-4
- 48cm210针
- 加 9-1-10
- 44cm193针
- 减 19-1-10
- 15cm 82行
- 双罗纹
- 48cm210针

后片

- 7.5cm 33针 | 21cm 92针 | 7.5cm 33针
- 1.5cm 8行
- 18cm 99行
- 平收76针 4-1-3, 2-1-1, 2-3-1
- 2-2-4, 2-3-4, 2-6-1
- 48cm210针
- 加 9-1-10
- 44cm193针
- 减 19-1-10
- 15cm 82行
- 17cm 93行
- 15cm 82行
- 双罗纹
- 48cm210针

袖片

- 2-3-4, 2-1-14, 2-2-6, 2-3-3, 2-4-3
- 6cm 26针
- 11cm 60行
- 32cm140针
- 27cm 148行
- 7-1-14, 8-1-12
- 双罗纹
- 15cm 82行
- 20cm88针

后领圈

- 5cm 27行
- 编织方向 后领圈 双罗纹
- 21cm92针

前翻领片

- 18cm79针
- 8cm 44行
- 编织方向 双罗纹 2片
- 前翻领片

领子结构图

领子结构图

双罗纹

双罗纹

贤淑灰色衫

【成品尺寸】衣长52cm　胸围82cm　袖长50cm

【工具】14号棒针1付　1.5mm钩针1支

【材料】灰色细毛线700g

【密度】10cm²：36针×42行

【制作过程】1. 14号棒针起针148针，织16行下针，将边翻起，将底边上的针逐针挑起和棒针上对应的针并织，织空心边，然后衣身前片织6针下针1针上针后片织下针。织32cm后按图留袖窿及领窝，袖窿按机器袖的方法减针。

2. 衣袖由袖口织起，起94针，织和衣片相同的空心边，然后织下针腋下按图加针，袖山按图减针。

3. 在领口挑148针，织双罗纹织18cm收针。

4. 外搭部分:另起26针，门襟部分按图加针，外侧平织织够18cm外侧留袖窿，内侧每2行减1针，再织18cm。两侧门襟各按图钩花边，缝在门襟上，外搭部分同前片一起缝合。

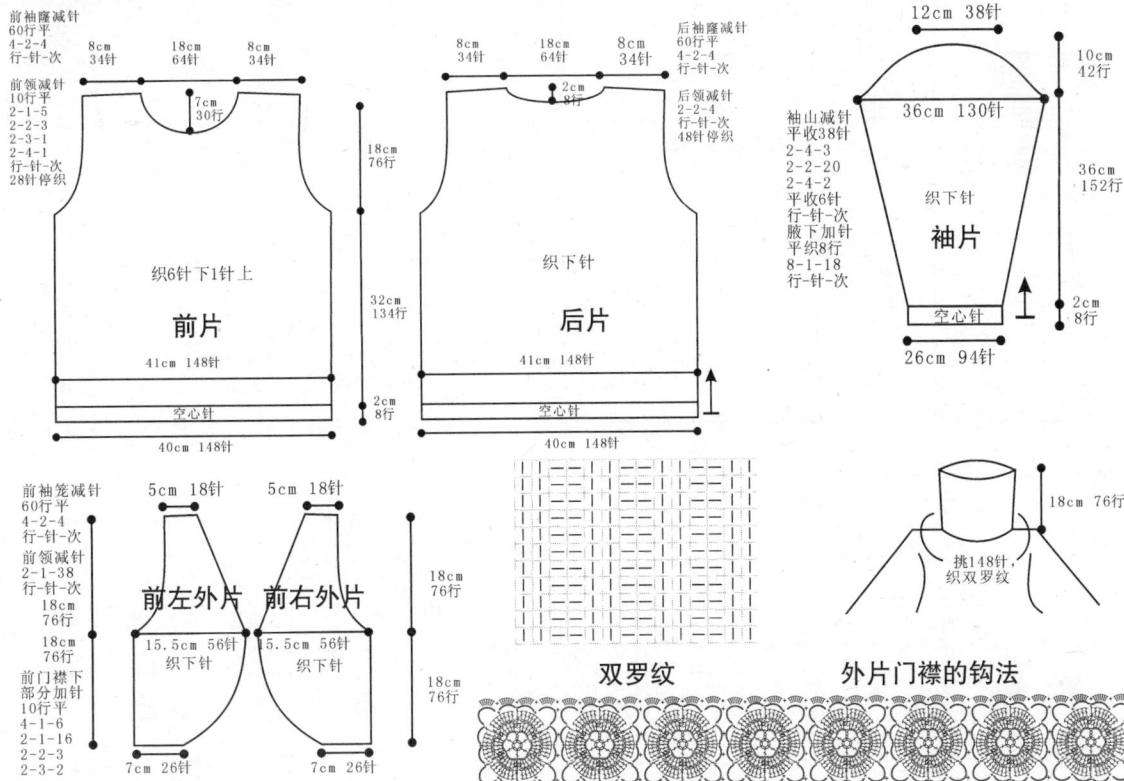

前袖窿减针
60行平
4-2-4
行-针-次

8cm 34针　18cm 64针　8cm 34针

前领减针
10行平
2-1-5
2-2-3
2-3-1
2-4-1
行-针-次
28针停织

7cm 30行

18cm 76行

织6针下1针上

前片

41cm 148针

32cm 134行

空心针

2cm 8行

40cm 148针

8cm 34针　18cm 64针　8cm 34针

后袖窿减针
60行平
4-2-4
行-针-次

后领减针
2-2-4
行-针-次
48针停织

2cm 8行

织下针

后片

41cm 148针

空心针

40cm 148针

12cm 38针

10cm 42行

36cm 130针

袖山减针
平收38针
2-4-3
2-2-20
2-4-2
平收6针
行-针-次
腋下加针
平织8行
8-1-18
行-针-次

36cm 152行

织下针

袖片

空心针

2cm 8行

26cm 94针

前袖笼减针
60行平
4-2-4
行-针-次

前领减针
2-1-38
行-针-次
18cm
76行

18cm
76行

前门襟加针
下部分加针
10行平
4-1-6
2-1-16
2-2-3
2-3-2

5cm 18针　5cm 18针

18cm 76行

前左外片　前右外片

15.5cm 56针　15.5cm 56针

织下针　织下针

18cm 76行

7cm 26针　7cm 26针

双罗纹

外片门襟的钩法

18cm 76行

挑148针，织双罗纹

【成品尺寸】衣长65cm　胸围96cm　袖长53cm

【工具】1.7mm棒针

【材料】灰色纯羊毛线

【密度】10cm²：44针×47行

【附件】门襟装饰带1条

【制作过程】前片分左、右两片，左前片和右前片织法相同，分别按图起针，先织双层平针底边后，改织下针，袖窿和领窝按图加减针，至织完成。后片起针，先织双层平针底边后，改织下针，袖窿和领窝按图加减针，至织完成。衣袖按图起针，先织双层平针底边后，改织下针，至织完成。袖片和袖山按图加减针，全部缝合。领圈挑针，织10cm单罗纹，形成翻领。门襟另织5cm双罗纹，与前片缝合。门襟装上装饰带，完成。

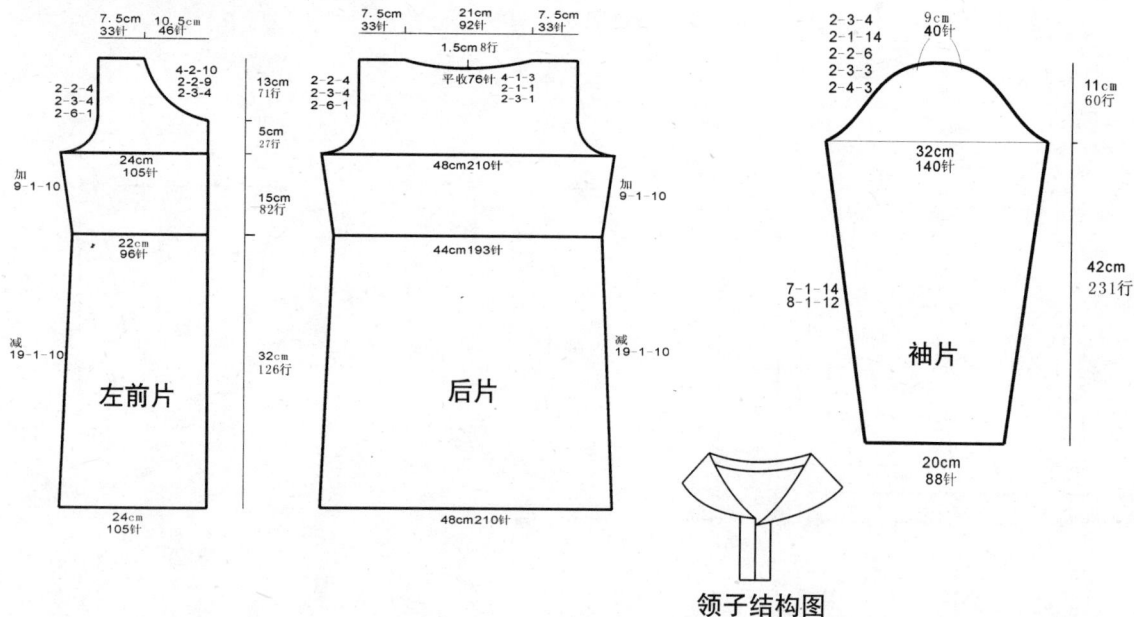

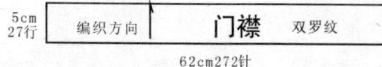

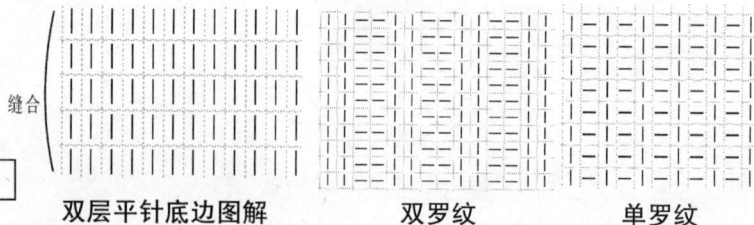

左前片

7.5cm 33针　10.5cm 46针

4-2-10
2-2-9
2-3-4

2-2-4
2-3-4
2-6-1

13cm 71行

5cm 27行

24cm 105针

加 9-1-10

15cm 82行

22cm 96针

减 19-1-10

32cm 126行

24cm 105针

后片

7.5cm 33针　21cm 92针　7.5cm 33针

1.5cm 8行

平收76针

2-2-4
2-3-4
2-6-1

4-1-3
2-1-1
2-3-1

48cm210针

加 9-1-10

44cm193针

减 19-1-10

48cm210针

袖片

2-3-4
2-1-14
2-2-6
2-3-3
2-4-3

9cm 40针

11cm 60行

32cm 140针

7-1-14
8-1-12

42cm 231行

20cm 88针

领子结构图

领圈 单罗纹

10cm 55行

编织方向

47cm206针

门襟 双罗纹

5cm 27行

编织方向

62cm272针

缝合

双层平针底边图解　　双罗纹　　单罗纹

简约知性衫

【成品尺寸】衣长 65cm　胸围 96cm　袖长 53cm

【工具】1.7mm棒针

【材料】黄色纯羊毛线

【密度】10cm²：44针×55行

【附件】扣子2枚

【制作过程】前、后片分别按图起针，织双罗纹10cm后，改织下针，袖窿和领窝按图加减针，至织完成。衣袖按图起针，织双罗纹10cm后，改织下针，衣袖和袖山按图加减针，至织完成，全部缝合。领圈挑针，织双罗纹5cm，领尖缝合，形成V领。前片内领另织，按图起针，织单罗纹至织完成。领子用全棉布料缝制好，与前片内领缝合，形成翻领。缝上扣子和衣袖衬边，完成。

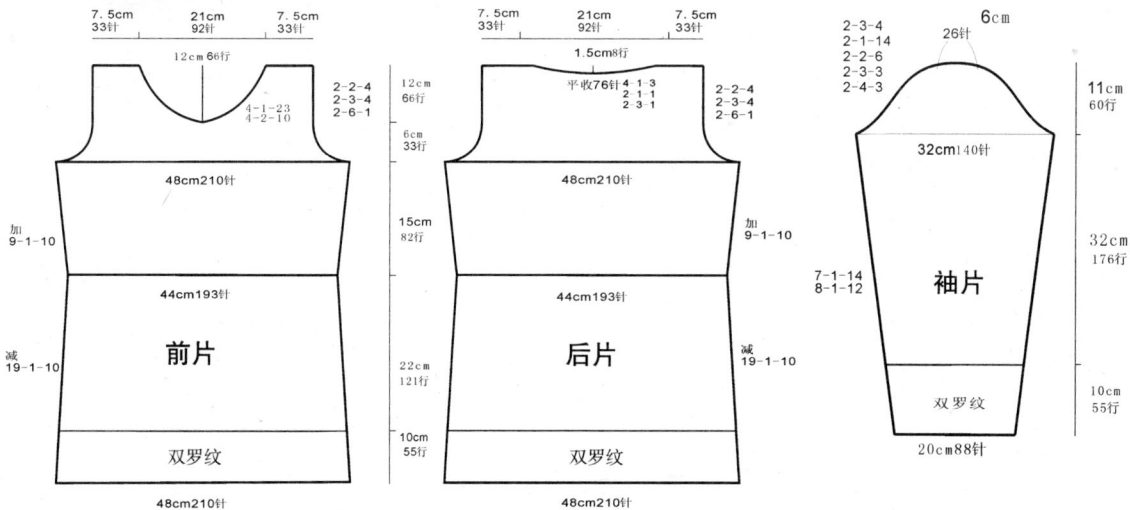

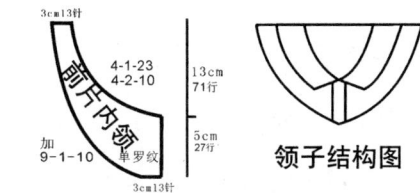

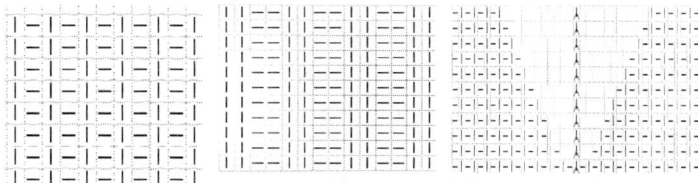

前片

7.5cm 33针 ／ 21cm 92针 ／ 7.5cm 33针

12cm 66行

2-2-4
2-3-4
2-6-1

4-1-23
4-2-10

48cm210针

加 9-1-10

44cm193针

减 19-1-10

48cm210针

后片

7.5cm 33针 ／ 21cm 92针 ／ 7.5cm 33针

1.5cm8行

12cm 66行

平收76针 4-1-3
2-1-1
2-3-1

2-2-4
2-3-4
2-6-1

6cm 33行

48cm210针

15cm 82行

加 9-1-10

44cm193针

22cm 121行

减 19-1-10

10cm 55行

48cm210针

袖片

2-3-4
2-1-14
2-2-6
2-3-3
2-4-3

6cm 26针

11cm 60行

32cm140针

7-1-14
8-1-12

32cm 176行

10cm 55行

20cm88针

双罗纹

前片内领

3cm13针

4-1-23
4-2-10

13cm 71行

加 9-1-10

单罗纹

5cm 27行

3cm13针

领子结构图

衣袖衬边

5cm 27行

38cm167针

双罗纹

单罗纹

双罗纹

领口花样

【成品尺寸】衣长65cm　胸围96cm　袖长53cm

【工具】1.7mm棒针

【材料】杏色、黄色纯羊毛线

【密度】$10cm^2$：44针×55行

【附件】亮珠、装饰花若干

【制作过程】前、后片分别按图起针，先织双层平针底边后，改织下针，至织完成。衣片、袖窿和领窝按图加减针，衣袖按图起针，先织双层平针底边后，改织下针，至织完成。袖口另织，按图起针，织花样A15cm，与袖片缝合。袖片和袖山按图加减针，全部缝合。内前领另织，外领圈另织花样A，领尖缝合，形成V领。内前领与外领圈，按彩图叠压缝合形成的领圈，挑198针织圈双罗纹24cm，形成高领。缝上亮珠和装饰花，完成。

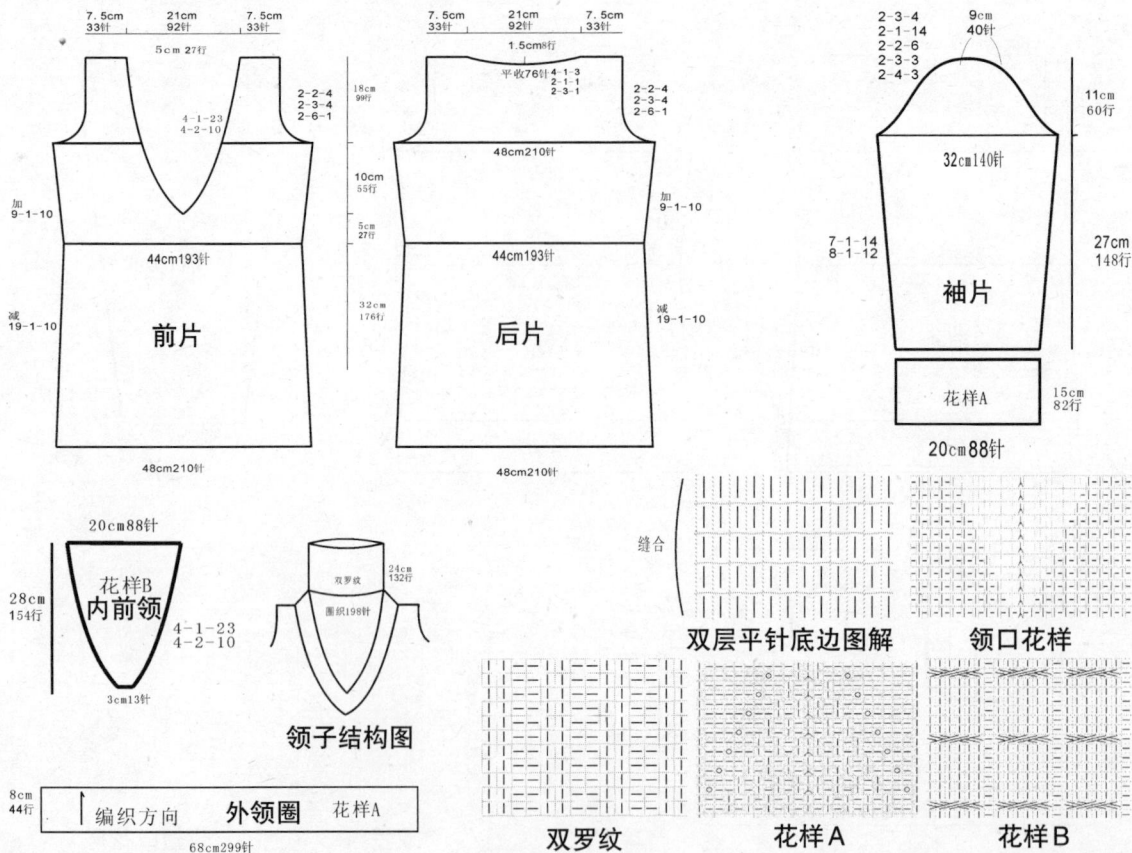

前片

7.5cm 33针　21cm 92针　7.5cm 33针

5cm 27行

2-2-4
2-3-4
2-6-1

4-1-23
4-2-10

加 9-1-10

44cm193针

减 19-1-10

48cm210针

后片

7.5cm 33针　21cm 92针　7.5cm 33针

1.5cm8行

平收76针 4-1-3
2-1-1
2-3-1

18cm 99行

2-2-4
2-3-4
2-6-1

10cm 55行

48cm210针

加 9-1-10

5cm 27行

44cm193针

减 19-1-10

32cm 176行

48cm210针

袖片

2-3-4
2-1-14
2-2-6
2-3-3
2-4-3

9cm 40针

11cm 60行

32cm140针

7-1-14
8-1-12

27cm 148行

花样A

15cm 82行

20cm88针

内前领

20cm88针

28cm 154行

花样B 内前领

4-1-23
4-2-10

3cm13针

领子结构图

双罗纹

24cm 132行

圈织198针

8cm 44行

编织方向　外领圈　花样A

68cm299针

缝合

双层平针底边图解　　领口花样

双罗纹　　花样A　　花样B

靓丽高领衫

【成品尺寸】 衣长65cm　胸围96cm　袖长53cm
【工具】 1.7mm棒针
【材料】 黄色纯羊毛线
【密度】 10cm²：44针×55行
【附件】 亮珠若干
【制作过程】 前、后片分别起针，织双罗纹15cm后，改织下针，至织完成。衣片、袖窿和领窝按图加减针。衣袖按图起针，织双罗纹15cm后，改织下针，至织完成。袖片和袖山按图加减针，全部缝合。袖口不用缝合，袖口纽门另织，按彩图缝合，形成可开合的袖口。领圈挑针，织双罗纹24cm，形成高领。缝好亮珠图案，完成。

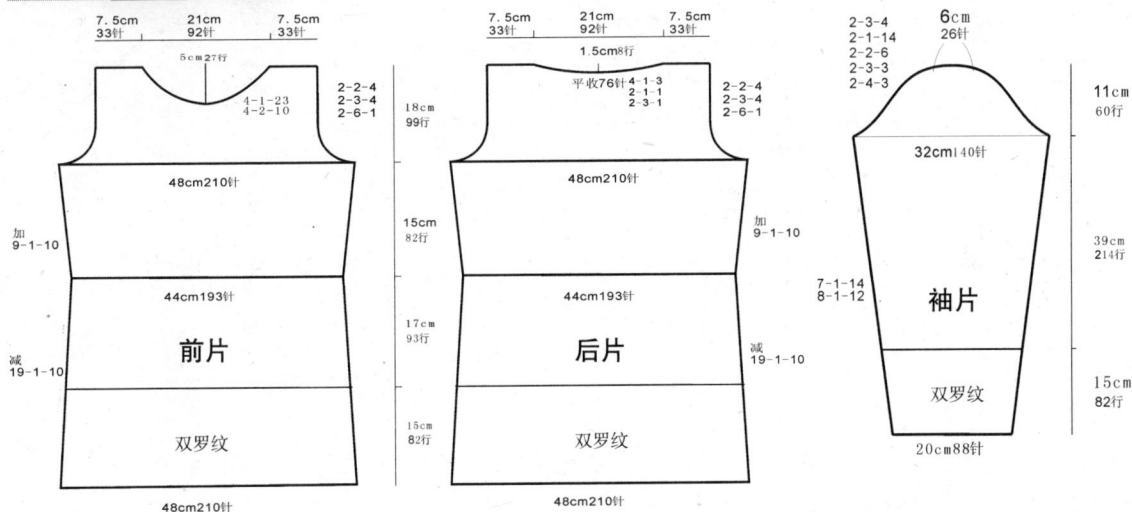

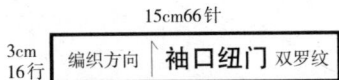

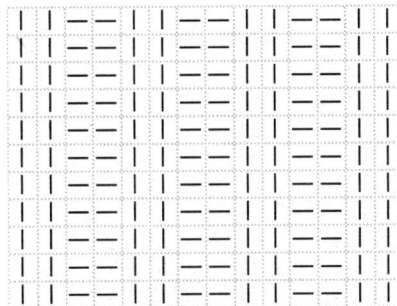

前片

| 7.5cm 33针 | 21cm 92针 | 7.5cm 33针 |

5cm27行

2-2-4
2-3-4
2-6-1

4-1-23
4-2-10

48cm210针

加 9-1-10

44cm193针

减 19-1-10

双罗纹

48cm210针

后片

| 7.5cm 33针 | 21cm 92针 | 7.5cm 33针 |

1.5cm8行

平收76针
4-1-3
2-1-1
2-3-1

2-2-4
2-3-4
2-6-1

18cm 99行

48cm210针

15cm 82行

加 9-1-10

44cm193针

17cm 93行

减 19-1-10

双罗纹

15cm 82行

48cm210针

袖片

2-3-4
2-1-14
2-2-6
2-3-3
2-4-3

6cm 26针

11cm 60行

32cm140针

7-1-14
8-1-12

39cm 214行

双罗纹

15cm 82行

20cm88针

领子结构图

双罗纹

24cm 132行

圈织198针

袖口纽门

15cm66针

3cm 16行　编织方向　**袖口纽门** 双罗纹

双罗纹

【成品尺寸】衣长65cm　胸围96cm　袖长53cm

【工具】1.7mm棒针

【材料】黄色纯羊毛线

【密度】10cm²：44针×55行

【附件】亮珠若干

【制作过程】前、后片分别按图起针，先织双层平针底边后，改织下针，至织完成。衣片、袖窿和领窝按图加减针。衣袖按图起针，织双罗纹至织完成。袖片和袖山按图加减针，全部缝合。衣袖衬边另织，缝合衣袖。领圈另织，按彩图缝合。缝上亮珠，完成。

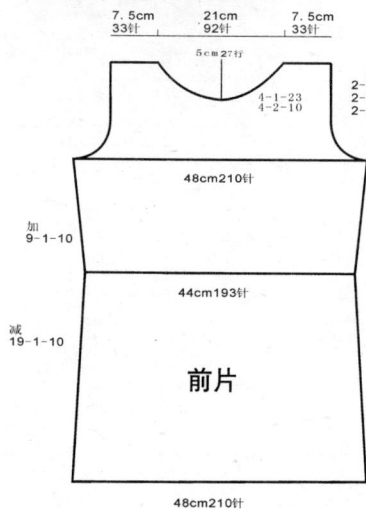

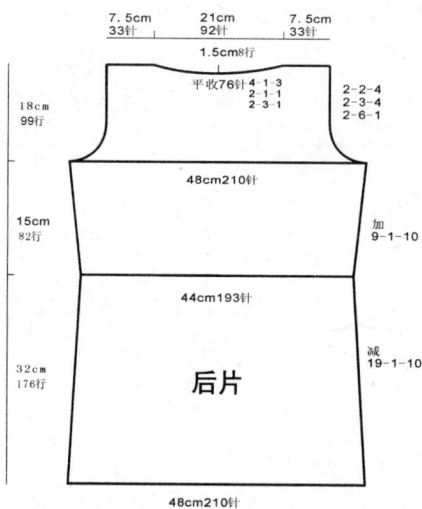

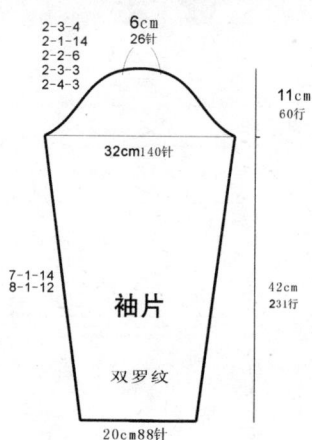

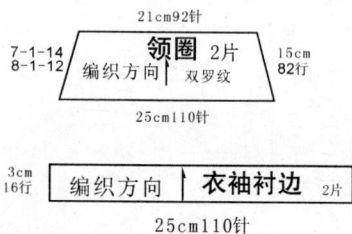

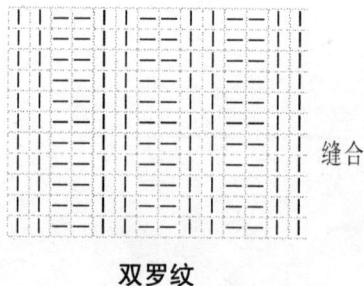

前片

7.5cm 33针　21cm 92针　7.5cm 33针

5cm27行

4-1-23
4-2-10

2-2-4
2-3-4
2-6-1

18cm 99行

48cm210针

15cm 82行

加 9-1-10

44cm193针

减 19-1-10

32cm 176行

前片

48cm210针

后片

7.5cm 33针　21cm 92针　7.5cm 33针

1.5cm8行

平收76针 4-1-3
2-3-1

2-2-4
2-3-4
2-6-1

48cm210针

加 9-1-10

44cm193针

减 19-1-10

后片

48cm210针

袖片

2-3-4
2-1-14
2-2-6
2-3-3
2-4-3

6cm 26针

11cm 60行

32cm140针

7-1-14
8-1-12

42cm 231行

袖片

双罗纹

20cm88针

领圈

7-1-14
8-1-12

21cm92针

领圈 2片

编织方向　双罗纹

15cm 82行

25cm110针

3cm 16行　编织方向　衣袖衬边 2片

25cm110针

双罗纹

缝合

双层平针底边图解

气质高领衫

【成品尺寸】衣长65cm　胸围96cm　袖长53cm

【工具】1.7mm棒针

【材料】藕色纯羊毛线

【密度】10cm²：44针×55行

【附件】装饰扣子5枚

【制作过程】前、后片按图起针，织下针，至织完成，袖窿和领窝按图加减针。下摆另织，前下摆分左、右两边，起针织花样，后下摆同样另织好，与前后片缝合。衣袖按图起针，织下针，至织完成。袖片和袖山按图减减针，袖口另织，全部缝合。领圈挑针，以左前肩缝为中心，织20cm花样，形成翻领。领边另织，缝上装饰扣，完成。

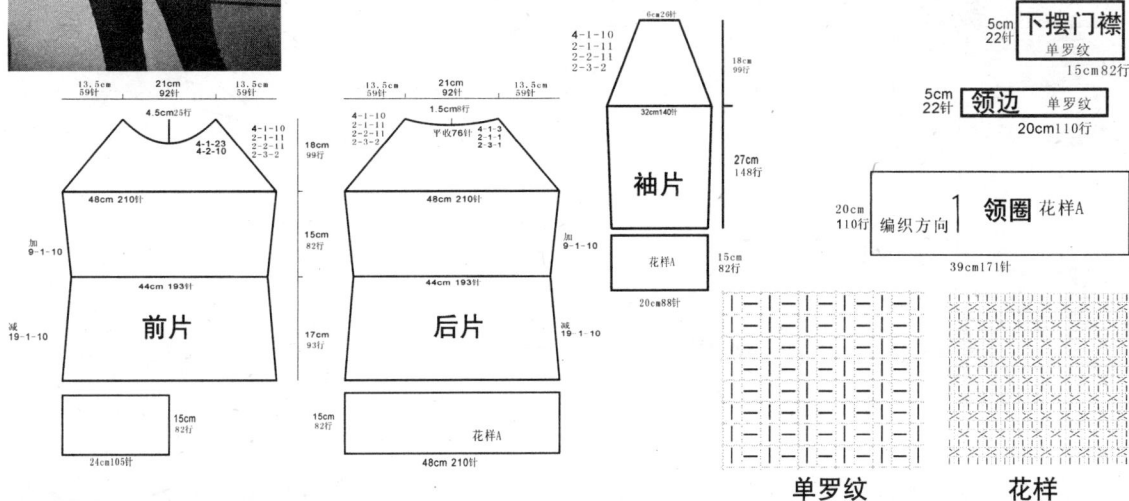

前片：
13.5cm 59针　21cm 92针　13.5cm 59针
4.5cm 25针
4-1-10
2-1-11
2-1-11
2-3-2
18cm 99行
4-1-23
4-2-10
48cm 210针
加 9-1-10
15cm 82行
44cm 193针
减 19-1-10
17cm 93行
15cm 82行
24cm 105针

后片：
13.5cm 59针　21cm 92针　13.5cm 59针
1.5cm 8针
平收76针
4-1-11
2-1-11
2-3-2
4-1-3
2-1-11
2-3-1
18cm 99行
48cm 210针
加 9-1-10
15cm 82行
44cm 193针
减 19-1-10
花样A
15cm 82行
48cm 210针

袖片：
6cm 26针
4-1-10
2-1-11
2-2-11
2-3-2
18cm 99行
32cm 140针
27cm 148行
4-1-10
2-1-11
2-1-11
2-3-2
花样A
15cm 82行
20cm 88针

下摆门襟 单罗纹
5cm 22针
15cm 82行

领边 单罗纹
5cm 22针
20cm 110行

领圈 花样A
20cm 110行　编织方向 1
39cm 171针

单罗纹　　花样

【成品尺寸】衣长65cm　胸围96cm　袖长53cm

【工具】1.7mm棒针　绣花针

【材料】杏色纯羊毛线

【密度】10cm²：44针×55行

【附件】扣子10枚　绣花若干

【制作过程】前、后片分别起针，先织双层平针底边后，改织下针，至织完成。衣片、袖窿和领窝按P140图加减针。衣袖按图起针，织双罗纹至织完成。袖片和袖山按图加减针，全部缝合，袖口不用缝合，袖口纽门另织，按彩图缝合，形成可开合的袖口。领圈挑针，织双罗纹24cm，形成高领。缝上扣子，绣上绣花，完成。

Top section diagrams

前片
- 7.5cm 33针 / 21cm 92针 / 7.5cm 33针
- 5cm27针
- 4-1-23 / 4-2-10
- 2-2-4 / 2-3-4 / 2-6-1
- 18cm 99行
- 48cm210针
- 加 9-1-10
- 44cm193针
- 15cm 82行
- 减 19-1-10
- 32cm 176行
- 48cm210针

后片
- 7.5cm 33针 / 21cm 92针 / 7.5cm 33针
- 1.5cm行
- 平纹76针 4-1-3 / 2-3-1
- 2-2-4 / 2-3-4 / 2-6-1
- 48cm210针
- 加 9-1-10
- 44cm193针
- 减 19-1-10
- 48cm210针

袖片
- 2-3-4 / 2-1-14 / 2-1-4 / 2-4-3
- 6cm 26针
- 11cm 60行
- 32cm140针
- 7-1-14 / 8-1-12
- 42cm 231行
- 双罗纹
- 20cm88针

袖口纽门 双罗纹
- 15cm66针
- 缝合
- 3cm 16行
- 编织方向

领子结构图
- 双罗纹
- 24cm 132行
- 圈织198针

双层平针底边图解　**双罗纹**

Middle text

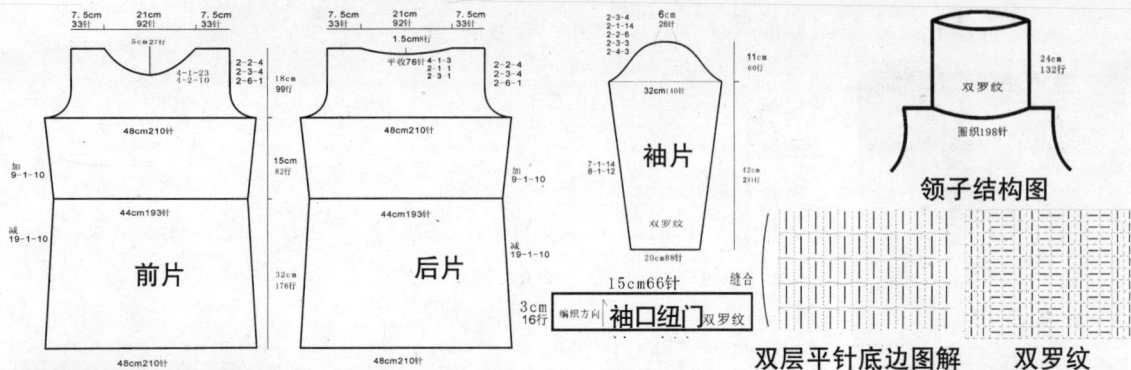

【成品尺寸】衣长65cm　胸围96cm　袖长53cm

【工具】1.7mm棒针

【材料】粉红色、深紫色纯羊毛线

【密度】$10cm^2$：44针×55行

【附件】亮珠、装饰花若干

【制作过程】前、后片分别按图起针，先织双层平针底边后，改织下针，至织完成。衣片、袖隆和领窝按图加减针。衣袖按图起针，先织双层平针底边后，改织下针，至织完成。袖口另织，按图起针，织花样15cm，与袖片缝合。袖片和袖山按图加减针，全部缝合。内前领另织，外领圈另织花样，领尖缝合，形成V领。内前领与外领圈，按彩图叠压缝合形成的领圈，挑198针织圈双罗纹24cm，形成高领。缝上亮珠和装饰花，完成。

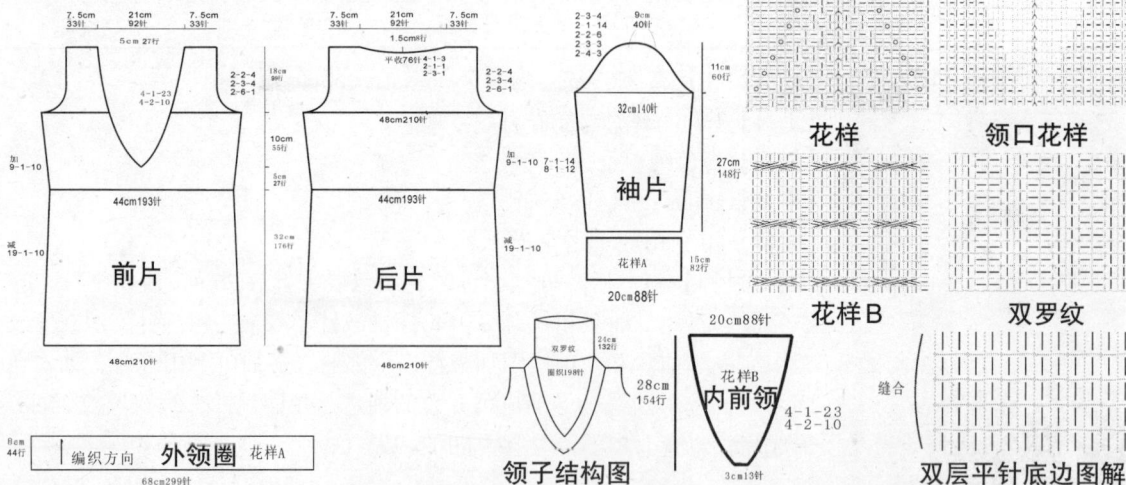

Bottom section diagrams

前片
- 7.5cm 33针 / 21cm 92针 / 7.5cm 33针
- 5cm27行
- 4-1-23 / 4-2-10
- 2-2-4 / 2-3-4 / 2-6-1
- 18cm 99行
- 48cm210针
- 加 9-1-10
- 44cm193针
- 10cm 55行
- 减 19-1-10
- 5cm 27行
- 32cm 176行
- 48cm210针

后片
- 7.5cm 33针 / 21cm 92针 / 7.5cm 33针
- 1.5cm行
- 平纹76针 4-1-3 / 2-3-1
- 2-2-4 / 2-3-4 / 2-6-1
- 48cm210针
- 加 9-1-10 / 7-1-14 / 8-1-12
- 44cm193针
- 减 19-1-10
- 32cm 176行
- 48cm210针

袖片
- 2-3-4 / 2-1 14 / 2-1-4 / 2-4-3
- 9cm 40针
- 11cm 60行
- 32cm140针
- 27cm 148行
- 双罗纹
- 20cm88针

花样A
- 15cm 82行

外领圈 花样A
- 8cm 44行
- 编织方向
- 68cm299针

领子结构图
- 双罗纹
- 24cm 132行
- 圈织198针
- 28cm 154行

内前领 花样B
- 20cm88针
- 4-1-23 / 4-2-10
- 3cm13针

花样　**领口花样**

花样B　**双罗纹**

双层平针底边图解
- 缝合

秀气长袖衫

【成品尺寸】衣长65cm　胸围96cm　袖长53cm
【工具】1.7mm棒针
【材料】白色纯羊毛线
【密度】10cm²：44针×55行
【附件】腰带扣1枚
【制作过程】前、后片分别按图起针，织双罗纹10cm后，改织下针，袖窿和领窝按图加减针，至织完成。衣袖按图起针，织双罗纹32cm后，改织下针，衣袖和袖山按图加减针，至织完成，全部缝合。领圈挑针，织下针5cm，褶边缝合，形成双层圆领。前片内领另织，按图起针，织下针至织完成。领子挑针，圈织24cm下针，形成高领。系上织好的缝上腰带扣的腰带，完成。

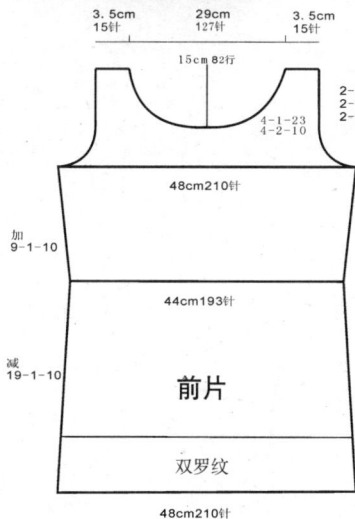

前片

| 3.5cm 15针 | 29cm 127针 | 3.5cm 15针 |

15cm 82行
48cm210针
44cm193针
双罗纹
48cm210针

2-2-4
2-3-4
2-6-1
4-1-23
4-2-10
加 9-1-10
减 19-1-10

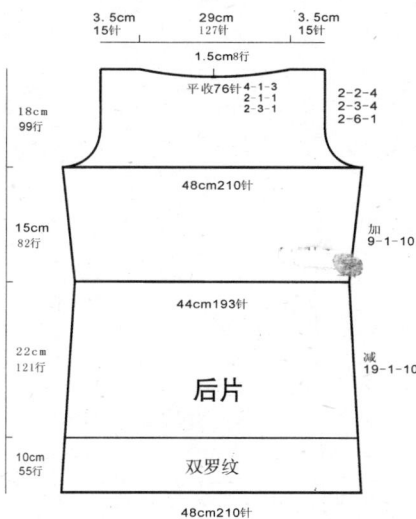

后片

| 3.5cm 15针 | 29cm 127针 | 3.5cm 15针 |

1.5cm8行
平收76针
48cm210针
44cm193针
双罗纹
48cm210针

4-1-3
2-1-3
2-3-1
2-2-4
2-3-4
2-6-1
18cm 99行
15cm 82行
22cm 121针
10cm 55行
加 9-1-10
减 19-1-10

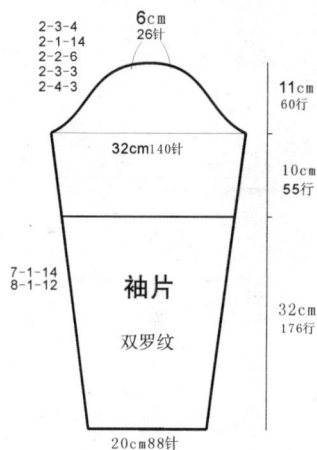

袖片
双罗纹

| | 6cm 26针 | |

2-3-4
2-1-14
2-2-6
2-3-3
2-4-3
32cm140针
7-1-14
8-1-12
20cm88针

11cm 60行
10cm 55行
32cm 176行

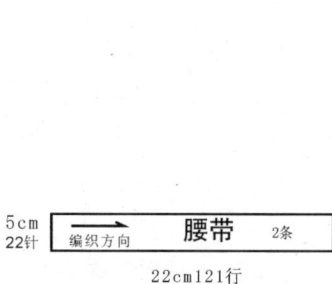

腰带　2条

5cm 22针
编织方向
22cm121行

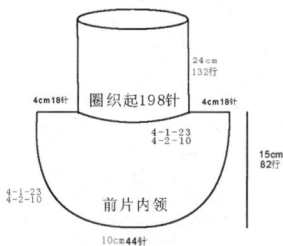

领子结构图

圈织起198针
前片内领
4cm18针　4cm18针
24cm 132行
4-1-23
4-2-10
15cm 82行
4-1-23
4-2-10
10cm44针

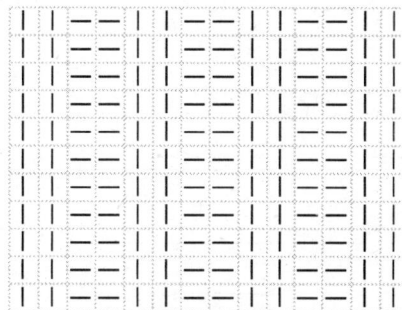

双罗纹

【成品尺寸】衣长65cm　胸围96cm　袖长53cm

【工具】1.7mm棒针

【材料】米白色纯羊毛线

【密度】10cm²：44针×55行

【附件】扣子2枚

【制作过程】前片由上、下部分组成，上部分分左、右两片，按图起针，织下针，至织完成。同样方法织另一片。下部按图起针，织8cm双罗纹后，改织花样，至织完成。胸围衬边另织好，与下部分缝合，再按结构图与上部分缝合。后片按图起针，织8cm双罗纹后，改织下针，至织完成。袖窿按图加减针，衣袖按图起针，织双罗纹15cm后，改织下针，至织完成。袖片和袖山按图加减针，用同样方法，织另一袖。门襟另织5cm下针，与前片缝合，领圈挑针，织8cm双罗纹，形成翻领。缝上扣子，完成。

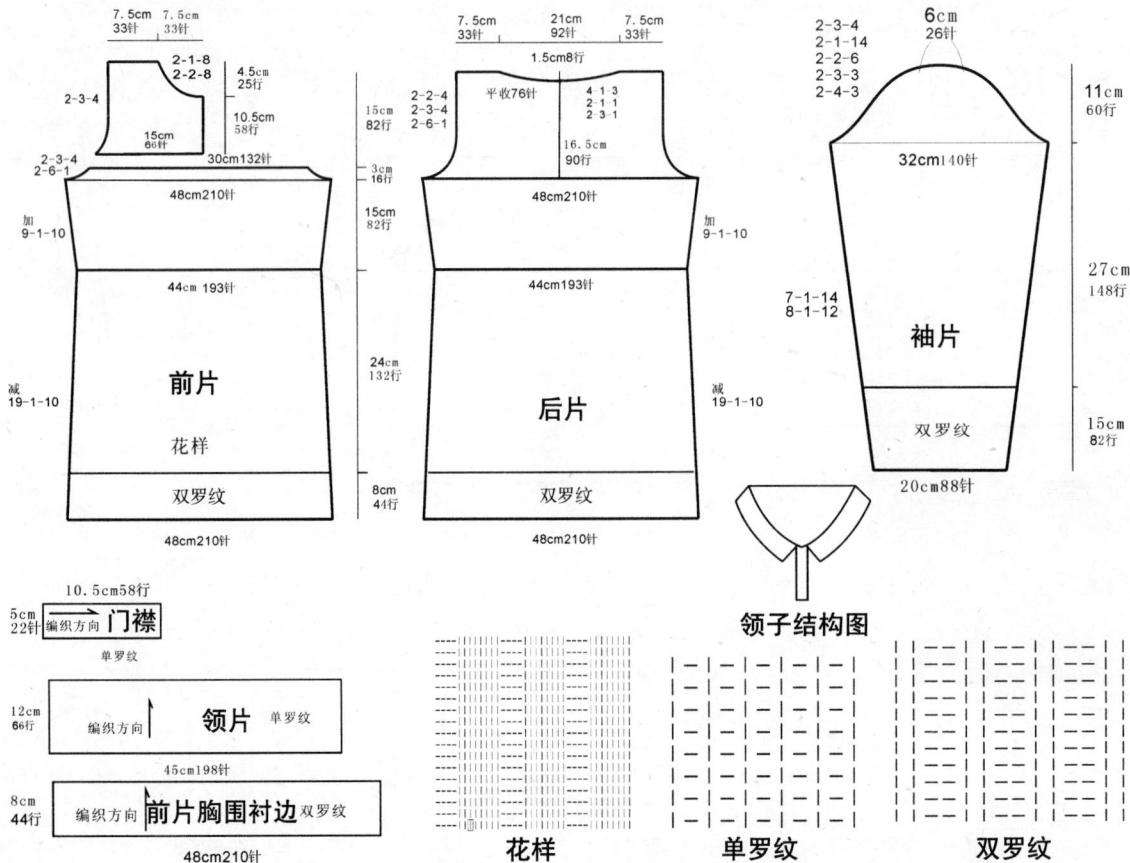

前片

7.5cm 33针　7.5cm 33针
2-1-8 2-2-8　4.5cm 25行
2-3-4
15cm 66针　10.5cm 58行
2-3-4 2-6-1　30cm 132针
加 9-1-10
48cm 210针
3cm 16行
44cm 193针
15cm 82行
减 19-1-10
花样
24cm 132行
双罗纹
8cm 44行
48cm 210针

后片

7.5cm 33针　21cm 92针　7.5cm 33针
1.5cm 8行
2-2-4 2-3-4 2-6-1　平收76针　4-1-3 2-3-4 2-3-1
15cm 82行
16.5cm 90行
48cm 210针
3cm 16行
44cm 193针
15cm 82行
加 9-1-10
减 19-1-10
24cm 132行
双罗纹
8cm 44行
48cm 210针

袖片

2-3-4 2-1-14 2-2-6 2-3-3 2-4-3　6cm 26针
11cm 60行
32cm 140针
7-1-14 8-1-12
27cm 148行
双罗纹
15cm 82行
20cm 88针

门襟

10.5cm 58行
5cm 22针　编织方向　门襟
单罗纹

领片

12cm 66行　编织方向　领片　单罗纹
45cm 198针

前片胸围衬边

8cm 44行　编织方向　前片胸围衬边　双罗纹
48cm 210针

领子结构图

花样　单罗纹　双罗纹

优雅深色毛衣

【成品尺寸】衣长65cm　胸围96cm　袖长53cm

【工具】1.7mm棒针　绣花针

【材料】孔雀蓝色纯羊毛线

【密度】10cm²：44针×55行

【附件】亮珠、绣花若干

【制作过程】前、后片分别按图起针，先织双层平针底边后，改织下针，至织完成。衣片、袖窿和领窝按图加减针。衣袖按图起针，织15cm双罗纹后改织下针，至织完成。袖片和袖山按图加减针，全部缝合。领圈挑198针，织24cm双罗纹，形成高领。绣上亮珠和绣花，完成。

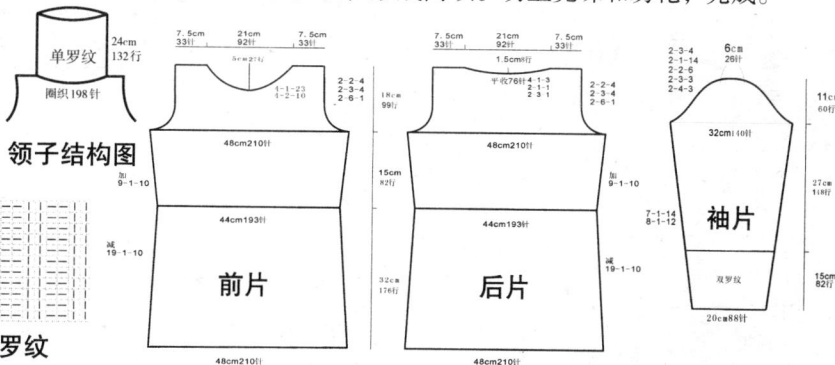

领子结构图

双层平针底边图解　双罗纹

前片

后片

袖片

【成品尺寸】衣长65cm　胸围96cm　袖长53cm

【工具】1.7mm棒针

【材料】孔雀蓝色纯羊毛线

【密度】10cm²：44针×55行

【附件】装饰图案

【制作过程】前、后片分别按P144图起针，先织双层平针底边后，改织下针，至织完成。衣片、袖窿和领窝按图加减针。衣袖按图起针，织15cm双罗纹后，改织下针，至织完成。袖片和袖山按图加减针，全部缝合。前片衬边另织，按彩图缝好，领圈挑198针，织24cm单罗纹，形成高领。缝上装饰图案，完成。

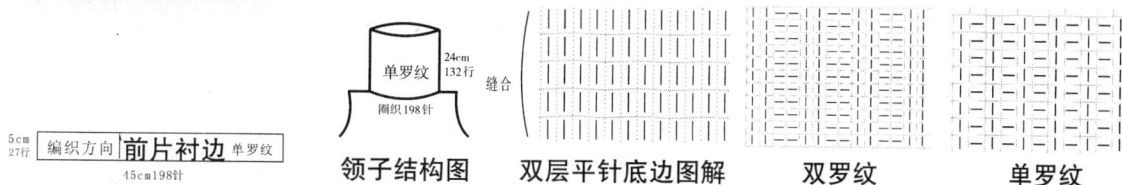

前片衬边 单罗纹

领子结构图　双层平针底边图解　双罗纹　单罗纹

上部结构图

前片：
- 7.5cm 33针 | 21cm 92针 | 7.5cm 33针
- 6cm27行
- 4-1-23 / 4-2-10
- 2-2-4 / 2-3-4 / 2-6-1
- 18cm 99行
- 48cm210针
- 15cm 82行
- 加 9-1-10
- 44cm193针
- 减 19-1-10
- **前片**
- 32cm 176行
- 48cm210针

后片：
- 7.5cm 33针 | 21cm 92针 | 7.5cm 33针
- 1.5cm7行
- 平收76针 4-1-3 / 2-3-1
- 2-2-4 / 2-3-4 / 2-6-1
- 48cm210针
- 加 9-1-10
- 44cm193针
- 减 19-1-10
- **后片**
- 48cm210针

袖片：
- 2-3-4 / 2-1-14 / 2-2-6 / 2-3-3 / 2-4-3
- 6cm 26针
- 11cm 60行
- 32cm 140针
- 27cm 148行
- 7-1-14 / 8-1-12
- **袖片**
- 15cm 82行
- 双罗纹
- 20cm88针

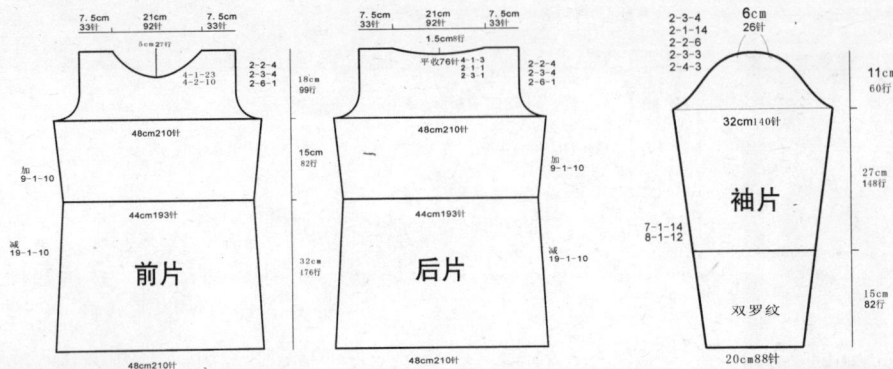

【成品尺寸】衣长65cm　胸围96cm　袖长53cm

【工具】1.7mm棒针

【材料】杏色、深蓝色纯羊毛线

【密度】10cm²：44针×55行

【附件】扣子3枚　装饰扣11枚

【制作过程】前、后片分别按图起针，织双罗纹15cm后，改织下针，至织完成。袖窿和领窝按图加减针，衣袖按图起针，织双罗纹至织完成，袖片和袖山按图加减针，领圈另织，全部缝合。前领片另织，按图起针，织花样至织完成。领圈按图减针，门襟另织，褶边缝合，形成双层门襟。内领圈挑针，织10cm单罗纹，形成翻领。缝上扣子和装饰扣，完成。

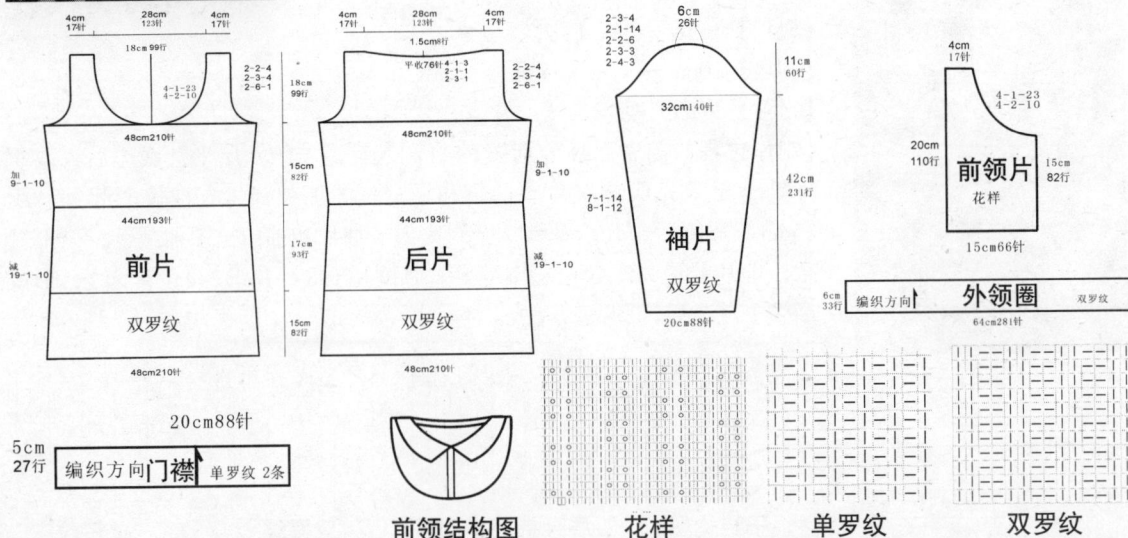

前片：
- 4cm 17针 | 28cm 123针 | 4cm 17针
- 18cm99行
- 2-2-4 / 2-3-4 / 2-6-1
- 4-1-23 / 4-2-10
- 48cm210针
- 15cm 82行
- 加 9-1-10
- 44cm193针
- 17cm 93行
- 减 19-1-10
- **前片**
- 双罗纹
- 15cm 82行
- 48cm210针

后片：
- 4cm 17针 | 28cm 123针 | 4cm 17针
- 1.5cm7行
- 平收76针 4-1-3 / 2-3-1
- 2-2-4 / 2-3-4 / 2-6-1
- 18cm 99行
- 48cm210针
- 15cm 82行
- 加 9-1-10
- 44cm193针
- 减 19-1-10
- **后片**
- 双罗纹
- 48cm210针

袖片：
- 2-3-4 / 2-1-14 / 2-2-6 / 2-3-3 / 2-4-3
- 6cm 26针
- 11cm 60行
- 32cm 140针
- 42cm 231行
- 7-1-14 / 8-1-12
- **袖片**
- 双罗纹
- 20cm88针

前领片：
- 4cm 17针
- 4-1-23 / 4-2-10
- 20cm 110针
- 15cm 82行
- **前领片**
- 花样
- 15cm66针

外领圈：
- 6cm 33针
- 编织方向　**外领圈**　双罗纹
- 64cm281针

门襟：
- 20cm88针
- 5cm 27行
- 编织方向　**门襟**　单罗纹 2条

前领结构图

花样

单罗纹

双罗纹

气质修身衫

【成品尺寸】衣长65cm　胸围96cm　袖长53cm

【工具】1.7mm棒针

【材料】蓝色纯羊毛线

【密度】10cm²：44针×55行

【制作过程】前、后片分上下部分，上部分分别按图起针，织花样至织完成。下部分分别起针，织双罗纹至织完成，袖窿和领窝按图加减针。衣袖按图起针，织10cm双罗纹后，改织花样，至织完成。衣袖和袖山按图加减针，全部缝合。领圈挑198针，织花样24cm，形成高领，完成。

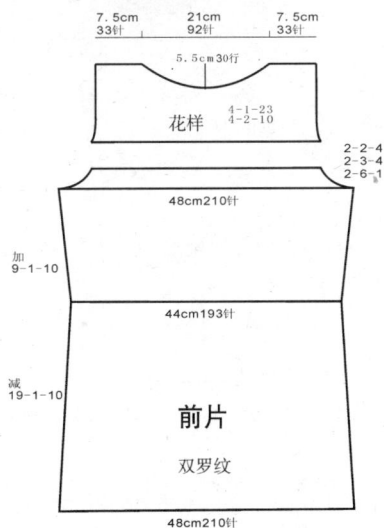

前片

48cm210针
44cm193针
48cm210针
48cm210针

5.5cm30行
花样
4-1-23
4-2-10

7.5cm 33针　21cm 92针　7.5cm 33针

2-2-4
2-3-4
2-6-1

加 9-1-10
减 19-1-10

双罗纹

16cm 88行
2cm 11行
15cm 82行
32cm 176行

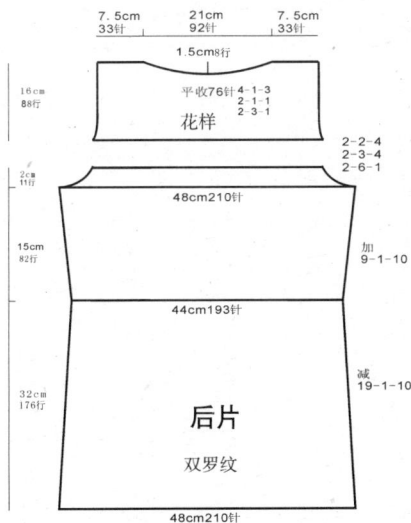

后片

48cm210针
44cm193针
48cm210针

1.5cm8行
平收76针 4-1-3
2-1-1
2-3-1
花样

7.5cm 33针　21cm 92针　7.5cm 33针

2-2-4
2-3-4
2-6-1

加 9-1-10
减 19-1-10

双罗纹

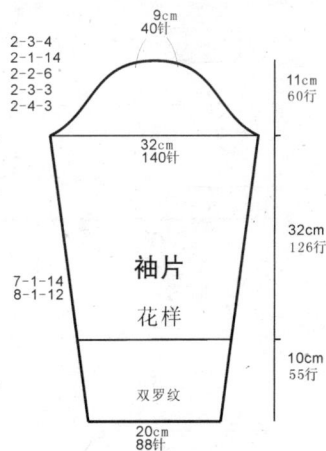

袖片

32cm 140针
20cm 88针

9cm 40针

2-3-4
2-1-14
2-2-6
2-3-3
2-4-3

11cm 60行
32cm 126行
10cm 55行

7-1-14
8-1-12

花样

双罗纹

领子结构图

花样A

24cm 132行

圈织起198针

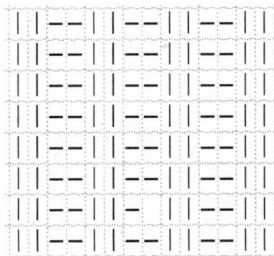

双罗纹

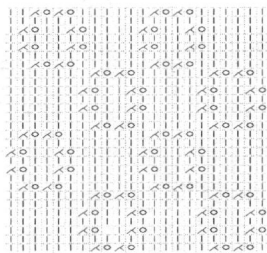

花样

【成品尺寸】衣长65cm　胸围96cm　袖长53cm

【工具】1.7mm棒针

【材料】蓝色纯羊毛线

【密度】$10cm^2$：44针×55行

【附件】装饰链1条

【制作过程】前、后片分别按图起针，织22cm单罗纹后，改织下针，袖窿和领窝按图加减针，至织完成。衣袖按图起针，织39cm单罗纹后，改织下针，衣袖和袖山按图加减针，至织完成，全部缝合。领圈挑针，织下针24cm，形成高领。系上装饰链，完成。

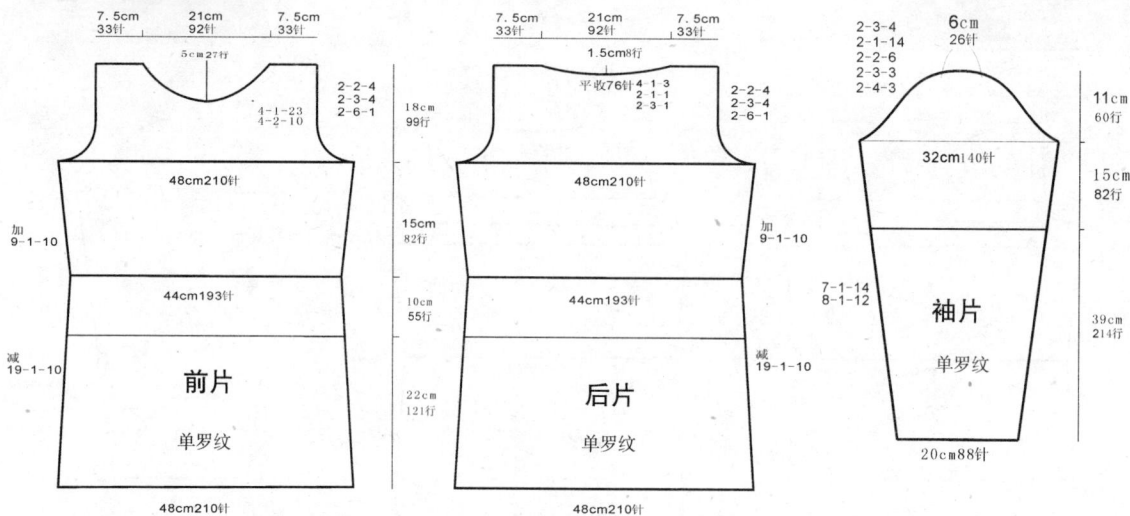

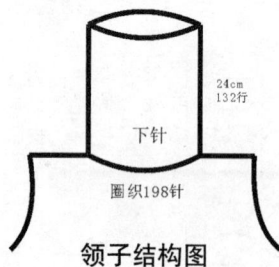

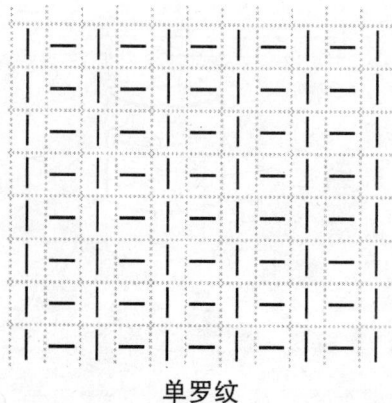

前片：
- 7.5cm 33针 | 21cm 92针 | 7.5cm 33针
- 5cm27行
- 2-2-4 / 2-3-4 / 2-6-1
- 4-1-23 / 4-2-10
- 18cm 99行
- 48cm210针
- 15cm 82行
- 加 9-1-10
- 44cm193针
- 10cm 55行
- 减 19-1-10
- 22cm 121行
- 前片 单罗纹
- 48cm210针

后片：
- 7.5cm 33针 | 21cm 92针 | 7.5cm 33针
- 1.5cm8行
- 平收76针 | 4-1-3 / 4-1-1 / 2-3-1
- 2-2-4 / 2-3-4 / 2-6-1
- 48cm210针
- 加 9-1-10
- 44cm193针
- 减 19-1-10
- 后片 单罗纹
- 48cm210针

袖片：
- 2-3-4 / 2-1-14 / 2-2-6 / 2-3-3 / 2-4-3
- 6cm 26针
- 11cm 60行
- 32cm140针
- 15cm 82行
- 7-1-14 / 8-1-12
- 39cm 214行
- 袖片 单罗纹
- 20cm88针

领子结构图：
- 24cm 132行
- 下针
- 圈织198针

领子结构图

单罗纹

贤惠短款衫

【成品尺寸】衣长65cm　胸围96cm　袖长53cm

【工具】1.7mm棒针

【材料】咖啡色纯羊毛线

【密度】10cm²：44针×55行

【附件】亮珠若干　装饰花边2片

【制作过程】前、后片分别按图起针，织10cm双罗纹后，改织下针，至织完成，衣片、袖窿和领窝按图加减针。衣袖按图起针，织双罗纹至织完成，袖片和袖山按图加减针，全部缝合。领圈挑198针，织双罗纹24cm，形成高领。缝上亮珠和装饰花边，完成。

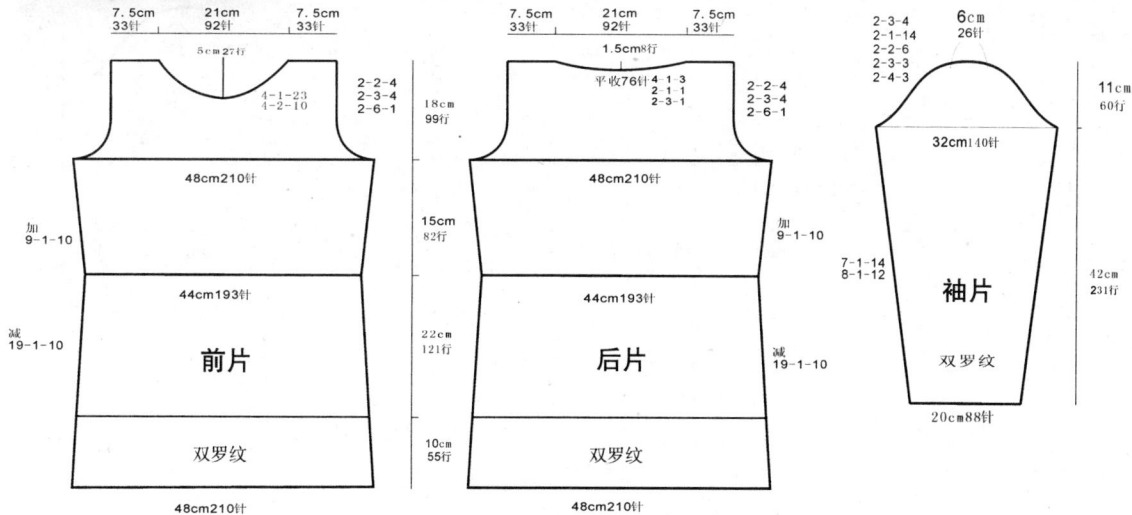

前片：
- 7.5cm 33针　21cm 92针　7.5cm 33针
- 5cm 27行
- 4-1-23　4-2-10
- 2-2-4　2-3-4　2-6-1
- 48cm 210针
- 加 9-1-10
- 44cm 193针
- 减 19-1-10
- 前片
- 双罗纹
- 48cm 210针

后片：
- 7.5cm 33针　21cm 92针　7.5cm 33针
- 1.5cm 8行
- 平收76针　4-1-3　2-1-1　2-3-1
- 2-2-4　2-6-1
- 18cm 99行
- 48cm 210针
- 15cm 82行
- 加 9-1-10
- 44cm 193针
- 22cm 121行
- 减 19-1-10
- 后片
- 10cm 55行
- 双罗纹
- 48cm 210针

袖片：
- 2-3-4　2-1-14　2-2-6　2-3-3　2-4-3
- 6cm 26针
- 11cm 60行
- 32cm 140针
- 7-1-14　8-1-12
- 袖片
- 42cm 231行
- 双罗纹
- 20cm 88针

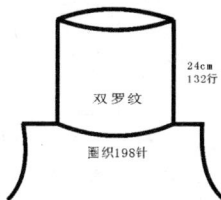

- 24cm 132行
- 双罗纹
- 圈织198针

领子结构图

- 3cm 16行
- 编织方向
- 花边　单罗纹2片
- 90cm 396针

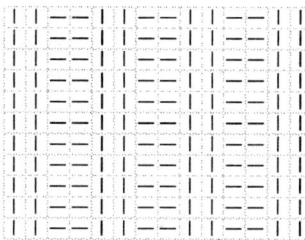

双罗纹

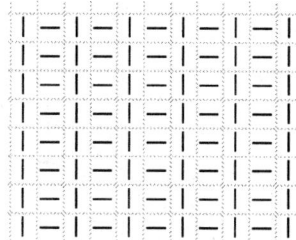

单罗纹

【成品尺寸】衣长65cm　胸围96cm　袖长53cm

【工具】1.7mm棒针

【材料】驼色纯羊毛线

【密度】10cm²：44针×55行

【附件】扣子3枚　装饰花若干

【制作过程】前、后片分别按图起针，编织双罗纹至编织完成。衣袖按图起针，织双罗纹后，改织下针，至织完成，全部缝合。领子挑针织双罗纹15cm，门襟另织，与前片和领子缝合，形成翻领。按彩图缝上装饰花和扣子，完成。

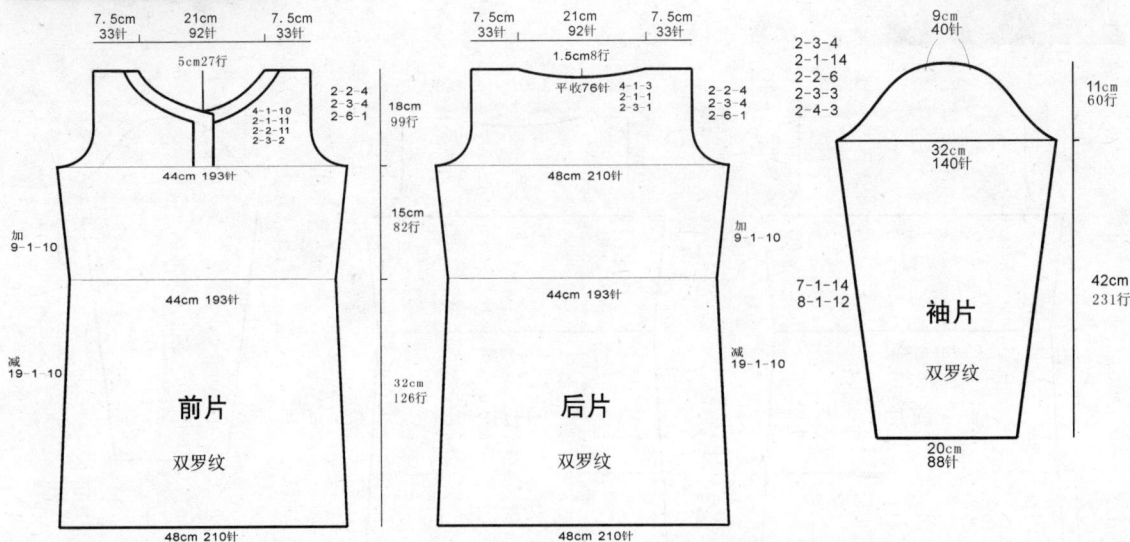

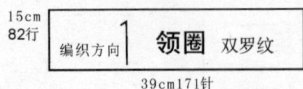

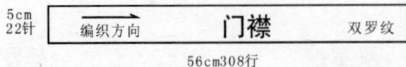

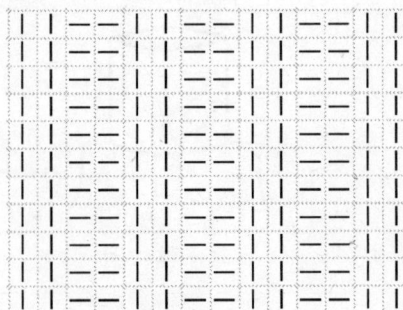

前片

7.5cm 33针　21cm 92针　7.5cm 33针

5cm27行

2-2-4
2-3-4
2-6-1

4-1-10
2-1-11
2-2-11
2-3-2

44cm 193针

加 9-1-10

44cm 193针

减 19-1-10

前片 双罗纹

48cm 210针

后片

7.5cm 33针　21cm 92针　7.5cm 33针

1.5cm8行

平收76针

4-1-3
2-1-1
2-3-1

2-2-4
2-3-4
2-6-1

18cm 99行

48cm 210针

15cm 82行

44cm 193针

加 9-1-10

32cm 126行

减 19-1-10

后片 双罗纹

48cm 210针

袖片

9cm 40针

2-3-4
2-1-14
2-2-6
2-3-3
2-4-3

11cm 60行

32cm 140针

7-1-14
8-1-12

42cm 231行

袖片 双罗纹

20cm 88针

15cm 82行

编织方向 **1 领圈** 双罗纹

39cm171针

5cm 22针

编织方向 **门襟** 双罗纹

56cm308行

双罗纹

娴熟纽扣衫

【成品尺寸】衣长65cm　胸围96cm　袖长53cm

【工具】1.7mm棒针

【材料】驼色纯羊毛线

【密度】10cm²：44针×63行

【附件】扣子6枚

【制作过程】前、后片分别按图起针，织单罗纹10cm后改织下针，袖窿和领窝按图加减针，至织完成。衣袖按图起针，织10cm单罗纹后改织下针，衣袖和袖山按图加减针，至织完成。门襟挑针，织单罗纹5cm，褶边缝合，形成双层门襟。领圈挑针，织24cm花样，形成翻领。缝上扣子，门襟扣上扣子可成为高领，完成。

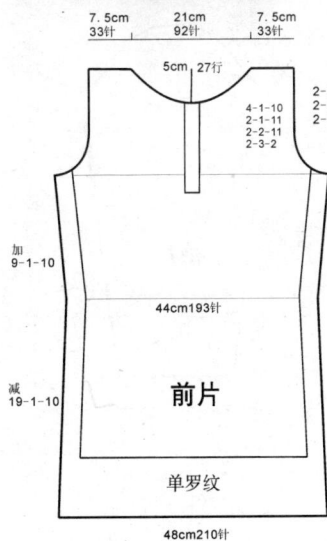

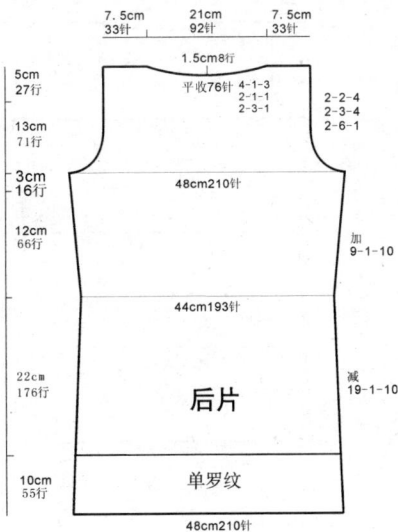

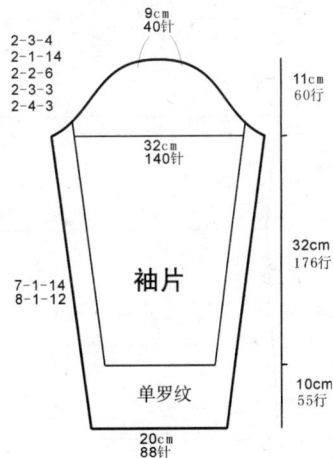

领子结构图

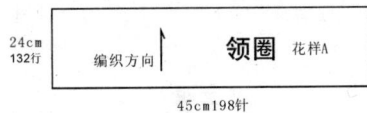

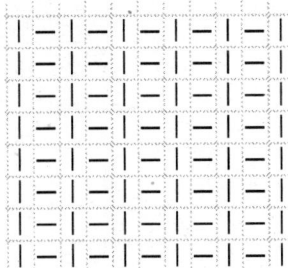

单罗纹

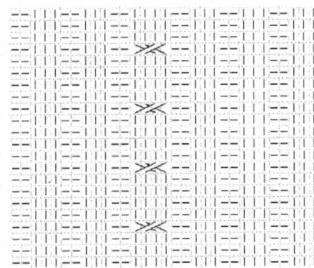

花样

【成品尺寸】衣长65cm　胸围96cm　袖长53cm

【工具】1.7mm棒针

【材料】咖啡色纯羊毛线

【密度】10cm²：44针×55行

【附件】装饰扣1枚

【制作过程】前、后片按图起针，织双罗纹15cm后改织下针至织完成。衣身、袖窿和领窝按图加减针。衣袖按图起针，织双罗纹15cm后，改织下针至织完成。袖片和袖山按图加减针，全部缝合。衣领翻领片另织15cm双罗纹，按领子结构图缝合，形成翻领。缝上装饰扣，完成。

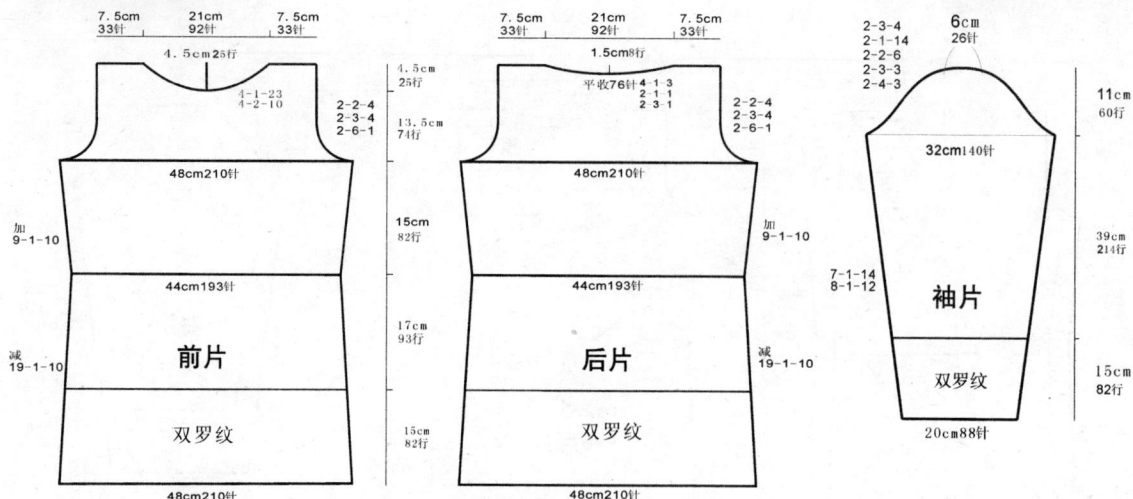

前片

7.5cm 33针　21cm 92针　7.5cm 33针

4.5cm 25行

4-1-23
4-2-10

2-2-4
2-3-4
2-6-1

48cm210针

加 9-1-10

44cm193针

减 19-1-10

双罗纹

48cm210针

后片

7.5cm 33针　21cm 92针　7.5cm 33针

1.5cm 8行

4.5cm 25行

平收76针　4-1-3
2-1-1
2-3-1

2-2-4
2-3-4
2-6-1

13.5cm 74行

48cm210针

15cm 82行

加 9-1-10

44cm193针

17cm 93行

减 19-1-10

双罗纹

15cm 82行

48cm210针

袖片

2-3-4
2-1-14
2-2-6
2-3-3
2-4-3

6cm 26针

11cm 60行

32cm140针

7-1-14
8-1-12

39cm 214行

双罗纹

15cm 82行

20cm88针

双罗纹

领子结构图

5cm 27行　编织方向 **领边** 单罗纹

15cm66针

15cm 82行　编织方向 **翻领片** 双罗纹

20cm88针

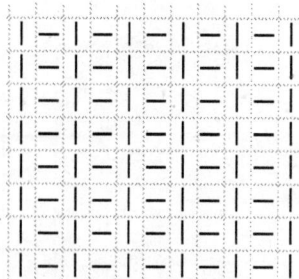

单罗纹

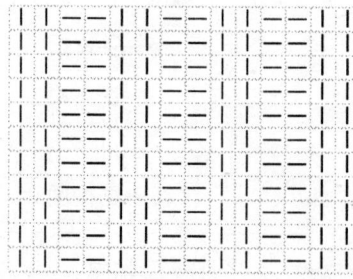

双罗纹

优雅翻领衫

【成品尺寸】衣长65cm　胸围96cm　袖长53cm

【工具】1.7mm棒针

【材料】紫色纯羊毛线

【密度】10cm²：44针×55行

【附件】亮珠　编织花朵若干　扣子3枚

【制作过程】前、后片分别按图起针，织双罗纹10cm后，改织下针，至织完成。袖窿和领窝按图加减针，衣袖按图起针，织双罗纹10cm后，改织下针，至织完成。袖山和袖片按图加减针，全部缝合。领圈挑220针，织24cm双罗纹，形成翻领。在领圈上5cm处缝上扣子，绣上编织花朵，完成。

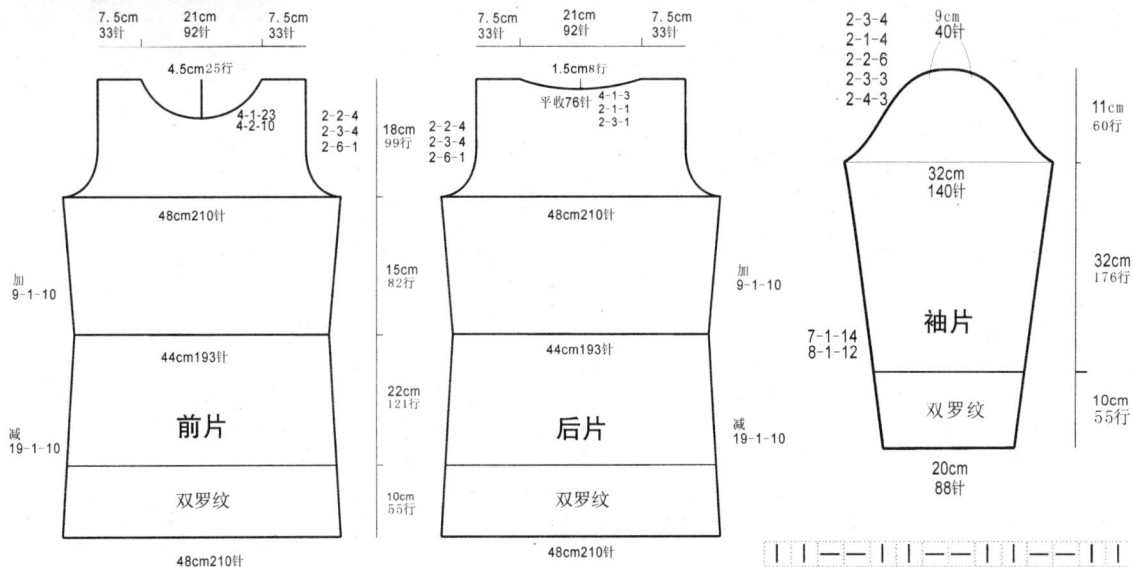

前片

7.5cm 33针　　21cm 92针　　7.5cm 33针

4.5cm25行

4-1-23
4-2-10

2-2-4
2-3-4
2-6-1

加 9-1-10

48cm210针

44cm193针

减 19-1-10

双罗纹

48cm210针

后片

7.5cm 33针　　21cm 92针　　7.5cm 33针

1.5cm8行

平收76针

4-1-3
4-1-1
2-3-1

18cm 99行

2-2-4
2-3-4
2-6-1

15cm 82行

48cm210针

加 9-1-10

22cm 121行

44cm193针

减 19-1-10

10cm 55行

双罗纹

48cm210针

袖片

2-3-4
2-1-4
2-2-6
2-3-3
2-4-3

9cm 40针

11cm 60行

32cm 140针

32cm 176行

7-1-14
8-1-12

10cm 55行

双罗纹

20cm 88针

24cm 132行

编织方向　**领圈** 双罗纹

50cm220针

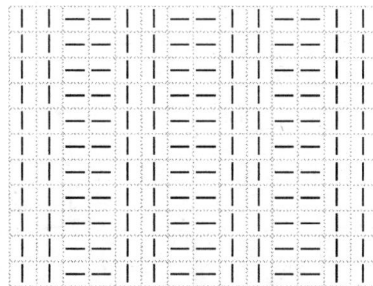

双罗纹

【成品尺寸】衣长65cm　胸围96cm　袖长53cm

【工具】1.7mm棒针

【材料】紫色纯羊毛线

【密度】10cm²：44针×55行

【附件】扣子8枚　装饰花若干　别针1枚

【制作过程】内前片按图起针，织单罗纹，至织完成。外前片分左、右两片，按图起针，织双罗纹至织完成。后片按图起针，织单罗纹至织完成。衣片、袖窿和领窝按图加减针，衣袖按图起针，织双罗纹至织完成。袖片和袖山按图加减针，内前片和外前片重叠后于后片、衣袖全部缝合。袖口不用缝合，袖口纽门另织，按彩图缝合，形成可开合的袖口。领圈挑198针，织24cm双罗纹，形成高领。缝上扣子和装饰花，装好别针，完成。

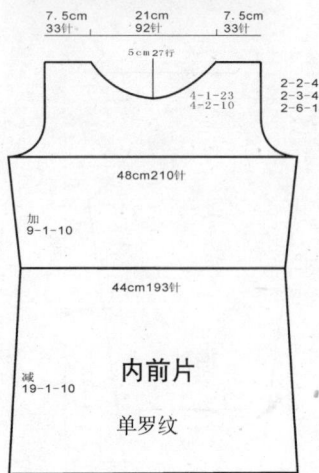

内前片
单罗纹

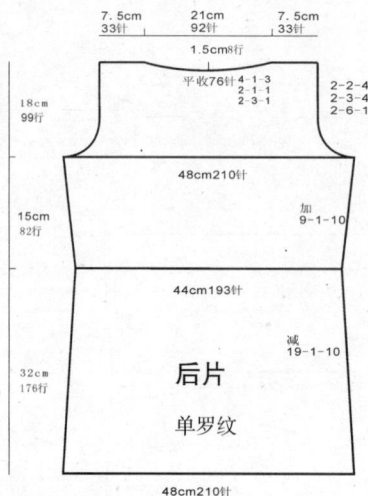

后片
单罗纹

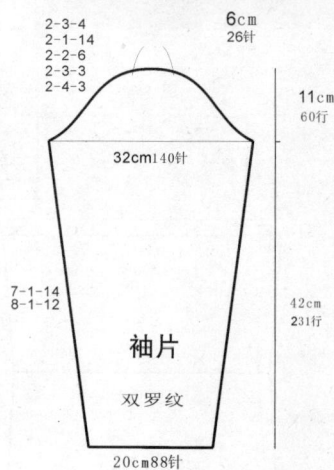

袖片
双罗纹

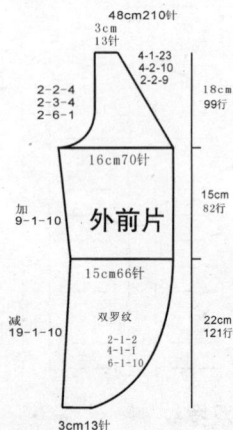

外前片
双罗纹

袖口纽门　编织方向　双罗纹

门襟　双罗纹　2片
编织方向
60cm330行

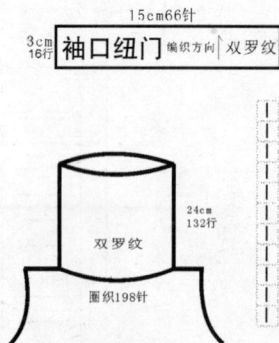

领子结构图

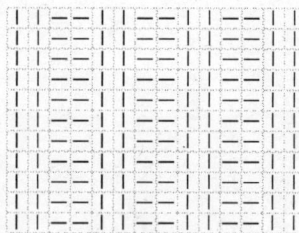

双罗纹

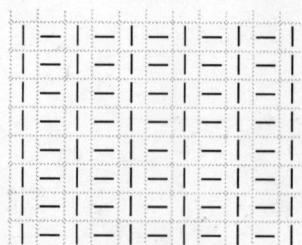

单罗纹

俏丽拉链衫

【成品尺寸】衣长65cm　胸围96cm　袖长53cm

【工具】1.7mm棒针

【材料】黑色纯羊毛线

【密度】10cm²：44针×55行

【附件】拉链1条

【制作过程】后片按图起针，织10cm单罗纹后改织下针，至织完成。内前片按图起针，织10cm单罗纹后，改织下针至织完成。外前片分左、右两片，按图起针，织10cm单罗纹后，改织花样，至织完成。袖窿和领窝按图加减针，内外前片重叠与后片缝合，衣袖按图起针，织15cm单罗纹后，改织下针至织完成，与前后片缝合。领圈挑针，织下针24cm，形成高领，外前片缝上拉链，完成。

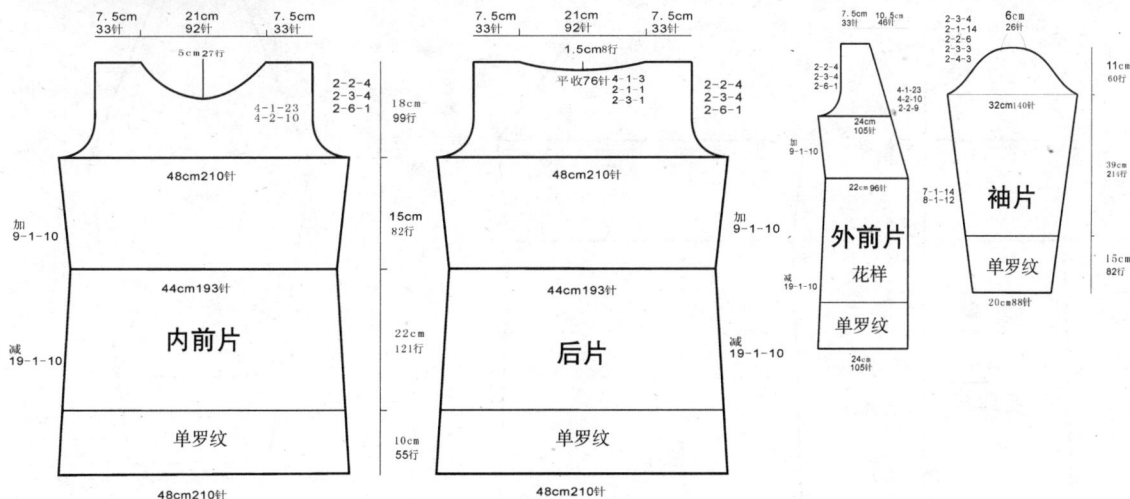

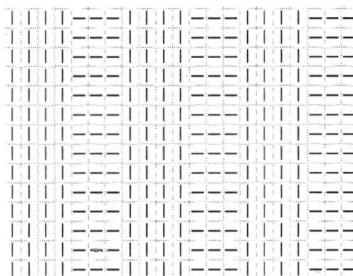

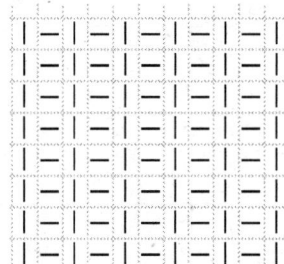

内前片

| 7.5cm 33针 | 21cm 92针 | 7.5cm 33针 |

5cm 27行

2-2-4
2-3-4
2-6-1

4-1-23
4-2-10

48cm 210针

加 9-1-10

44cm 193针

减 19-1-10

内前片

单罗纹

48cm 210针

后片

| 7.5cm 33针 | 21cm 92针 | 7.5cm 33针 |

1.5cm 8行

平收76针
4-1-3
2-3-1

2-2-4
2-3-4
2-6-1

18cm 99行

48cm 210针

15cm 82行

加 9-1-10

44cm 193针

22cm 121行

减 19-1-10

后片

10cm 55行

单罗纹

48cm 210针

外前片

| 7.5cm 33针 | 10.5cm 46针 |

2-3-4
2-1-14
2-2-6
2-3-4
2-4-3

6cm 26针

2-2-4
2-3-4
2-6-1

4-1-23
2-2-9

加 9-1-10

24cm 105针

22cm 96针

7-1-14
8-1-12

减 19-1-10

外前片
花样

单罗纹

24cm 105针

袖片

11cm 60行

32cm 140针

39cm 214行

15cm 82行

袖片

单罗纹

20cm 88针

领子结构图

24cm 132行

单罗纹

圈织198针

领子结构图

花样

单罗纹

【成品尺寸】衣长65cm　胸围96cm　袖长53cm

【工具】1.7mm棒针

【材料】黑色、橙色纯羊毛线

【密度】10cm²：44针×55行

【附件】拉链1条　装饰图案若干

【制作过程】前片分左、右两片，左前片和右前片织法相同，分别按图起针，织10cm双罗纹后改织下针，并间色，至织完成。后片和衣袖按图织好，全部缝合。门襟挑针，织下针，褶边缝合，形成双层门襟。领子挑针，织15cm单罗纹，形成翻领。装上拉链，缝上装饰图案标志，完成。

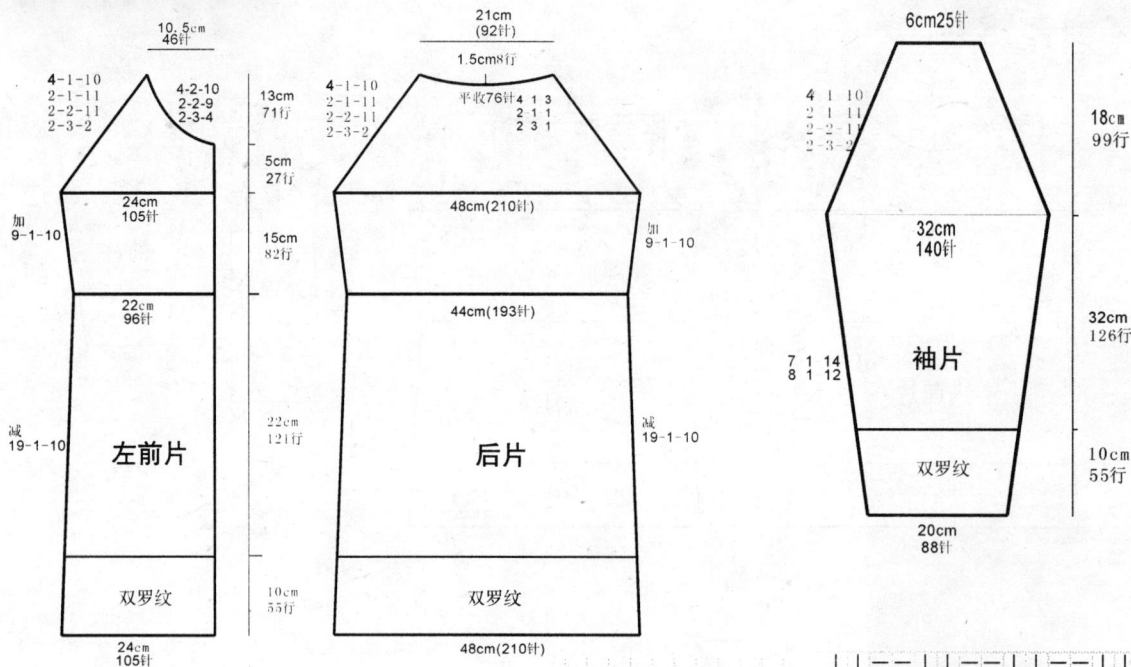

左前片

10.5cm
46针

4-1-10
2-1-11
2-2-11
2-3-2

4-2-10
2-2-9
2-3-4

13cm
71行

5cm
27行

加
9-1-10

24cm
105针

15cm
82行

22cm
96针

减
19-1-10

22cm
121行

双罗纹

10cm
55行

24cm
105针

后片

21cm
(92针)

1.5cm8行

4-1-10
2-1-11
2-2-11
2-3-2

平收76针　4 1 3
　　　　　2 3 1

48cm(210针)

加
9-1-10

44cm(193针)

减
19-1-10

双罗纹

48cm(210针)

袖片

6cm25针

4 1 10
2 1 11
2 2 11
2 3 2

18cm
99行

32cm
140针

32cm
126行

7 1 14
8 1 12

双罗纹

10cm
55行

20cm
88针

领圈　单罗纹

15cm
82行

编织方向　1

39cm171针

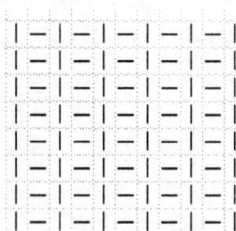

单罗纹

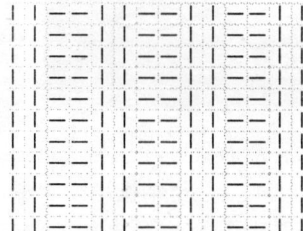

双罗纹

· 154 ·

运动拉链衫

【成品尺寸】衣长60cm　胸围96cm　连肩袖长60cm
【工具】1.7mm棒针
【材料】深紫色纯羊毛线
【密度】10cm²：44针×55行
【附件】拉链1条　亮珠若干
【制作过程】前片分左、右两片，左前片和右前片织法相同，分别按图起针，先织双罗纹10cm后，改织下针，门襟的位置编入花样至织完成。后片起针，织双罗纹10cm后，改织下针至织完成。衣片、袖窿和领窝按图加减针，衣袖按图起针，织双罗纹10cm后，改织下针至织完成，全部缝合。领子另织，与领圈缝合，形成翻领。缝上拉链和亮珠，完成。

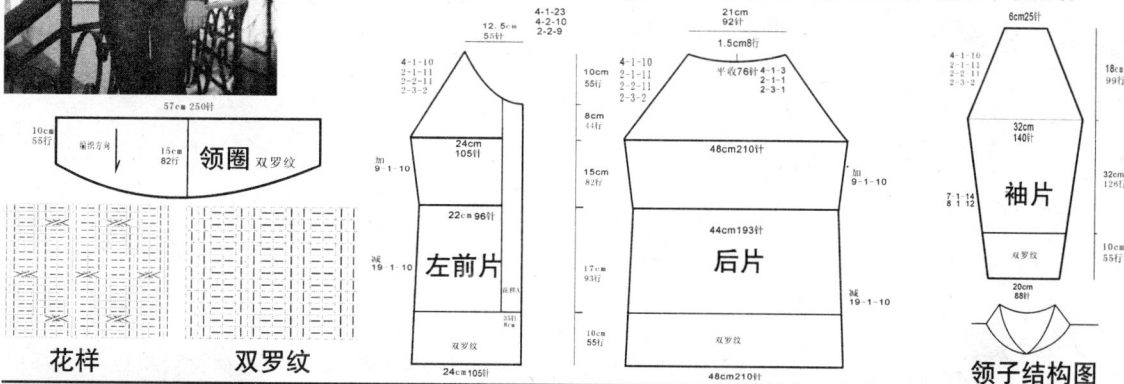

花样　　双罗纹　　　左前片　　　后片　　　袖片　　领圈　领子结构图

【成品尺寸】衣长57cm　胸围98cm　袖长54cm
【工具】7号棒针
【材料】红色羊毛线680g　白色羊毛线50g　黑色羊毛线20g　蓝色羊毛线60g
【密度】10cm²：21针×25行
【附件】拉链1条
【制作过程】1. 二股线编织。

2. 红色线起100针编织双罗纹针下边，按花样配色编织后片下针，共编织到35cm时开始袖窿减针，按P156结构图减完针后，不加减针编织到56cm时，减出后领窝，两肩部各余10cm。

3. 同样方法起52针完成双罗纹针后配色编织前片下针，编织到35cm时进行袖窿减针，共编织到52cm时进行前衣领减针，按结构图减完针后收针断线。另起针挑织完成装饰袋片。同样方法完成另一侧前片，减针方向相反。

4. 起56针双罗纹针编织后，配色编织袖口图案，然后用红色按结构图所示均匀加针编织袖片，编织45cm后开始袖山减针，按图所示减针后余22针，断线。同样方法再完成另一片袖片。

5. 沿边对应相应位置缝实。另起针挑织双罗纹针领边，完成后缝好毛领，沿衣襟边内侧缝实拉链。

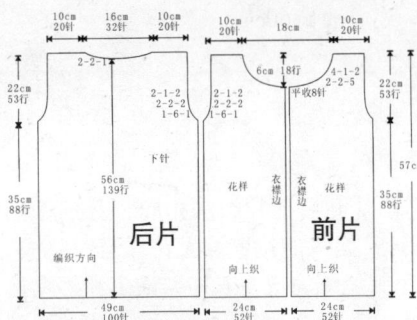
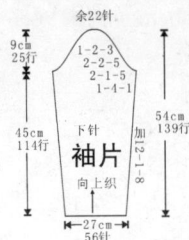
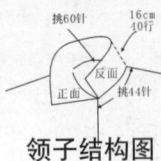
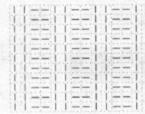
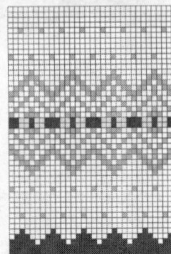
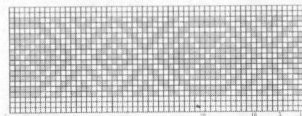

花样

双罗纹

领子结构图

余22针
1-2-3
2-2-5
2-1-5
1-4-1

9cm
25行

54cm
139行
加10-1-8

下针
袖片
向上织

27cm
56针

挑60针
反面
正面
挑44针

16cm
40行

图示说明:
□=红色 ■=黑色 □=蓝色 □=白色

10cm
20针 16cm 32针 10cm 20针

10cm
20针 18cm 10cm 20针

2-2-1

2-1-2
2-2-2
1-6-1

6cm 18行
平收8针

4-1-2
2-2-2
2-2-5

22cm
53行

22cm
53行

下针

后片

56cm
139行

花样

衣襟边

衣襟边

花样

前片

57cm

35cm
88行

35cm
88行

编织方向

向上织

向上织

49cm
100针

24cm
52针

24cm
52针

【成品尺寸】衣长57cm　胸围98cm　袖长54cm

【工具】7号棒针

【材料】白色毛线20g　红色毛线700g

【密度】$10cm^2$：21针×25行

【附件】灰色针织装饰布　拉链1条

【制作过程】 1. 单股线编织。

2. 起100针，用红、白色毛线按图配色编织双罗纹针下边，编织30行后开始红色全下针编织后片，共编织到35cm时开始袖窿减针，按结构图减完针后不加减针编织到56cm时减出后领窝，两肩部各余10cm。

3. 同样配色起52针完成双罗纹针边，然后编织红色下针前片，编织到35cm时进行袖窿减针，共编织到51cm时进行前衣领减针，按结构图减完针后收针断线。同样方法完成另一侧前片，减针方向相反。

4. 起60针双罗纹针，配色编织完成后从袖口开始红色下针编织袖片，按结构图所示均匀加针，编织45cm后开始袖山减针，按图所示减针后余20针，断线。同样方法再完成另一片袖片。

5. 沿边对应相应位置缝实。另起针挑织配色双罗纹针领边，完成后缝好灰色针织装饰布，左前片绣好装饰图案，沿衣襟边内侧缝实拉链。

10cm
20针 16cm 32针 10cm 20针

10cm
20针 18cm 10cm 20针

双罗纹

2-2-1

2-1-2
2-2-2
1-6-1

7cm 18行
平收8针

4-1-2
2-2-5

22cm
53行

22cm
53行

下针

后片

56cm
139行

下针

衣襟边

下针

前片

58cm

35cm
88行

35cm
88行

编织方向

向上织

向上织

49cm
100针

24cm
52针

24cm
52针

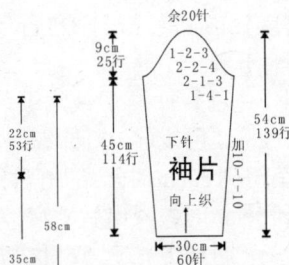

余20针
1-2-3
2-2-4
2-1-3
1-4-1

9cm
25行

54cm
139行
加10-1-10

45cm
114行

下针
袖片
向上织

30cm
60针

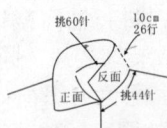

挑60针
反面
正面
挑44针

10cm
26行

领子结构图

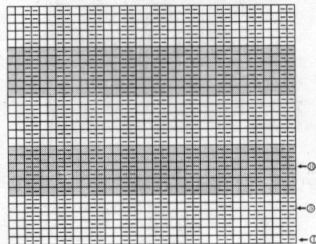

花样

20　10

小巧淑女衫

【成品尺寸】衣长65cm　胸围96cm　袖长45cm

【工具】1.7mm棒针

【材料】玫红色纯羊毛线

【密度】$10cm^2$：44针×55行

【附件】亮珠扣子5枚

【制作过程】前、后片分别按图起针，先织双层平针底边后，改织下针，至织完成。袖窿和领窝按图加减针，衣袖按图起针，先织双层平针底边后，改织下针，至织完成。衣片和袖山按图加减针，全部缝合。衣领门襟另织，按结构图褶边与领窝缝合，衣领花边另织。缝上亮珠扣子，完成。

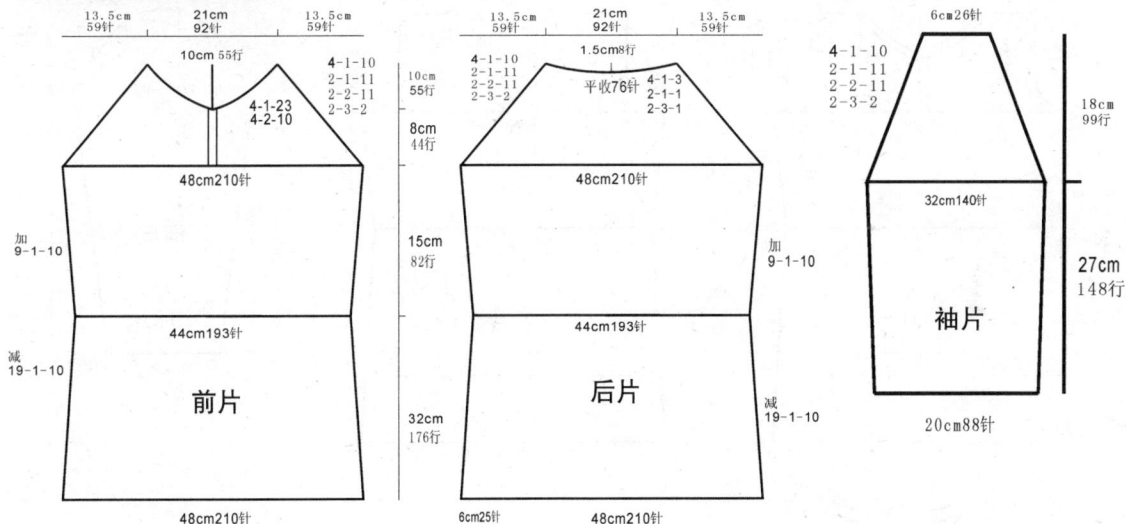

前片

13.5cm 59针　21cm 92针　13.5cm 59针

10cm 55行

4-1-10
2-1-11
2-2-11
2-3-2

4-1-23
4-2-10

48cm210针

加 9-1-10

44cm193针

减 19-1-10

48cm210针

后片

13.5cm 59针　21cm 92针　13.5cm 59针

4-1-10
2-1-11
2-2-11
2-3-2

1.5cm8行

平收76针

4-1-3
2-1-1
2-3-1

10cm 55行

8cm 44行

48cm210针

15cm 82行

加 9-1-10

44cm193针

32cm 176行

减 19-1-10

6cm25针　48cm210针

袖片

6cm26针

4-1-10
2-1-11
2-2-11
2-3-2

18cm 99行

32cm140针

27cm 148行

20cm88针

领子结构图

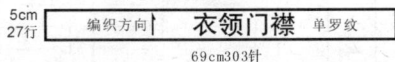

5cm 27行　| 编织方向　**衣领门襟**　单罗纹

69cm303针

5cm 27行　| 编织方向　**衣领花边**　单罗纹

80cm352针

缝合

双层平针底边图解

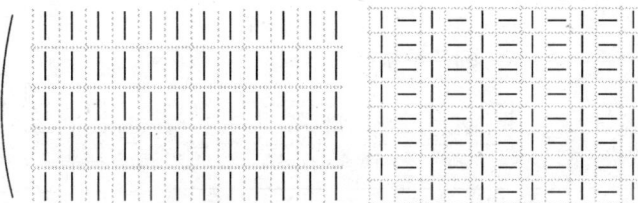

单罗纹

【成品尺寸】衣长65cm　胸围96cm　袖长53cm

【工具】1.7mm棒针

【材料】橙红色纯羊毛线

【密度】$10cm^2$：44针×55行

【附件】扣子4枚　丝带、蕾丝花边若干

【制作过程】前、后片按图起针，织双罗纹10cm后，改织下针，至织完成。衣身、袖窿和领窝按图加减针。衣袖按图起针，织双罗纹10cm后，改织下针，至织完成。袖片和袖山按图加减针，全部缝合。门襟和衣领分别另织5cm单罗纹，按领子结构图褶边缝合，形成双层门襟和双层领圈。丝带和蕾丝花边按彩图装饰领圈。缝上扣子，完成。

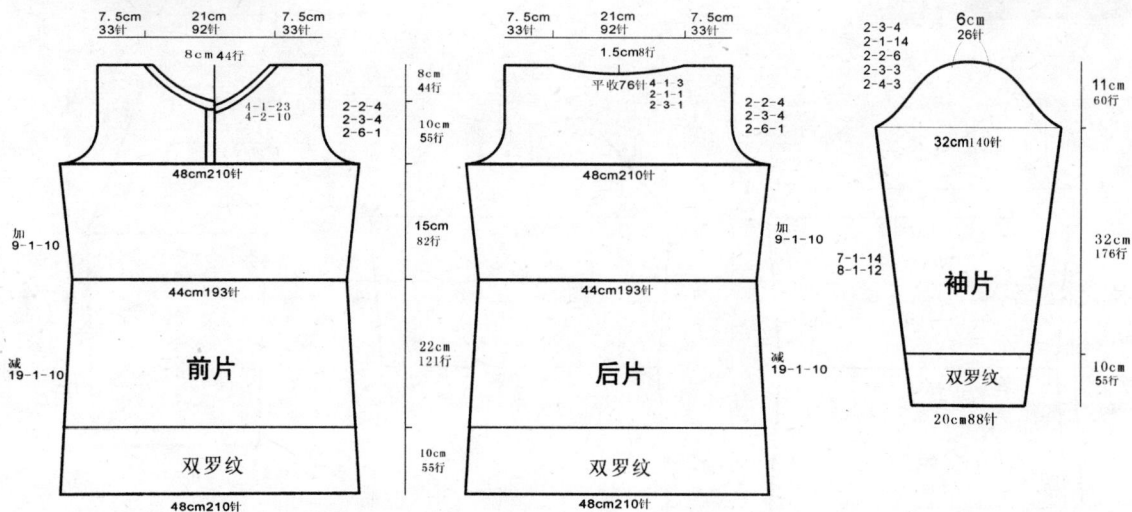

前片
- 7.5cm 33针
- 21cm 92针
- 7.5cm 33针
- 8cm 44行
- 4-1-23 4-2-10
- 2-2-4 2-3-4 2-6-1
- 48cm 210针
- 加 9-1-10
- 44cm 193针
- 减 19-1-10
- 双罗纹
- 48cm 210针

后片
- 7.5cm 33针
- 21cm 92针
- 7.5cm 33针
- 8cm 44行
- 平收76针 4-1-3 2-1-1 2-3-1
- 2-2-4 2-3-4 2-6-1
- 1.5cm 8行
- 10cm 55行
- 48cm 210针
- 15cm 82行
- 加 9-1-10
- 44cm 193针
- 22cm 121行
- 减 19-1-10
- 10cm 55行
- 双罗纹
- 48cm 210针

袖片
- 2-3-4 2-1-14 2-2-6 2-3-3 2-4-3
- 6cm 26针
- 11cm 60行
- 32cm 140针
- 7-1-14 8-1-12
- 32cm 176行
- 双罗纹
- 10cm 55行
- 20cm 88针

领子结构图

5cm 27行	编织方向	**门襟** 单罗纹

10cm 44针

5cm 27行	编织方向 ↑	**领圈** 单罗纹

45cm 198针

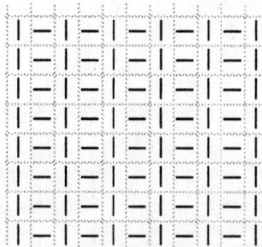

单罗纹

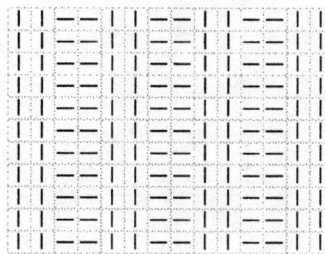

双罗纹

"百媚" V领装

【成品尺寸】衣长65cm　胸围96cm　袖长53cm

【工具】1.7mm棒针

【材料】黑色纯羊毛线

【密度】10cm²：44针×55行

【附件】亮珠若干

【制作过程】前、后片按图起针，织双罗纹5cm后，改织下针，至织完成。衣片、袖窿和领窝按图加减针。衣袖按图起针，织下针，至织完成。另织5cm双罗纹袖口，与袖片缝合，袖片和袖山按图加减针，全部缝合。衣领另织5cm双罗纹，领尖缝合，形成V领。缝上亮珠和衣领衬边，完成。

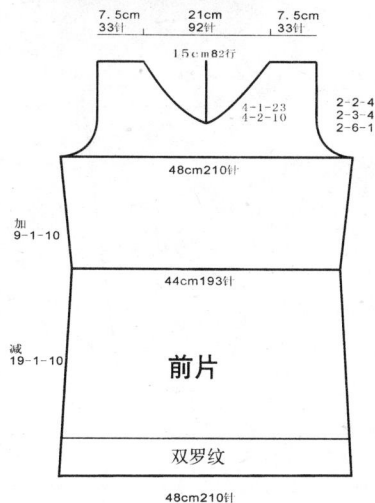

前片

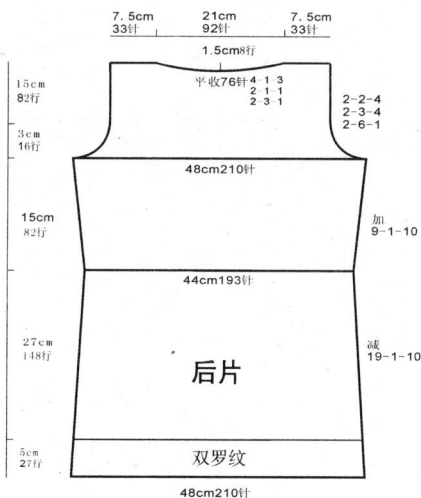

后片

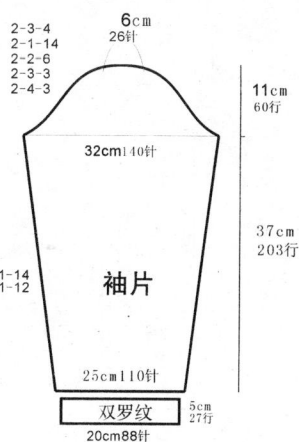

袖片

领子结构图

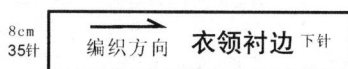

8cm
35针　编织方向　衣领衬边　下针
35cm154针

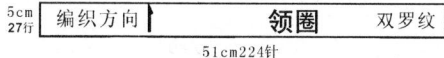

5cm
27行　编织方向　领圈　双罗纹
51cm224针

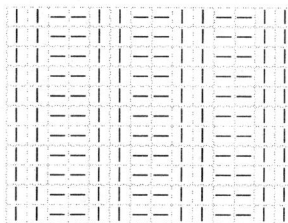

双罗纹

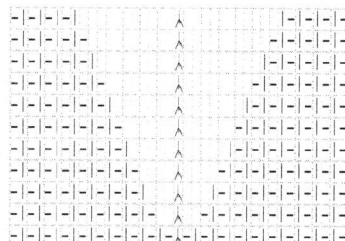

领口花样

【成品尺寸】衣长65cm　胸围96cm　袖长53cm

【工具】1.7mm棒针

【材料】黑色、其他色纯羊毛线

【密度】10cm²：44针×55行

【附件】亮珠若干　毛毛边1条

【制作过程】前片按图起针，织双罗纹3cm后，左边按图织上针和下针，并间色，右边织双罗纹，至织完成。后片按图起针，织双罗纹至织完成。衣片、袖窿和领窝按图加减针。衣袖按图起针，织双罗纹至织完成，袖片和袖山按图加减针，全部缝合。领圈挑针，织6cm双罗纹，领尖缝合，形成叠领。缝上亮珠和毛毛边，完成。

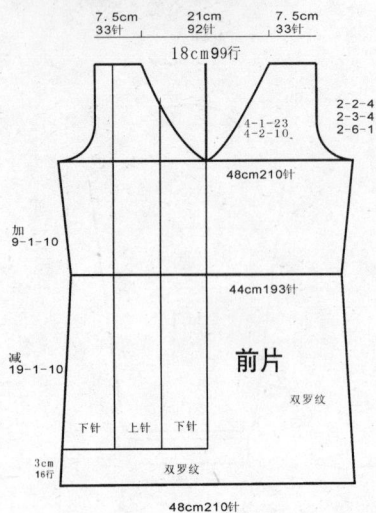

前片

双罗纹

7.5cm 33针　21cm 92针　7.5cm 33针
18cm99行
48cm210针
44cm193针
48cm210针
加 9-1-10
减 19-1-10
3cm 16行
2-2-4
2-3-4
2-6-1
4-1-23
4-2-10
下针　上针　下针

18cm 99行
15cm 82行
32cm 176行

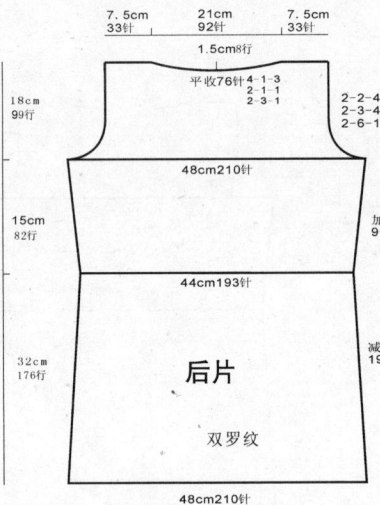

后片

双罗纹

7.5cm 33针　21cm 92针　7.5cm 33针
1.5cm8行
平收76针 4-1-3
2-3-1
48cm210针
44cm193针
48cm210针
加 9-1-10
减 19-1-10
2-2-4
2-3-4
2-6-1

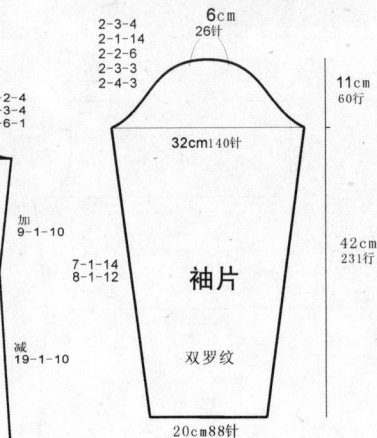

袖片

双罗纹

6cm 26针
2-3-4
2-1-14
2-2-6
2-3-3
2-4-3
32cm140针
7-1-14
8-1-12
20cm88针
11cm 60行
42cm 231行

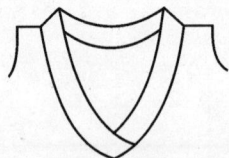

领子结构图

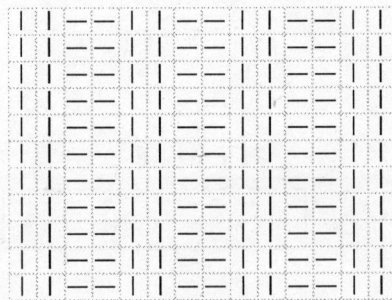

双罗纹

优雅栗色衫

【成品尺寸】衣长65cm　胸围96cm　袖长53cm

【工具】1.7mm棒针

【材料】深咖啡色纯羊毛线

【密度】10cm²：44针×55行

【制作过程】前片按图起210针，织单罗纹15cm后，改织下针，三角部分织花样，至织完成。后片按图起210针，织单罗纹15cm后，改织下针，袖窿和领窝按图加减针，至织完成。衣袖按图起针，织单罗纹20cm后，改织下针，衣袖和袖山按图加减针，至织完成，全部缝合。领圈另织，按彩图与衣片缝合，完成。

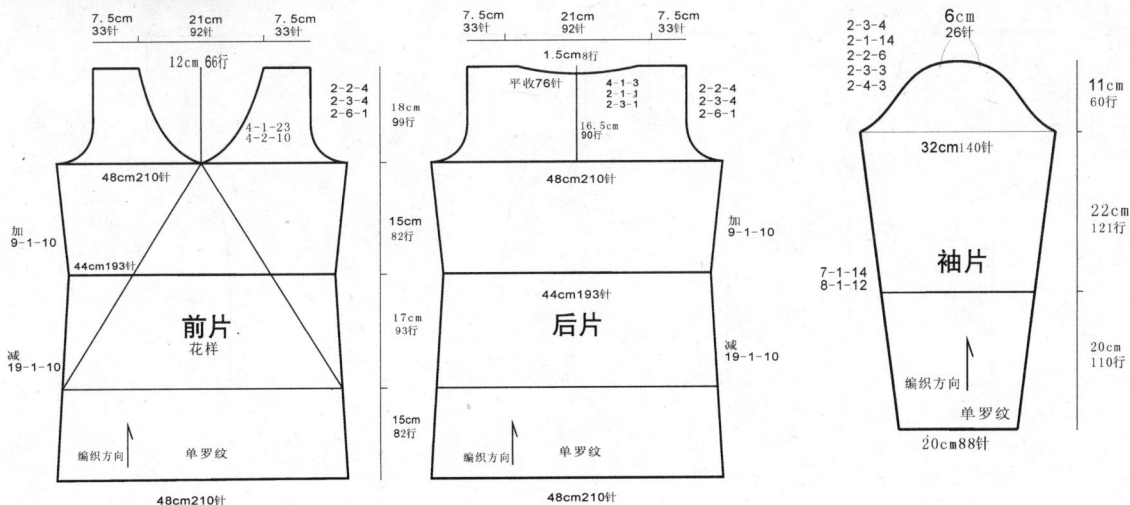

前片

7.5cm 33针　21cm 92针　7.5cm 33针

12cm 66行

2-2-4
2-3-4
2-6-1

4-1-23
4-2-10

48cm210针

18cm 99行

加 9-1-10

44cm193针

15cm 82行

前片 花样

减 19-1-10

17cm 93行

编织方向　单罗纹

15cm 82行

48cm210针

后片

7.5cm 33针　21cm 92针　7.5cm 33针

1.5cm8行

平收76针

4-1-3
2-1-1
2-3-1

2-2-4
2-3-4
2-6-1

16.5cm 90行

48cm210针

15cm 82行

加 9-1-10

44cm193针

后片

减 19-1-10

编织方向　单罗纹

48cm210针

袖片

2-3-4
2-1-14
2-2-6
2-3-3
2-4-3

6cm 26针

11cm 60行

32cm140针

22cm 121行

袖片

7-1-14
8-1-12

20cm 110行

编织方向　单罗纹

20cm88针

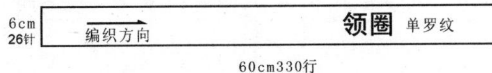

6cm 26针　编织方向　　领圈 单罗纹

60cm330行

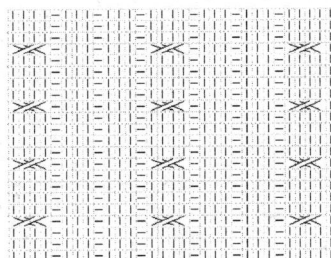

花样

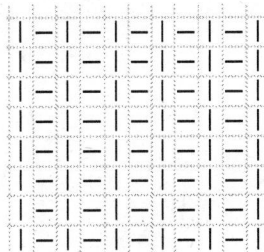

单罗纹

【成品尺寸】衣长65cm　胸围94cm　连肩袖长62cm
【工具】1.7mm棒针
【材料】咖啡色纯羊毛线
【密度】10cm²：44针×55行
【附件】扣子3枚
【制作过程】前片分左、右两片，左前片按编织方向起针，织下针至织完成。右前片按编织方向起针，织花样，至织完成。侧缝、领窝和衣片按图加减针，后片按编织方向起针，织双罗纹至织完成。侧缝和领窝按图加减针，衣袖另织，按图起针织双罗纹，袖片加减针，至织完成。装饰带另织，系于胸前，缝上扣子，完成。

左前片 / 右前片

20cm 88针　10.5cm 46针　10.5cm 46针　20cm 88针

16cm 70针

减
4-1-10
2-1-11
2-2-11
2-3-2

编织方向

39cm 171针

2-1-2
4-1-1
6-1-10

左前片

右前片

花样

2-1-1
4-1-1
6-1-10

24cm105针　24cm105针

10cm 44针

4-1-10
2-1-11
2-3-2

12cm53针　12cm53针

后片

20cm 88针　21cm 92针　20cm 88针

1.5cm 8行

16cm 88行

减
2-2-3
2-1-1

加
2-2-3
2-1-1

后片

19cm 270行

编织方向　单罗纹

2-1-2
4-1-1
6-1-10

48cm210针

袖片

32cm140针

42cm 231行

7-1-14
8-1-12

袖片

双罗纹

20cm88针

装饰带

5cm 22针

编织方向　　装饰带　单罗纹

120cm660行

花样　　　单罗纹　　　双罗纹

别致V领衫

【成品尺寸】衣长65cm　胸围96cm　袖长53cm

【工具】1.7mm棒针

【材料】橙红色、灰色纯羊毛线

【密度】10cm²：44针×55行

【附件】亮珠若干

【制作过程】前、后片按图起针，先织双层平针底边后，改织下针，并间色，至织完成。衣片、袖窿和领窝按图加减针。衣袖按图起针，先织双层平针底边后，改织下针，并间色，至织完成。袖片和袖山按图加减针，全部缝合。内前领和领边另织，褶边缝合，形成双层内领边，外领圈另织双罗纹，领尖缝合，形成V领。内领圈和外领圈按彩图叠压缝合，缝上亮珠花朵，完成。

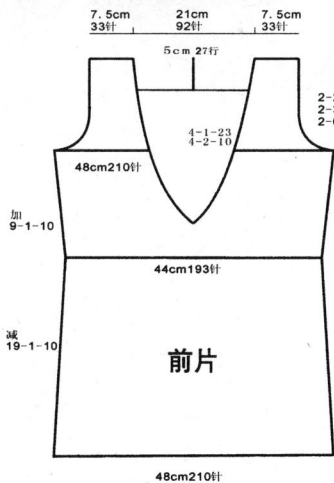

前片

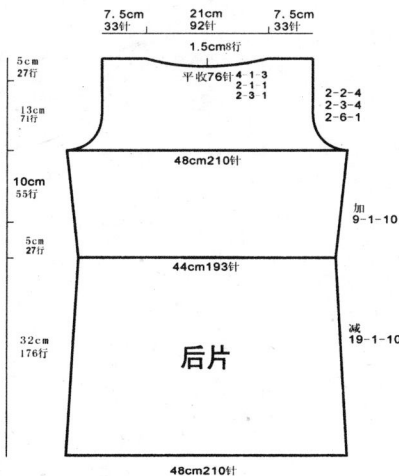

后片

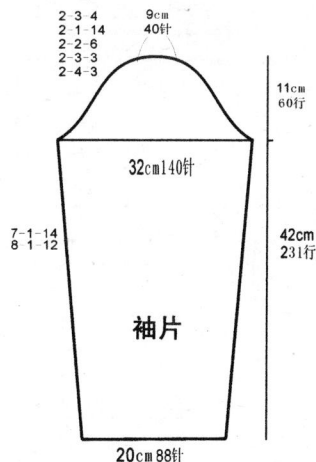

袖片

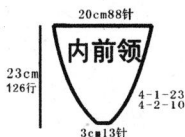

内前领

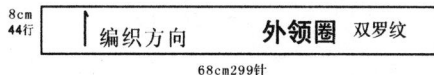

编织方向　外领圈 双罗纹

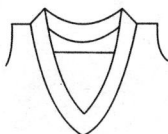

领子结构图

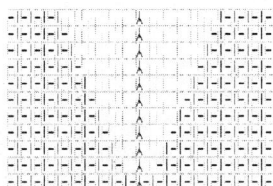

领口花样

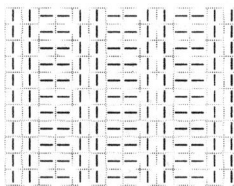

双罗纹

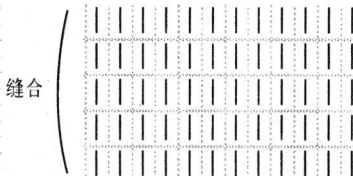

双层平针底边图解

【成品尺寸】衣长65cm　胸围96cm　袖长53cm

【工具】1.7mm棒针

【材料】杏色、深紫色纯羊毛线

【密度】10cm²：44针×55行

【附件】亮珠、花边若干

【制作过程】前、后片分别按图起针，先织双层平针底边后，改织下针，至织完成。衣片、袖窿和领窝按图加减针。下摆另织，按图起针，织双罗纹15cm，与衣片缝合。衣袖按图起针，先织双层平针底边后，改织下针，至织完成。袖口另织，按图起针，织双罗纹15cm，与袖片缝合，袖片和袖山按图加减针，全部缝合。内前领和领边另织，褶边缝合，形成双层内领边，外领圈另织下针，褶边缝合，形成双层V领。内前领与外领圈按彩图叠压缝合，缝上亮珠和花边，完成。

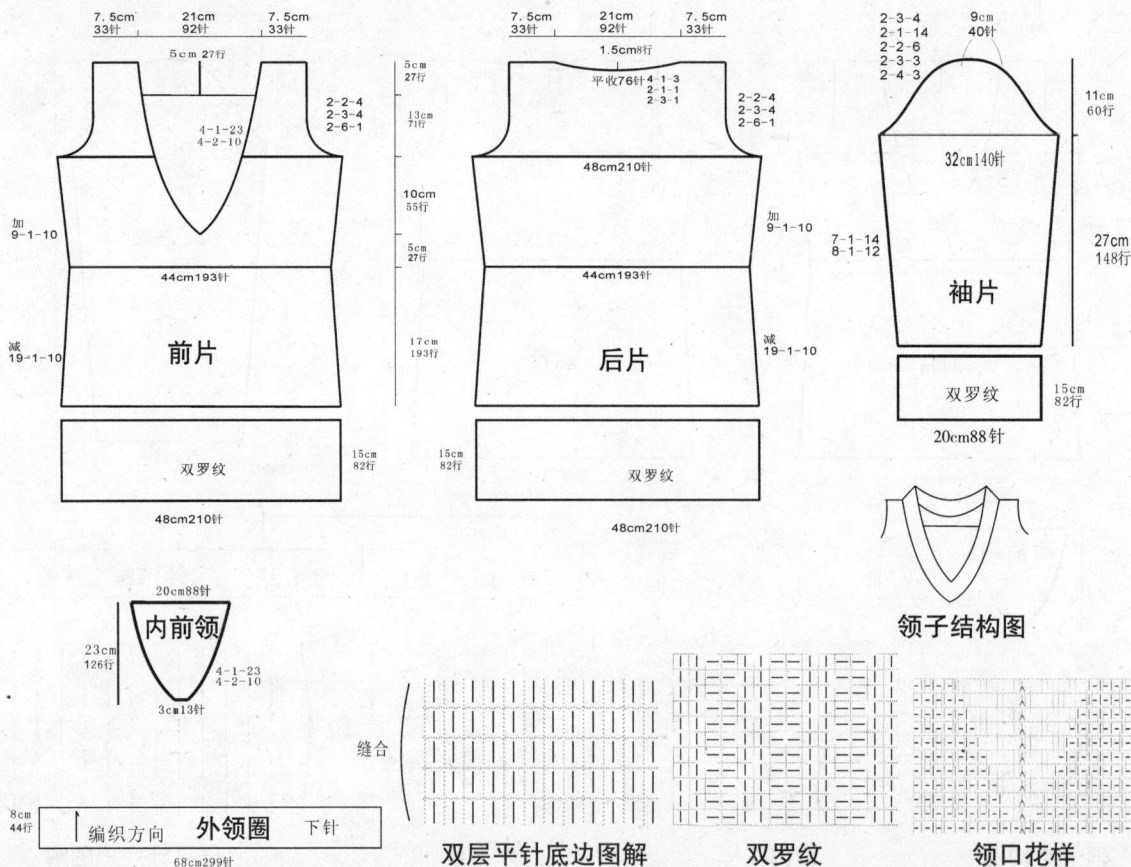

前片

7.5cm 33针　21cm 92针　7.5cm 33针

5cm 27行

2-2-4
2-3-4
2-6-1

4-1-23
4-2-10

加 9-1-10

44cm193针

减 19-1-10

48cm210针

双罗纹

15cm 82行

后片

7.5cm 33针　21cm 92针　7.5cm 33针

1.5cm 8行

5cm 27行

13cm 71行

10cm 55行

5cm 27行

17cm 193行

平收76针　4-1-3
2-1-4
2-3-1

2-2-4
2-3-4
2-6-1

48cm210针

加 9-1-10

44cm193针

减 19-1-10

48cm210针

双罗纹

15cm 82行

袖片

2-3-4
2-1-14
2-3-3
2-4-3

9cm 40针

11cm 60行

32cm140针

7-1-14
8-1-12

27cm 148行

双罗纹

20cm88针

15cm 82行

内前领

20cm88针

23cm 126行

4-1-23
4-2-10

3cm13针

缝合

外领圈　下针

8cm 44行

编织方向

68cm299针

领子结构图

双层平针底边图解　双罗纹　领口花样

时髦长袖衫

【成品尺寸】衣长65cm　胸围96cm　袖长53cm
【工具】1.7mm棒针
【材料】杏色纯羊毛线
【密度】10cm²：44针×55行
【附件】亮珠若干
【制作过程】后片分别起针，织双罗纹5cm后，改织下针，至织完成。内前片按图起针，织双罗纹5cm后，改织下针，至织完成。外前片按图起针，织5cm双罗纹后，改织花样，至织完成。衣片、袖窿和领窝按图加减针。衣袖按图起针，织双罗纹5cm后，改织花样，至织完成。袖片和袖山按图加减针，全部缝合。领圈另织双罗纹，按彩图缝合，缝好亮珠，完成。

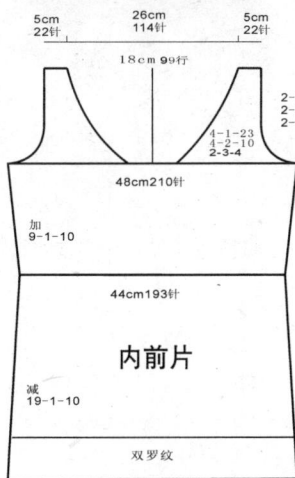

内前片

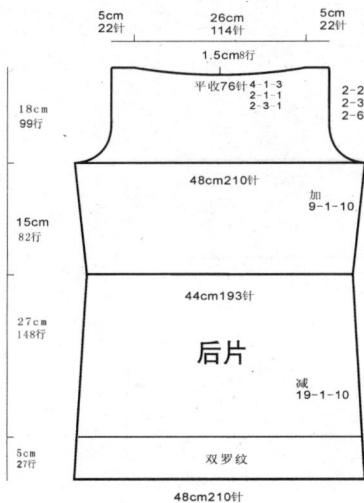

后片

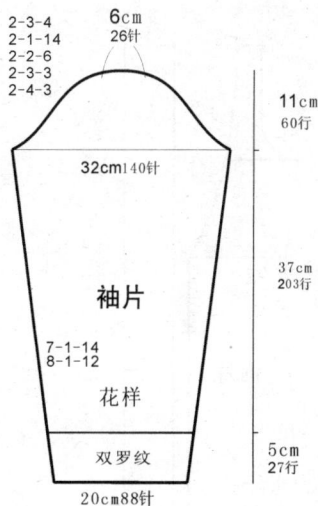

袖片

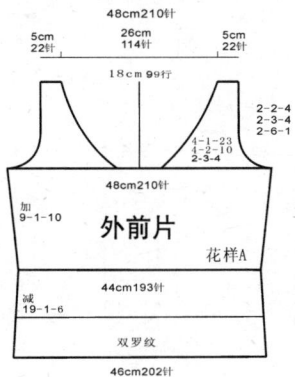

外前片

领子结构图

领圈

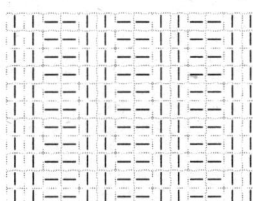

双罗纹

花样

【成品尺寸】衣长65cm　胸围96cm　袖长43cm

【工具】1.7mm棒针

【材料】杏色纯羊毛线

【密度】10cm²：44针×55行

【附件】扣子1枚

【制作过程】左前片分2片，A片按图起针，先织双层平针底边后，改织花样，至织完成。袖窿和领圈按图加减针，B片按编织方向起针，织双罗纹，至织完成。A、B片缝合。后片按图起针，先织双层平针底边后，改织花样，至织完成。衣袖按图起针，先织双层平针底边后，改织花样，至织完成。袖片和袖山按图加减针，全部缝合。缝上扣子，帽子另织，与领圈缝合，完成。

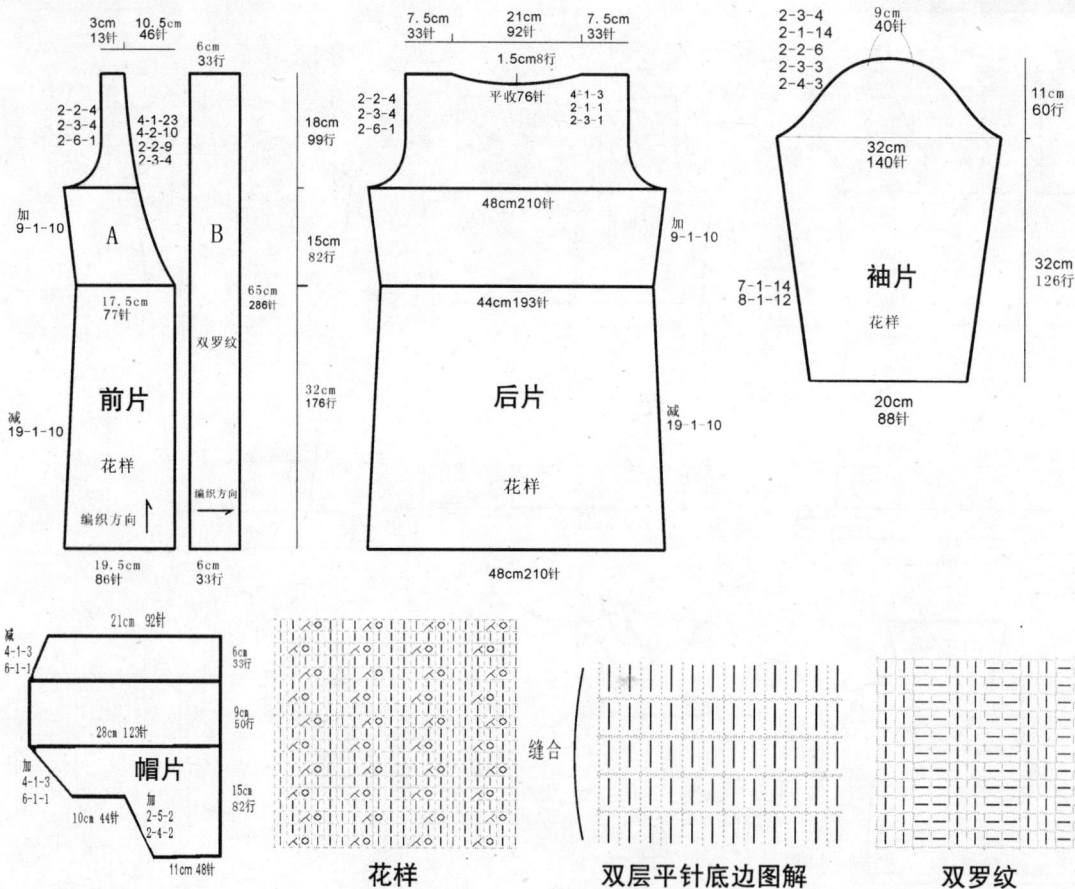

前片图解：

3cm 13针　10.5cm 46针　6cm 33行

2-2-4 2-3-4 2-6-1　4-1-23 4-2-10 2-2-9 2-3-4

加 9-1-10

A　B

17.5cm 77针

18cm 99行

15cm 82行

65cm 286针

双罗纹

减 19-1-10

前片

花样

编织方向

19.5cm 86针　6cm 33行

后片图解：

7.5cm 33针　21cm 92针　7.5cm 33针

1.5cm8行 平收76针

2-2-4 2-3-4 2-6-1　4-1-3 2-1-1 2-3-1

18cm 99行

48cm210针

加 9-1-10

15cm 82行

44cm193针

32cm 176行

减 19-1-10

后片

花样

48cm210针

袖片图解：

2-3-4 2-1-14 2-2-6 2-3-3 2-4-3　9cm 40针

11cm 60行

32cm 140针

7-1-14 8-1-12

32cm 126行

袖片

花样

20cm 88针

帽片图解：

减 4-1-3 6-1-1　21cm 92针　6cm 33行

28cm 123针　9cm 50行

加 4-1-3 6-1-1

帽片

10cm 44针　加 2-5-2 2-4-2　15cm 82行

11cm 48针

花样　双层平针底边图解　缝合　双罗纹

粉色V领衫

【成品尺寸】衣长65cm　胸围96cm　袖长45cm

【工具】1.7mm棒针

【材料】粉红色、黑色纯羊毛线

【密度】10cm²：44针×55行

【附件】亮珠、花朵若干

【制作过程】前、后片按图起针，先织双层平针底边后，改织下针，至织完成。衣片、袖窿和领窝按图加减针，衣袖按图起针，先织双层平针底边后，改织下针至织完成。袖口另织单罗纹，袖片和袖山按图加减针，全部缝合。内前领另织花样，领圈另织单罗纹，按彩图叠压缝合，领尖缝合，形成V领。缝上亮珠和花朵，完成。

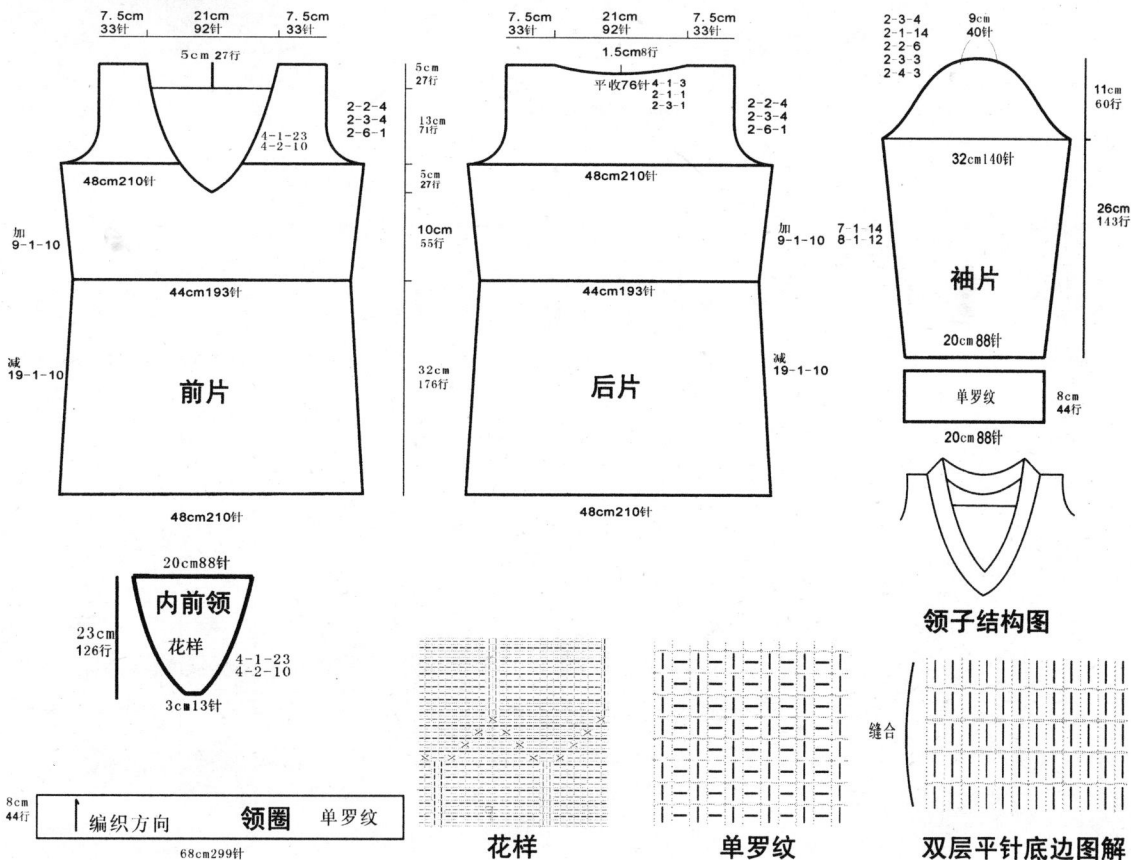

前片

后片

袖片

单罗纹

内前领 花样

领子结构图

领圈 单罗纹

花样

单罗纹

双层平针底边图解

编织方向

【成品尺寸】衣长65cm　胸围96cm　袖长53cm

【工具】1.7mm棒针

【材料】粉红色纯羊毛线

【密度】10cm²：44针×55行

【附件】亮片若干

【制作过程】前、后片分别按图起针，织双罗纹8cm后，改织下针，前片按彩图编入花样，至织完成。腰部、袖窿和领窝按结构图加减针。衣袖按图起针，织双罗纹8cm后，改织下针，至织完成，袖身和袖山按结构图加减针，全部缝合。领圈挑针，织双罗纹5cm，领尖缝合，形成V领。缝上领圈衬边，图案部分用亮片装饰，完成。

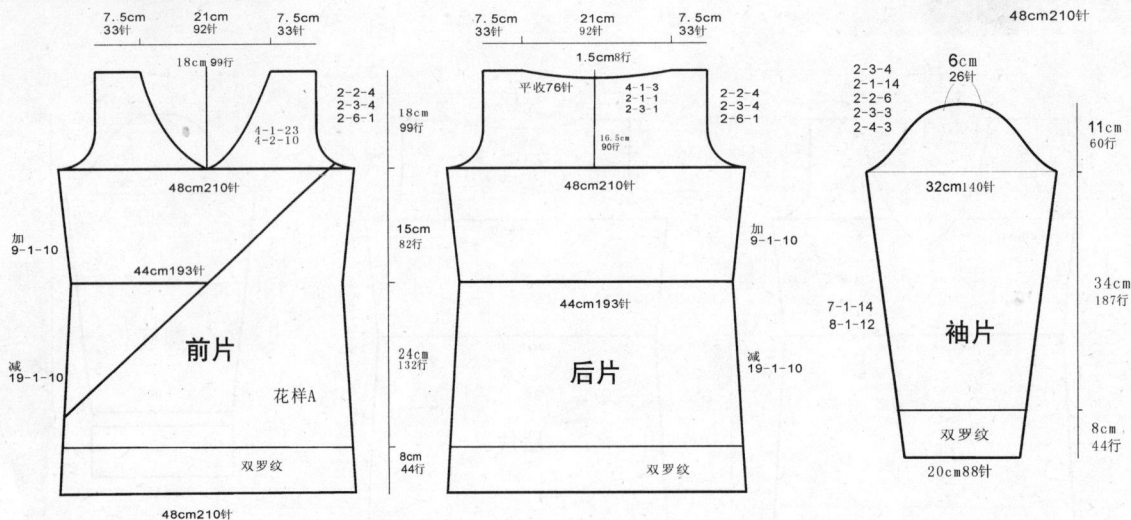

领子结构图

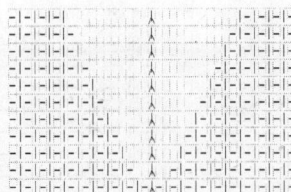

领口花样

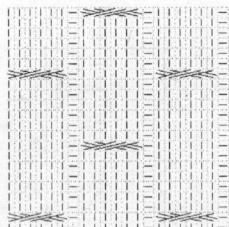

花样

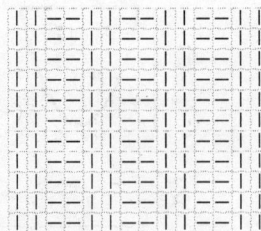

双罗纹

文静优雅衫

【成品尺寸】衣长85cm　胸围94cm　袖长53cm

【工具】1.7mm棒针

【材料】粉红色纯羊毛线

【密度】10cm²：44针×55行

【制作过程】前、后片分别按图起针，依次织10cm单罗纹，10cm下针，10cm双罗纹，22cm下针，5cm单罗纹，10cm下针，至织完成。下摆织一个长方形下摆花边，与衣下摆花边缝合线缝合。衣袖按图起针，织34cm单罗纹，至织完成。袖口按图织一个长方形，与衣袖缝合，袖山打皱褶再与前、后片缝合。衣领挑针织5cm单罗纹，领尖缝合，形成V领，完成。

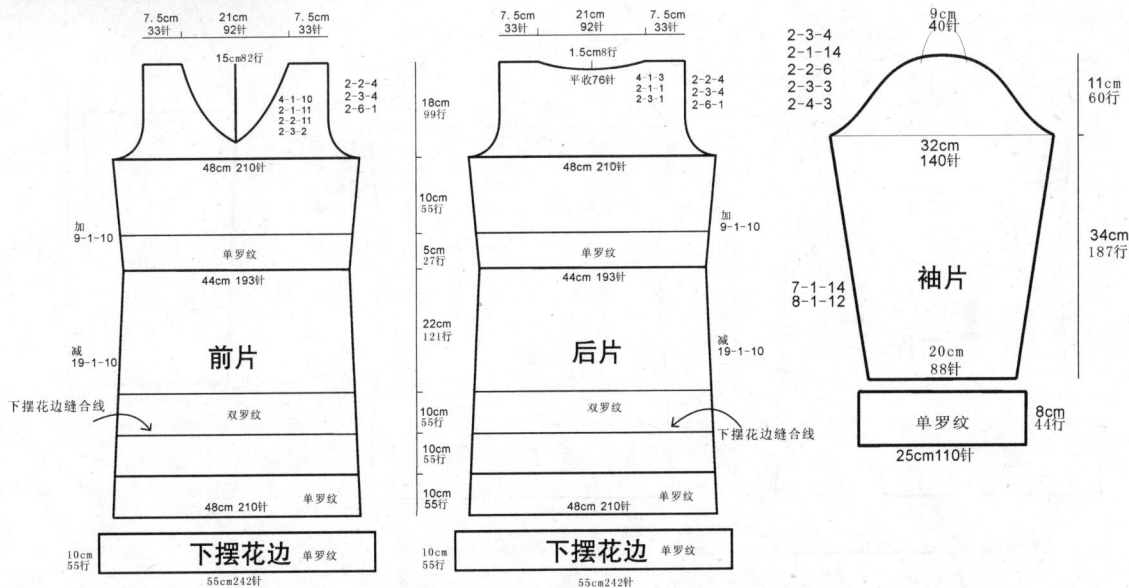

前片

- 7.5cm 33针　21cm 92针　7.5cm 33针
- 15cm82行
- 4-2-4 / 2-1-11 / 2-2-11 / 2-3-2
- 48cm 210针
- 加 9-1-10
- 单罗纹
- 44cm 193针
- 减 19-1-10
- 双罗纹
- 48cm 210针 单罗纹

后片

- 7.5cm 33针　21cm 92针　7.5cm 33针
- 1.5cm8行
- 平收76针
- 4-1-3 / 2-1-1 / 2-3-1
- 2-2-4 / 2-3-4 / 2-6-1
- 18cm 99行
- 48cm 210针
- 10cm 55行
- 5cm 27行
- 加 9-1-10
- 单罗纹
- 44cm 193针
- 22cm 121行
- 减 19-1-10
- 双罗纹
- 10cm 55行
- 10cm 55行
- 10cm 55行
- 48cm 210针 单罗纹

袖片

- 9cm 40针
- 2-3-4 / 2-1-14 / 2-2-6 / 2-3-3 / 2-4-3
- 11cm 60行
- 32cm 140针
- 34cm 187行
- 7-1-14 / 8-1-12
- 20cm 88针
- 单罗纹
- 8cm 44行
- 25cm110针

- 下摆花边缝合线
- 10cm 55行 下摆花边 单罗纹
- 55cm242针
- 10cm 55行 下摆花边 单罗纹
- 55cm242针

领子结构图

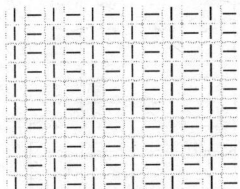

单罗纹

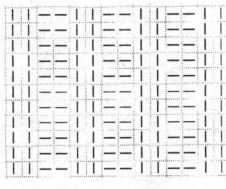

双罗纹

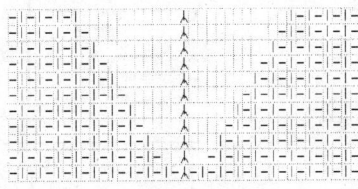

领口花样

【成品尺寸】衣长65cm　胸围96cm　袖长53cm

【工具】1.7mm棒针

【材料】粉红色纯羊毛线

【密度】$10cm^2$：44针×55行

【附件】扣子2枚

【制作过程】前、后片按图起针，织双罗纹，至织完成。衣袖按图起针，织双罗纹，至织完成，全部缝合。领圈挑针，织下针35cm的长矩形，边缘缝合，形成帽子。用缝衣针缝上图案标志，门襟另织，沿帽子前领缝合，缝上扣子，完成。

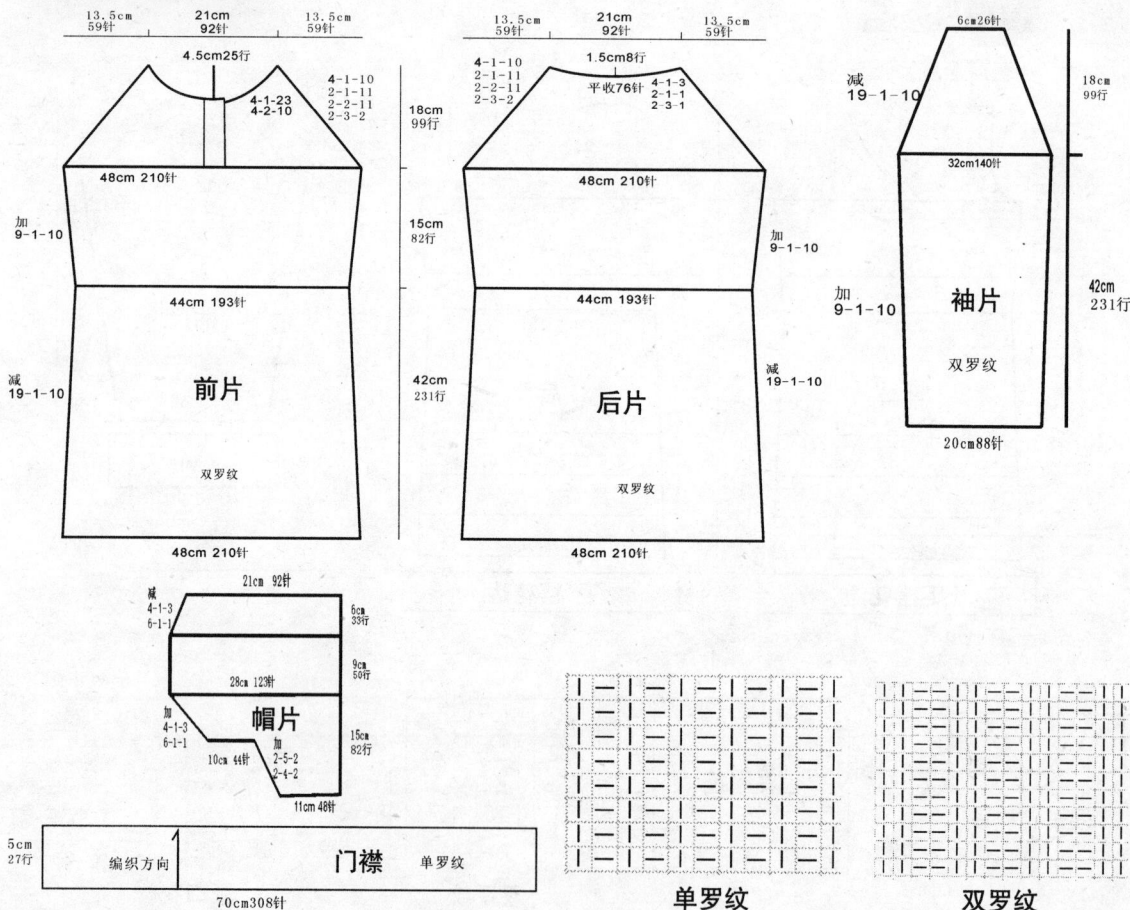

前片

13.5cm 59针　21cm 92针　13.5cm 59针

4.5cm25行

4-1-10
2-1-11
2-2-11
2-3-2

4-1-23
4-2-10

18cm 99行

48cm 210针

加 9-1-10

15cm 82行

44cm 193针

减 19-1-10

42cm 231行

双罗纹

48cm 210针

后片

13.5cm 59针　21cm 92针　13.5cm 59针

4-1-10
2-1-11
2-2-11
2-3-2

1.5cm8行
平收76针

4-1-3
2-3-1

48cm 210针

加 9-1-10

15cm 82行

44cm 193针

减 19-1-10

42cm 231行

双罗纹

48cm 210针

袖片

6cm26针

减 19-1-10

18cm 99行

32cm140针

加 9-1-10

袖片

双罗纹

42cm 231行

20cm88针

帽片

21cm 92针

减 4-1-3
6-1-1

6cm 33行

28cm 129针

9cm 50行

帽片

加 4-1-3
6-1-1

10cm 44针

加 2-5-2
2-4-2

15cm 82行

11cm 48针

门襟

5cm 27行

编织方向

门襟　单罗纹

70cm308针

单罗纹

双罗纹

高贵气质装

【成品尺寸】衣长65cm　胸围96cm　袖长53cm
【工具】1.7mm棒针
【材料】灰色纯羊毛线
【密度】10cm²：44针×55行
【附件】装饰珠链1条
【制作过程】前、后片分别按图起210针，织双罗纹10cm后，改织下针，至织完成。腰部、袖窿和领窝按结构图加减针。衣袖按图起针，织双罗纹15cm后，改织下针，至织完成。袖身和袖山按结构图加减针，全部缝合。前领和领圈另织，与前片领圈缝合。装上装饰珠链，完成。

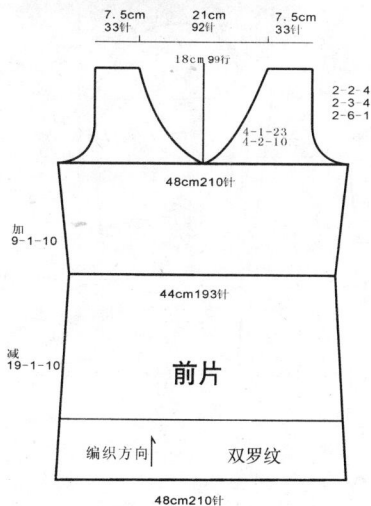

前片

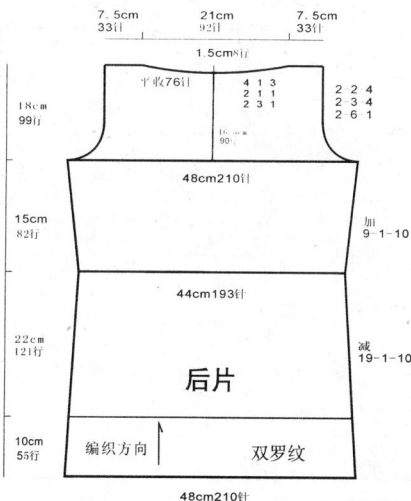

后片

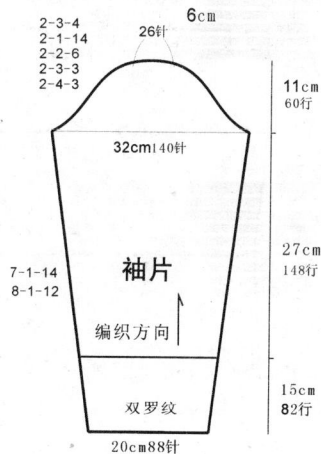

袖片

领子结构图

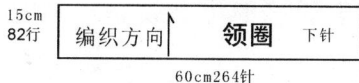

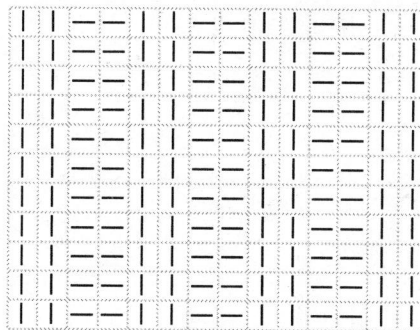

双罗纹

【成品尺寸】衣长65cm　胸围96cm　袖长53cm

【工具】1.7mm棒针

【材料】灰色纯羊毛线

【密度】10cm²：44针×51行

【附件】扣子9枚

【制作过程】前片按图起针，织双罗纹10cm后，改织花样，至47cm时改织下针，至织完成。后片按图起针，织双罗纹10cm后，改织下针，至织完成。袖窿和领窝按图加减针，衣袖按图起针，织双罗纹42cm后，改织下针，至织完成。袖身和袖山按图加减针，全部缝合。领圈另织，按领子结构图与衣片缝合，缝上扣子，完成。

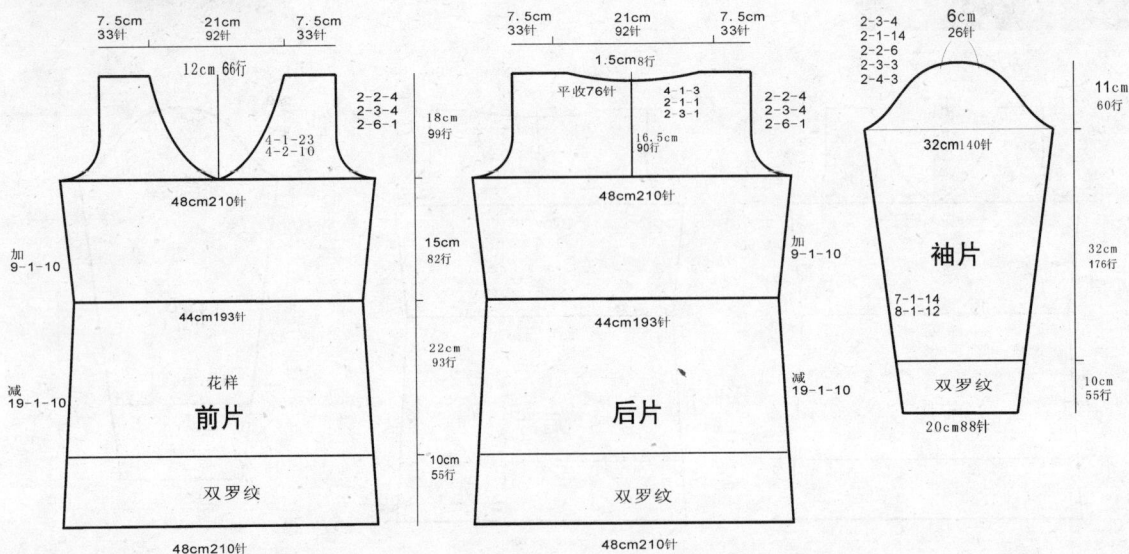

前片

7.5cm 33针　21cm 92针　7.5cm 33针

12cm 66行

2-2-4
2-3-4
2-6-1

4-1-23
4-2-10

48cm210针

加 9-1-10

44cm193针

减 19-1-10

花样 前片

双罗纹

48cm210针

后片

7.5cm 33针　21cm 92针　7.5cm 33针

1.5cm8行

平收76针

18cm 99行

4-1-3
2-1-1
2-3-1

2-2-4
2-3-4
2-6-1

16.5cm 90行

48cm210针

15cm 82行

加 9-1-10

44cm193针

22cm 93行

减 19-1-10

10cm 55行

后片

双罗纹

48cm210针

袖片

2-3-4
2-1-14
2-2-6
2-3-3
2-4-3

6cm 26针

11cm 60行

32cm140针

32cm 176行

7-1-14
8-1-12

袖片

双罗纹

10cm 55行

20cm88针

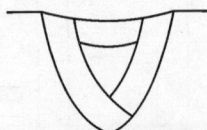

领子结构图

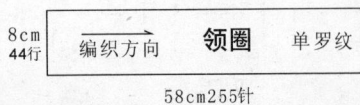

8cm 44行　编织方向　领圈　单罗纹

58cm255针

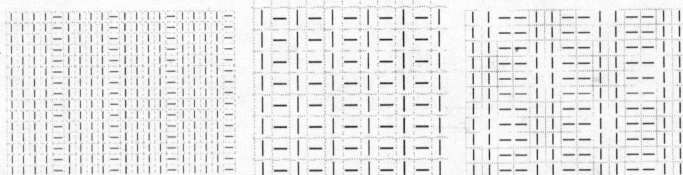

花样　　单罗纹　　双罗纹

简约小巧衫

【成品尺寸】衣长65cm　胸围96cm　袖长53cm

【工具】1.7mm棒针　绣花针

【材料】杏色、橙色纯羊毛线

【密度】10cm²：44针×55行

【附件】亮珠、绣花若干

【制作过程】前片分内前片和外前片，外前片按图起针，织10cm双罗纹后，改织下针，至8cm时分2片编织，至织完成。内前片按图起针，织10cm双罗纹后，改织下针，并间色，至织完成。后片按图起针，织10cm双罗纹后，改织下针，至织完成，袖窿和领窝按图加减针。衣袖按图起针，织10cm双罗纹后，改织下针，并间色，至织完成。袖片和袖山按图加减针，内前片和外前片重叠后，全部缝合。内前片领圈挑198针，织双罗纹15cm，形成半高领。外前片门襟和领圈另织，按彩图缝合，绣上绣花和亮珠，完成。

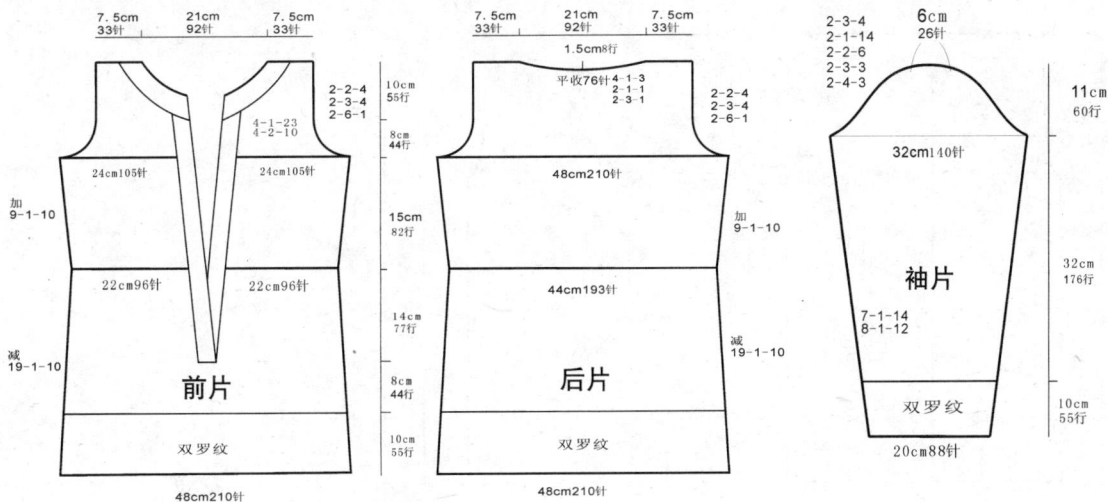

前片

后片

袖片

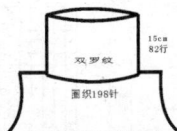

领子结构图

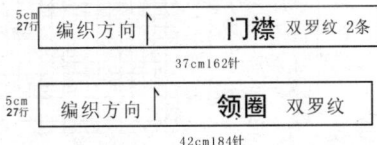

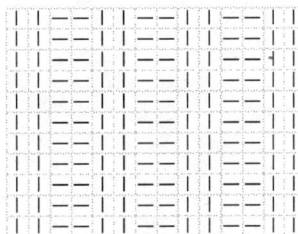

双罗纹

【成品尺寸】衣长57cm　胸围92cm

【工具】11号棒针

【材料】浅灰色开司米线200g　红色开司米线5g　蓝色开司米线5g

【密度】10cm²：28针×35行

【附件】装饰贴

【制作过程】1. 单股线编织。

2. 起132针配色编织双罗纹针下边，然后开始全下针编织后片，共编织到35cm时开始袖窿减针，按结构图减完针后，不加减针编织到56cm时，减出后领窝，两肩部各余7cm。

3. 起136针编织双罗纹针下边，按花样编织前片，编织到35cm时同时进行袖窿、前衣领减针，按结构图减完针后收针断线。同样方法完成另一侧前片，减针方向相反。

4. 沿边对应相应位置缝实，另起针挑织双罗纹针领边、袖窿边，缝好装饰贴。

后片

7cm 18针　15cm 46针　7cm 18针

22cm 78行

2-2-1

4-2-10　　4-2-10

35cm 123行

56cm 200行

下针

46cm 132针

编织方向

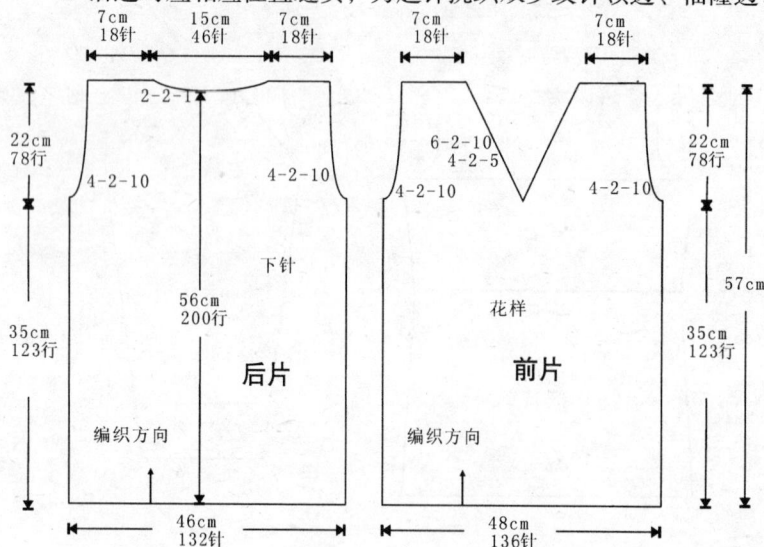

前片

7cm 18针　　7cm 18针

22cm 78行

6-2-10
4-2-5

4-2-10　　4-2-10

57cm

35cm 123行

花样

48cm 136针

编织方向

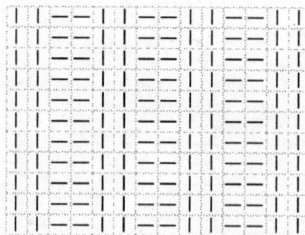

双罗纹

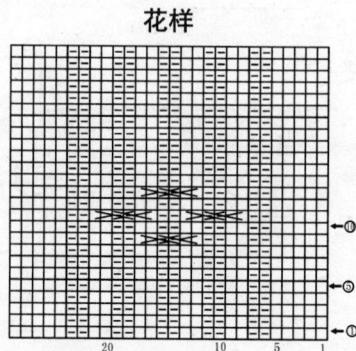

花样

20　　10　5　1

彩色亮丽衫

【成品尺寸】衣长 65cm　胸围 96cm　袖长 53cm

【工具】1.7mm 棒针　小号钩针

【材料】红色纯羊毛线

【密度】10cm²：44针×55行

【附件】亮珠若干

【制作过程】前、后片按图起针，织双罗纹 5cm 后，改织下针，至织完成，前片编入图案。衣片、袖窿和领窝按图加减针。衣袖按图起针，织 5cm 双罗纹后，改织下针至织完成。袖片和袖山按图加减针，全部缝合。领子挑针，织 5cm 双罗纹，领尖缝合，形成 V 领。缝上亮珠，完成。

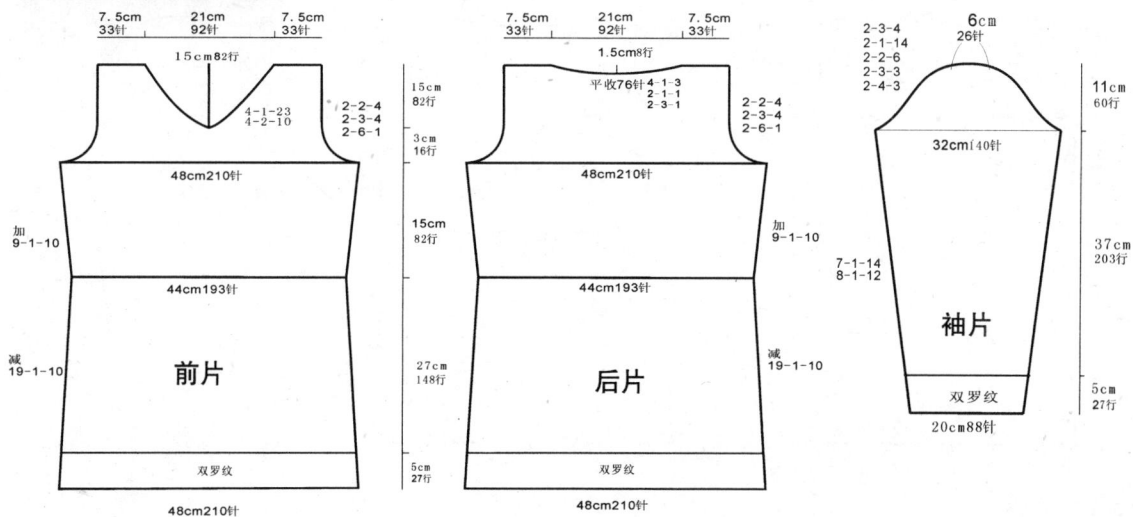

前片

7.5cm 33针　21cm 92针　7.5cm 33针

1.5cm 82行

4-1-23
4-2-10

2-2-4
2-3-4
2-6-1

48cm 210针

44cm 193针

加 9-1-10

减 19-1-10

双罗纹

48cm 210针

后片

7.5cm 33针　21cm 92针　7.5cm 33针

1.5cm 8行

平收76针 4-1-3
2-3-1

2-2-4
2-3-4
2-6-1

15cm 82行

3cm 16行

15cm 82行

27cm 148行

5cm 27行

48cm 210针

44cm 193针

加 9-1-10

减 19-1-10

双罗纹

48cm 210针

袖片

2-3-4
2-1-14
2-2-6
2-3-3
2-4-3

6cm 26针

32cm 140针

11cm 60行

37cm 203行

7-1-14
8-1-12

5cm 27行

20cm 88针

双罗纹

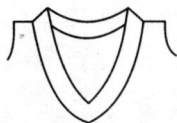

领子结构图

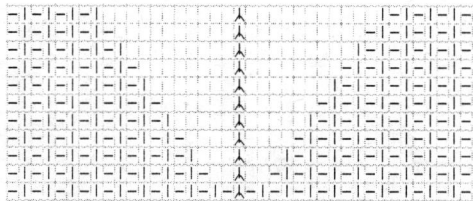

领尖花样

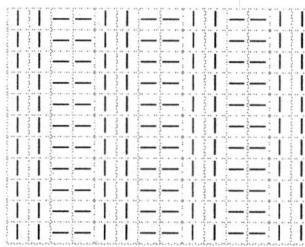

双罗纹

【成品尺寸】衣长65cm　胸围96cm　袖长53cm

【工具】1.7mm棒针　绣花针

【材料】红色、黑色、橙色纯羊毛线

【密度】10cm²：44针×51行

【附件】绣花若干

【制作过程】前、后片按图起针，织双罗纹15cm后，改织下针，并间色，至织完成。衣片、袖窿和领窝按图加减针。衣袖按图起针，织10cm双罗纹后，改织下针，并间色，至织完成。袖片和袖山按图加减针，全部缝合。领子挑针，织5cm双罗纹，领尖缝合，形成V领。按彩图绣上花朵，完成。

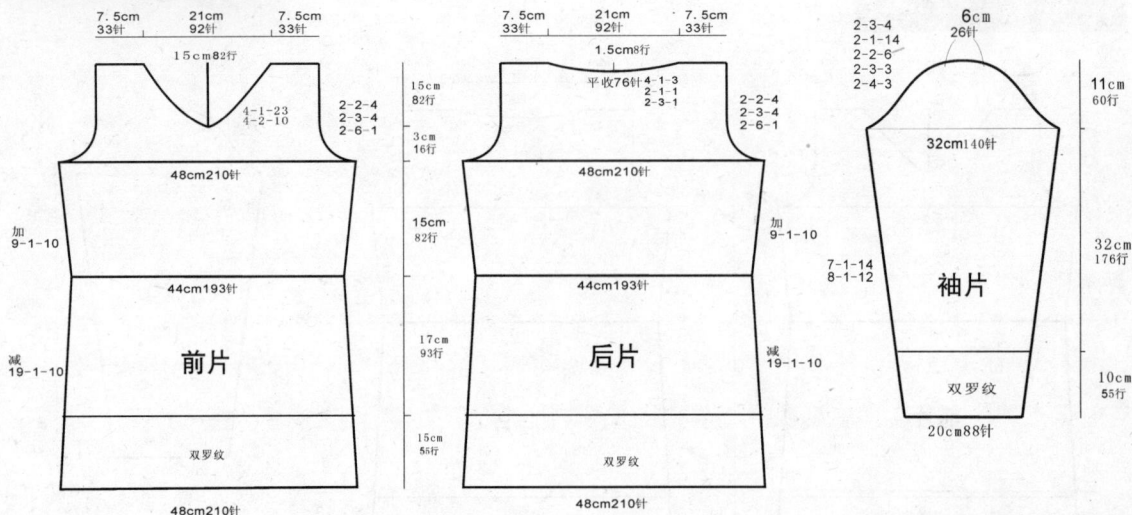

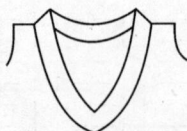

领子结构图

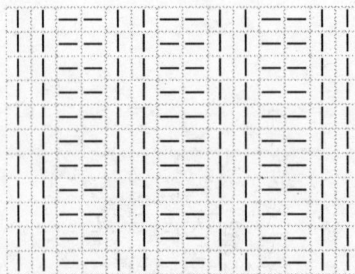

双罗纹

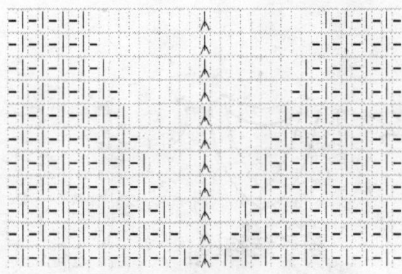

领口花样

经典红色装

【成品尺寸】 衣长65cm　胸围96cm　袖长53cm

【工具】 1.7mm棒针

【材料】 红色纯羊毛线

【密度】 10cm²：44针×55行

【附件】 扣子4枚　金属扣4枚　亮珠若干

【制作过程】 前片分左、右两片，分别按图起针，织20cm双罗纹后，改织花样A，至织完成。后片按图起针，织20cm双罗纹后，改织花样A，至织完成。袖窿和领窝按图加减针。门襟另织花样B，与前片缝合。衣袖按图起针，织10cm双罗纹后，改织花样A，至织完成。袖片和袖山按图加减针，全部缝合，缝上扣子和亮珠，完成。

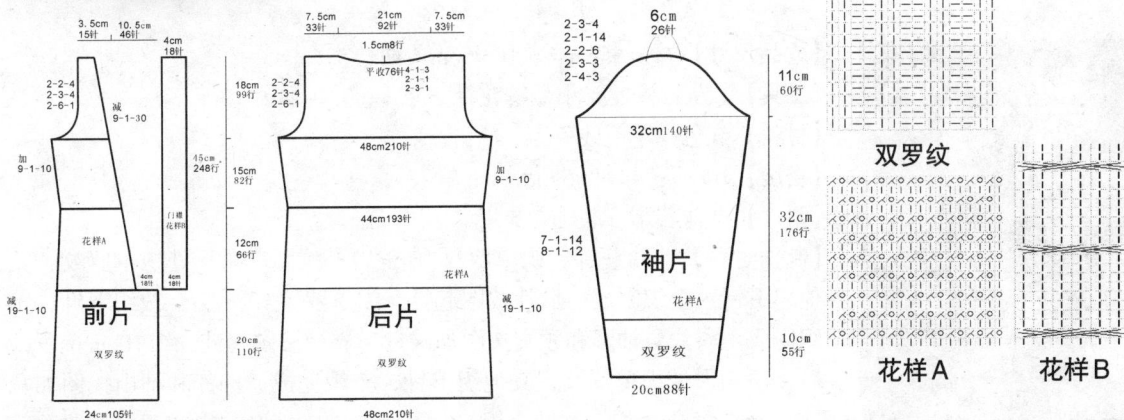

前片

3.5cm 15针　10.5cm 46针　4cm 18针

2-2-4
2-3-4
2-6-1

减 9-1-30

18cm 99行

加 9-1-10

45cm 248行

15cm 82行

门襟 在领间

花样A

12cm 66行

减 19-1-10

4cm 18针　4cm 18针

双罗纹

20cm 110行

24cm 105针

后片

7.5cm 33针　21cm 92针　7.5cm 33针

1.5cm8行

平收76针 4-1-3 2-3-1 2-1-1

2-2-4
2-3-4
2-6-1

48cm210针

44cm193针

加 9-1-10

减 19-1-10

花样A

双罗纹

48cm210针

袖片

2-3-4
2-1-14
2-2-6
2-3-3
2-4-3

6cm 26针

32cm140针

11cm 60行

32cm 176行

7-1-14
8-1-12

袖片

花样A

10cm 55行

双罗纹

20cm88针

双罗纹

花样A　　花样B

【成品尺寸】 衣长65cm　胸围96cm　袖长53cm

【工具】 1.7mm棒针　小号绣花针

【材料】 红色纯羊毛线

【密度】 10cm²：44针×55行

【附件】 亮珠若干　红色毛毛领1条

【制作过程】 前、后片按P178图起针，织双罗纹10cm后，改织下针，至织完成，衣片、袖窿和领窝按图加减针。衣袖按图起针，织10cm双罗纹后，改织下针，至织完成。袖片和袖山按图加减针，全部缝合。领子挑针，织5cm双罗纹，领尖缝合，形成双层V领。前片缝上亮珠和毛毛领，完成。

上半部分图解

前片（上）
7.5cm 33针 | 21cm 92针 | 7.5cm 33针

15cm82行

4-1-23
4-2-10

2-2-4
2-3-4
2-6-1

48cm210针

加 9-1-10

44cm193针

减 19-1-10

前片

双罗纹

48cm210针

后片（上）
7.5cm 33针 | 21cm 92针 | 7.5cm 33针

1.5cm92行

15cm 82行

平收76针 4-1-3
2-1-3
3-1

3cm 16行

2-2-4
2-3-4
2-6-1

48cm210针

15cm 82行

加 9-1-10

44cm193针

22cm 121行

减 19-1-10

后片

10cm 55行

双罗纹

48cm210针

袖片（上）
6cm 26针

2-3-4
2-1-14
2-2-6
2-3-4
2-4-3

11cm 60行

32cm140针

32cm 176行

7-1-14
8-1-12

袖片

10cm 55行

双罗纹

20cm88针

领子结构图（上）

领子结构图

双罗纹（上）
双罗纹

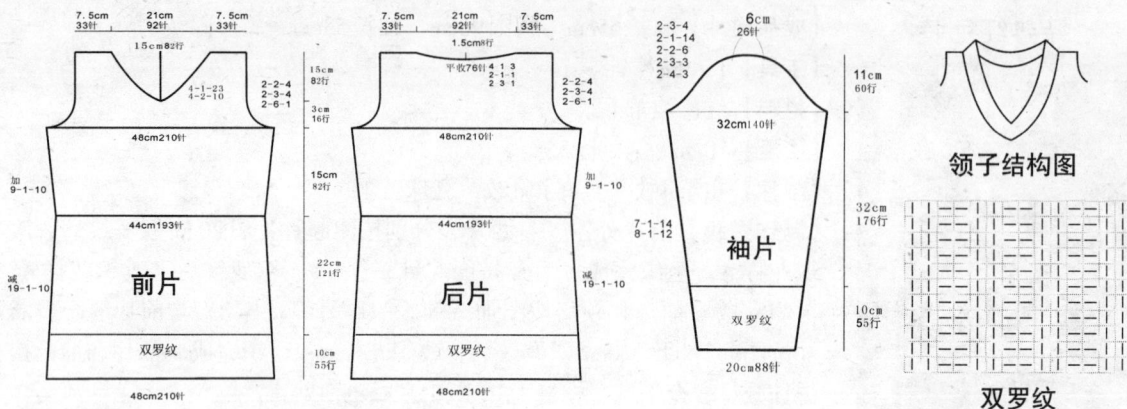

【成品尺寸】衣长65cm　胸围96cm　袖长53cm

【工具】1.7mm棒针　小号绣花针

【材料】红色纯羊毛线

【密度】10cm²：44针×55行

【附件】亮珠若干　装饰花3朵

【制作过程】前片起针，织单罗纹10cm后，按图三角形处织单罗纹，其他织下针，至织完成。后片按图起针，织单罗纹10cm后，改织下针，至织完成。衣片、袖窿和领窝按图加减针。衣袖按图起针，织10cm单罗纹后，三角形处织单罗纹，其他织下针，至织完成。袖片和袖山按图加减针，全部缝合。领子挑针，织5cm下针，领尖缝合，形成双层V领。前片缝上亮珠和装饰花，完成。

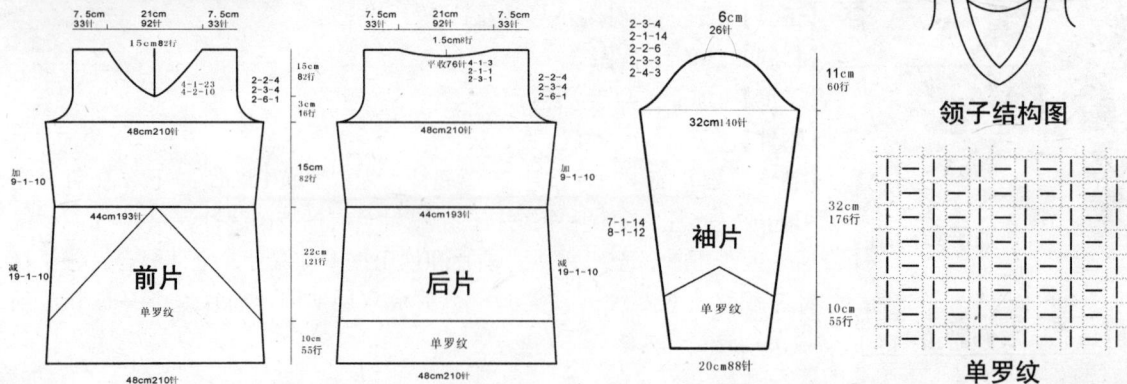

前片（下）
7.5cm 33针 | 21cm 92针 | 7.5cm 33针

15cm82行

4-1-23
4-2-10

2-2-4
2-3-4
2-6-1

48cm210针

15cm 82行

加 9-1-10

44cm193针

22cm 121行

减 19-1-10

前片

单罗纹

48cm210针

后片（下）
7.5cm 33针 | 21cm 92针 | 7.5cm 33针

1.5cm92行

15cm 82行

平收76针 4-1-3
2-1-3
3-1

3cm 16行

2-2-4
2-3-4
2-6-1

48cm210针

15cm 82行

加 9-1-10

44cm193针

22cm 121行

减 19-1-10

后片

10cm 55行

单罗纹

48cm210针

袖片（下）
6cm 26针

2-3-4
2-1-14
2-2-6
2-3-4
2-4-3

11cm 60行

32cm140针

32cm 176行

7-1-14
8-1-12

袖片

单罗纹

10cm 55行

20cm88针

领子结构图（下）

领子结构图

单罗纹（下）
单罗纹

花边领长袖衫

【成品尺寸】衣长65cm　胸围96cm　袖长53cm

【工具】1.7mm棒针　小号绣花针

【材料】灰色纯羊毛线

【密度】10cm²：44针×55行

【附件】亮珠若干　绣花图案若干

【制作过程】前、后片按图起针，织双罗纹15cm后，改织下针，至织完成。衣片、袖窿和领窝按图加减针。衣袖按图起针，织双罗纹，至织完成。袖片和袖山按图加减针，全部缝合。衣领衬边另织5cm单罗纹，与领圈缝合，前片绣上图案，缝上亮珠，完成。

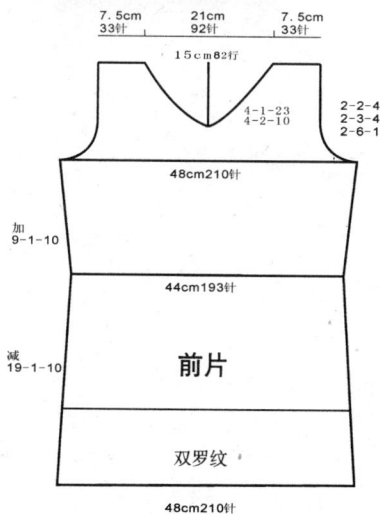

前片

7.5cm 33针　21cm 92针　7.5cm 33针

15cm82行

4-1-23
4-2-10

2-2-4
2-3-4
2-6-1

48cm210针

加
9-1-10

44cm193针

减
19-1-10

双罗纹

48cm210针

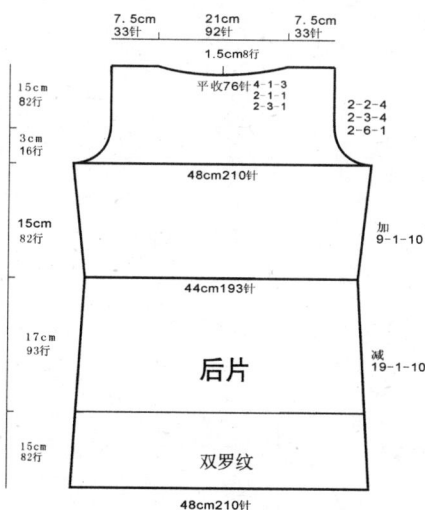

后片

7.5cm 33针　21cm 92针　7.5cm 33针

1.5cm8行

平收76针　4-1-3
4-1-1
2-3-1

2-2-4
2-3-4
2-6-1

48cm210针

加
9-1-10

44cm193针

减
19-1-10

双罗纹

48cm210针

15cm 82行

3cm 16行

15cm 82行

17cm 93行

15cm 82行

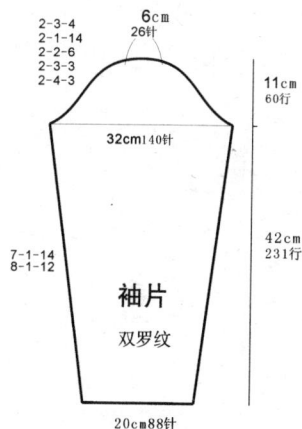

袖片

双罗纹

2-3-4
2-1-14
2-2-6
2-3-3
2-4-3

6cm 26针

32cm140针

11cm 60行

42cm 231行

7-1-14
8-1-12

20cm88针

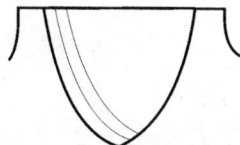

领子结构图

5cm 22针　编织方向 衣领衬边 单罗纹

20cm110行

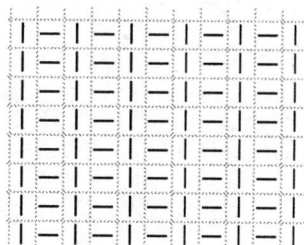

单罗纹

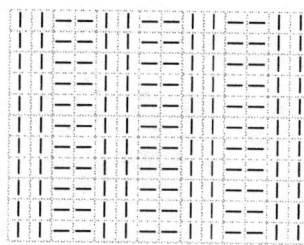

双罗纹

【成品尺寸】衣长65cm　胸围96cm　袖长53cm

【工具】1.7mm棒针

【材料】灰色纯羊毛线

【密度】10cm²：44针×55行

【附件】亮珠若干　丝绸花若干

【制作过程】前、后片按图起针，先织双层平针底边后，改织下针，至织完成。衣片、袖窿和领窝按图加减针。衣袖按图起针，先织双层平针底边后，改织下针，至织完成。袖片和袖山按图加减针，全部缝合。领边另织，褶边缝合，形成双层V领。前片绣上丝绸花和亮珠图案，完成。

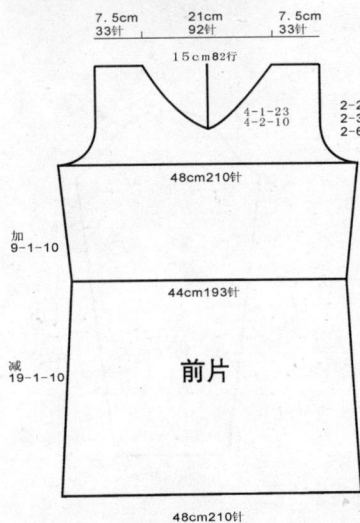

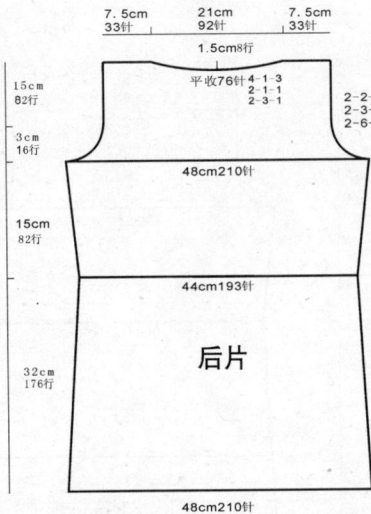

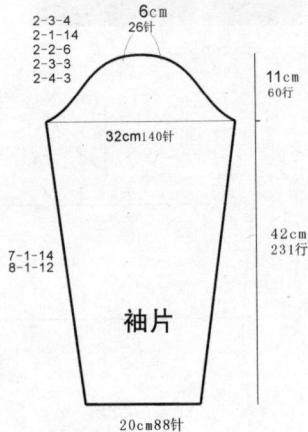

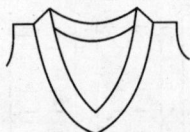

前片

7.5cm 33针　21cm 92针　7.5cm 33针

15cm82行

4-1-23
4-2-10

2-2-4
2-3-4
2-6-1

48cm210针

加
9-1-10

44cm193针

减
19-1-10

48cm210针

后片

7.5cm 33针　21cm 92针　7.5cm 33针

1.5cm8行

平收76针 4-1-3
2-1-1
2-3-1

2-2-4
2-3-4
2-6-1

48cm210针

加
9-1-10

44cm193针

减
19-1-10

48cm210针

15cm 82行

3cm 16行

15cm 82行

32cm 176行

袖片

2-3-4
2-1-14
2-2-6
2-3-3
2-4-3

6cm 26针

32cm140针

11cm 60行

7-1-14
8-1-12

42cm 231行

20cm88针

领子结构图

5cm 27行 | 编织方向　领圈　单罗纹

60cm264针

缝合

双层平针底边图解

单罗纹

活力蓝色衫

【成品尺寸】衣长65cm　胸围96cm　袖长53cm

【工具】1.7mm棒针　小号绣花针

【材料】蓝色纯羊毛线

【密度】10cm²：44针×55行

【附件】扣子5枚　腰带1条　绣花若干

【制作过程】前、后片分别按图起针，织双罗纹32cm后改织下针。衣片、袖窿和领窝按图加减针，至织完成。衣袖按图起针，织15cm双罗纹后改织下针，至织完成。袖片和袖山按图加减针，领圈另织花样5cm，与前后片的领窝缝合，形成V领。缝上扣子，系上腰带，绣上花朵，完成。

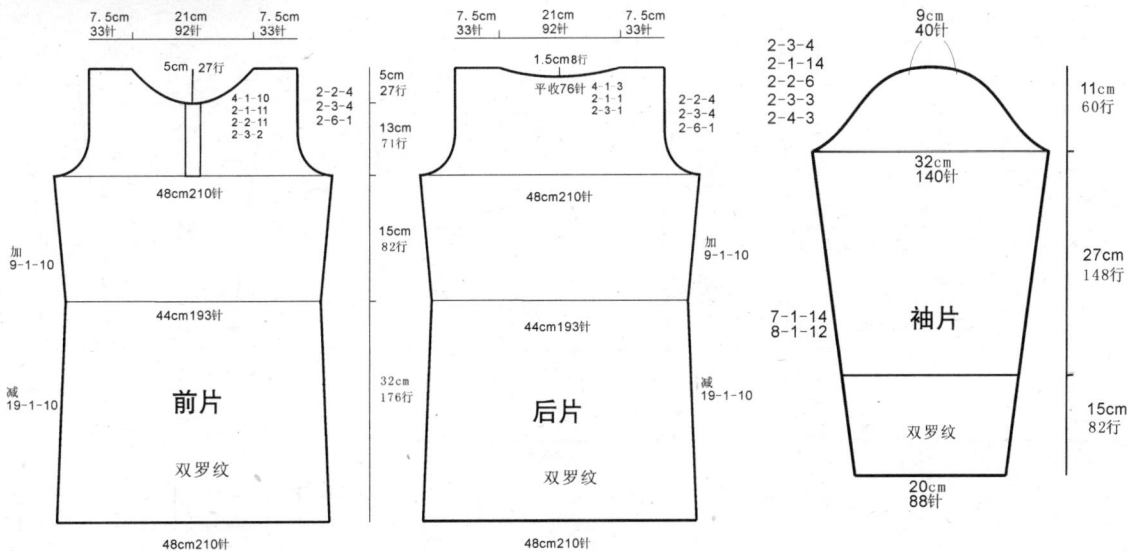

前片

7.5cm 33针　21cm 92针　7.5cm 33针

5cm 27行

4-1-10
2-1-11
2-2-11
2-3-2

2-2-4
2-3-4
2-6-1

48cm210针

加 9-1-10

44cm193针

减 19-1-10

前片 双罗纹

48cm210针

后片

7.5cm 33针　21cm 92针　7.5cm 33针

5cm 27行

1.5cm 8行

平收76针
4-1-3
2-1-1
2-3-1

2-2-4
2-3-4
2-6-1

13cm 71行

48cm210针

15cm 82行

加 9-1-10

44cm193针

32cm 176行

减 19-1-10

后片 双罗纹

48cm210针

袖片

9cm 40针

2-3-4
2-1-14
2-2-6
2-3-3
2-4-3

11cm 60行

32cm 140针

27cm 148行

7-1-14
8-1-12

袖片

15cm 82行

双罗纹

20cm 88针

领子结构图

领子结构图

5cm 27行

编织方向 **领圈花边** 花样A

60cm264针

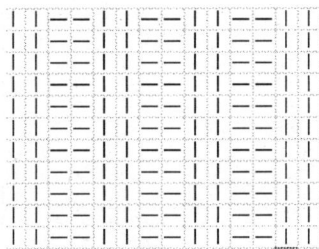

双罗纹

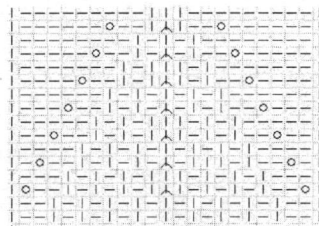

花样

【成品尺寸】衣长65cm　胸围96cm　袖长53cm

【工具】1.7mm棒针

【材料】浅蓝色、深蓝色纯羊毛线

【密度】10cm²：44针×55行

【附件】亮珠若干　花边若干

【制作过程】前、后片按图起针，织双罗纹15cm后，改织下针，并按彩图间色，至织完成。衣片、袖窿和领窝按图加减针。衣袖按图起针，织15cm双罗纹后，改织下针，并按彩图间色，至织完成。袖片和袖山按图加减针，全部缝合。领子挑针，织5cm双罗纹，领尖缝合，形成双层V领。前片绣上亮珠和花边，完成。

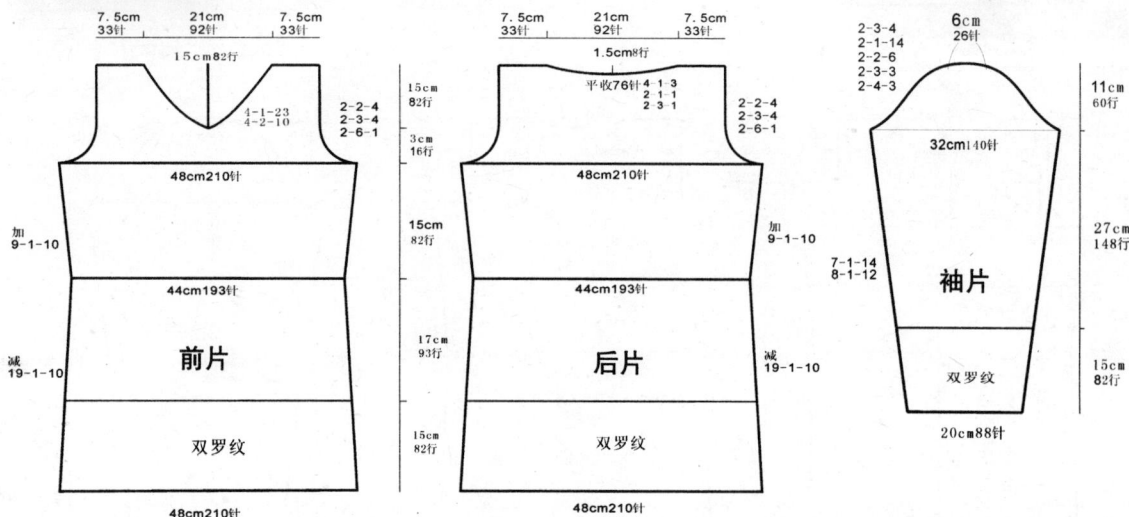

前片
7.5cm 33针　21cm 92针　7.5cm 33针
15cm82行
4-1-23
4-2-10
2-2-4
2-3-4
2-6-1
48cm210针
44cm193针
双罗纹
48cm210针
加 9-1-10
减 19-1-10

后片
7.5cm 33针　21cm 92针　7.5cm 33针
1.5cm8行
平收76针
4-1-3
2-1-1
2-3-1
2-2-4
2-3-4
2-6-1
15cm 82行
3cm 16行
48cm210针
15cm 82行
44cm193针
17cm 93行
双罗纹
15cm 82行
48cm210针
加 9-1-10
减 19-1-10

袖片
2-3-4
2-1-14
2-2-6
2-3-3
2-4-3
6cm 26针
32cm140针
7-1-14
8-1-12
双罗纹
20cm88针
11cm 60行
27cm 148行
15cm 82行

领子结构图

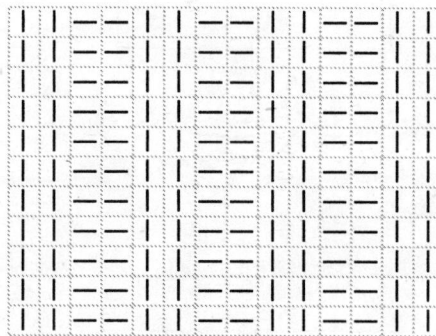

双罗纹

秀气短款毛衫

【成品尺寸】衣长68cm　胸围96cm　袖长38cm

【工具】1.7mm棒针

【材料】黑色、白色纯羊毛线

【密度】10cm²：44针×55行

【附件】扣子6枚　丝绸布料若干　丝绸腰带1条

【制作过程】前片分左、右两片，分别按图起针，先织双层平针底边后，改织下针，并间色，织至20cm时，不用间色，至织完成。用同样方法织另一前片。后片按图起针，先织双层平针底边后，改织下针，并间色，织至20cm时，不用间色，至织完成。袖窿和领窝按图加减针，衣袖按图起针，先织双层平针底边后，改织下针，至织完成。袖片和袖山按图加减针。同样方法织另一袖，全部缝合。门襟另织5cm下针，褶边缝合，形成双层门襟。用丝绸布料做花边，按彩图装饰好，缝上扣子，系上腰带，完成。

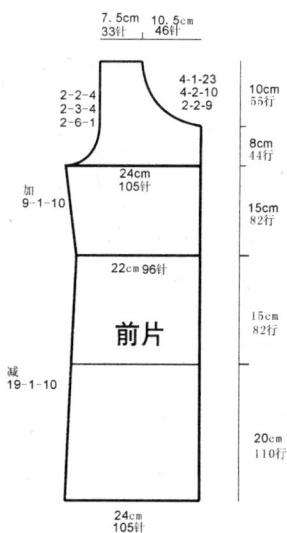

前片

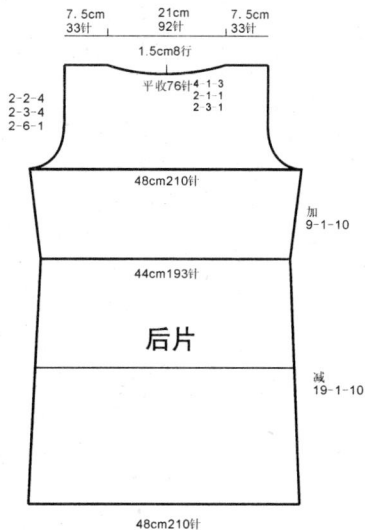

后片

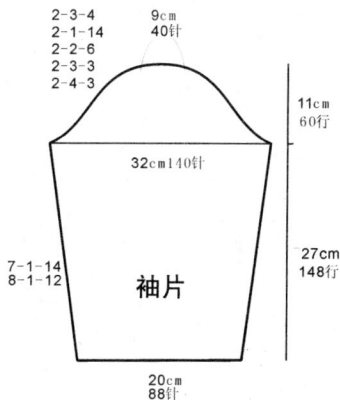

袖片

领子结构图

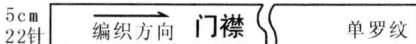

5cm 22针　编织方向　门襟　单罗纹
157cm863行

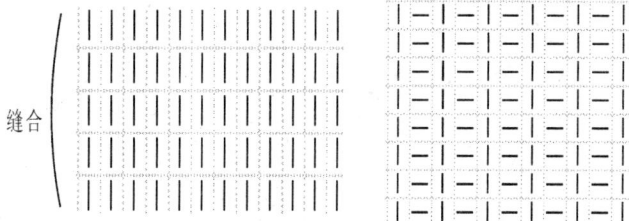

双层平针底边图解　　　单罗纹

【成品尺寸】衣长65cm　胸围96cm　袖长53cm

【工具】1.7mm棒针　绣花针

【材料】黑色、红色纯羊毛线

【密度】10cm²：44针×55行

【附件】丝绸花边、装饰花若干

【制作过程】前片按图起针，先织双层平针底边后，改织下针，并间色，至47cm时，分左右2边，至织完成。后片按图起针，先织双层平针底边后，改织下针，并间色，至织完成。袖窿和领窝按图加减针，衣袖按图起针，织双层平针底边后，改织下针，至织完成。袖山和袖片按图加减针，全部缝合。前领门襟边挑针，织双罗纹5cm，领圈挑针，织双罗纹，形成圆领。按彩图缝好丝绸花边和装饰花，完成。

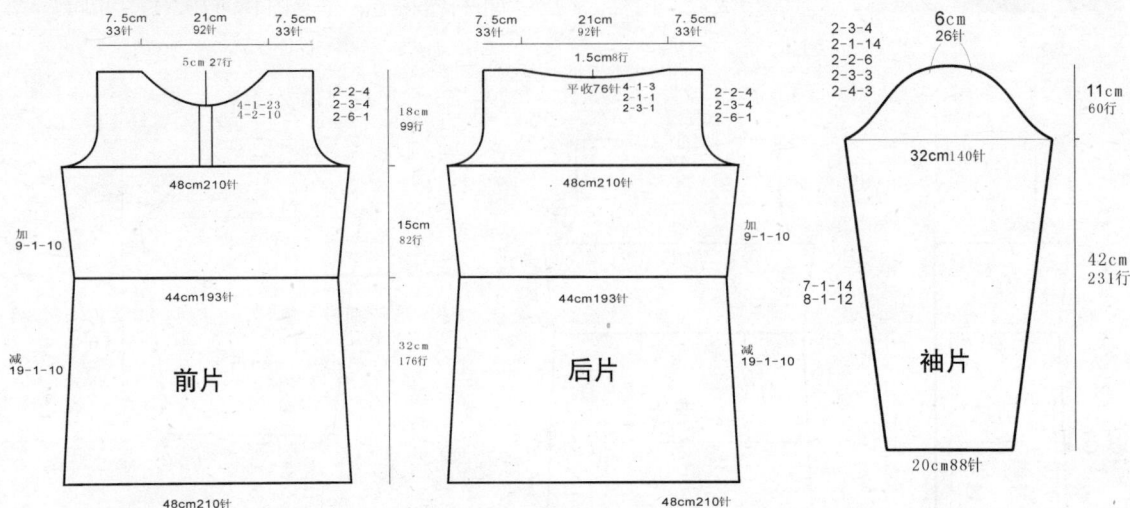

前片

7.5cm 33针　21cm 92针　7.5cm 33针

5cm 27行

2-2-4
2-3-4
2-6-1

4-1-23
4-2-10

18cm 99行

48cm210针

15cm 82行

加 9-1-10

44cm193针

32cm 176行

减 19-1-10

48cm210针

后片

7.5cm 33针　21cm 92针　7.5cm 33针

1.5cm 8行

平收76针　4-1-3
2-1-3
2-3-1

2-2-4
2-3-4
2-6-1

48cm210针

加 9-1-10

44cm193针

减 19-1-10

48cm210针

袖片

2-3-4
2-1-2
2-2-6
2-3-3
2-4-3

6cm 26针

11cm 60行

32cm140针

7-1-14
8-1-12

42cm 231行

20cm88针

领子结构图

5cm 27行　编织方向 **前领门襟边** 双罗纹

13cm57针

5cm 27行　编织方向 **领圈边** 双罗纹

45cm198针

双罗纹

缝合

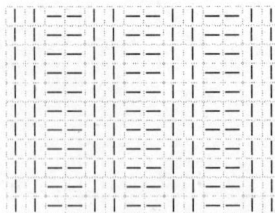

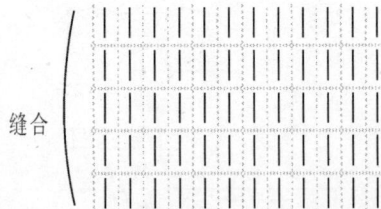

双层平针底边图解

• 184 •

优雅深V衫

【成品尺寸】衣长65cm　胸围96cm　袖长53cm

【工具】1.7mm棒针

【材料】深紫色纯羊毛线

【密度】10cm²：44针×55行

【附件】扣子5枚　装饰图案若干

【制作过程】左前片分两片，A片按图起针，先织双层平针底边后，改织下针，至织完成。袖窿和领圈按图加减针。B片按编织方向起针，织单罗纹，至织完成，A、B片缝合。后片按图起针，先织双层平针底边后，改织下针，至织完成。衣袖按图起针，先织双层平针底边后，改织下针，至织完成。袖片和袖山按图加减针，全部缝合。内前领另织好，按彩图缝合。缝上扣子和装饰图案，完成。

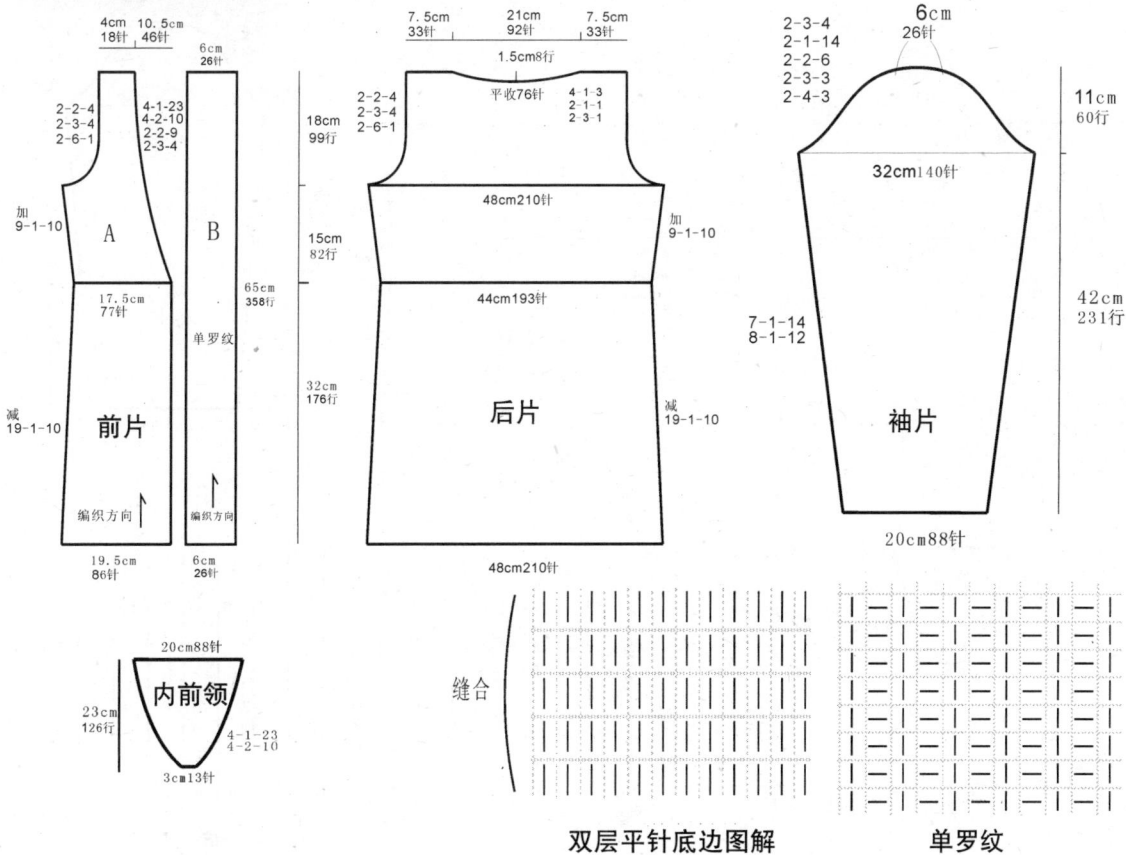

前片

4cm 18针　10.5cm 46针　6cm 26针

2-2-4
2-3-4
2-6-1

4-1-23
4-2-10
2-2-9
2-3-4

加 9-1-10

A　B

17.5cm 77针

单罗纹

65cm 358行

减 19-1-10

编织方向

19.5cm 86针　6cm 26针

后片

7.5cm 33针　21cm 92针　7.5cm 33针

1.5cm8行

2-2-4
2-3-4
2-6-1

平收76针

4-1-3
2-1-1
2-3-1

18cm 99行

48cm210针

加 9-1-10

15cm 82行

44cm193针

减 19-1-10

32cm 176行

48cm210针

袖片

2-3-4
2-1-14
2-2-6
2-3-3
2-4-3

6cm 26针

32cm140针

11cm 60行

7-1-14
8-1-12

42cm 231行

20cm88针

内前领

20cm88针

23cm 126行

4-1-23
4-2-10

3cm13针

缝合

双层平针底边图解

单罗纹

【成品尺寸】衣长65cm　胸围96cm　袖长53cm

【工具】1.7mm棒针

【材料】白色、深紫色纯羊毛线

【密度】10cm²：44针×55行

【附件】亮珠、丝绸花边若干

【制作过程】前、后片分别按图起针，先织双层平针底边后，改织下针，至织完成。衣片、袖窿和领窝按图加减针。衣袖按图起针，先织双层平针底边后，改织下针，至织完成。袖片和袖山按图加减针，全部缝合。内前领和领边另织，褶边缝合，形成双层内V领，外领圈另织下针，褶边缝合，形成外双层V领。内前领与外前领，按彩图叠压缝合，缝上亮珠和丝绸花边，完成。

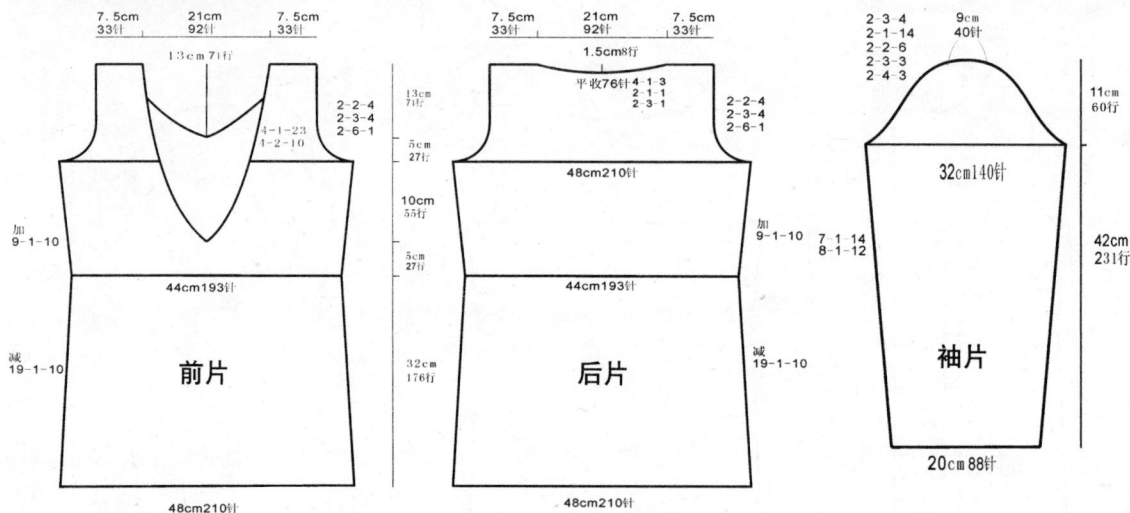

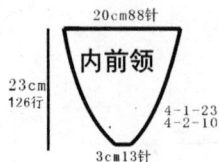

前片

7.5cm 33针　21cm 92针　7.5cm 33针

13cm 71行

2-2-4
2-3-4
2-6-1

4-1-23
4-2-10

加 9-1-10

44cm193针

减 19-1-10

48cm210针

后片

7.5cm 33针　21cm 92针　7.5cm 33针

1.5cm 8行

13cm 71行

平收76针　4-1-3
2-1-1
2-3-1

2-2-4
2-3-4
2-6-1

5cm 27行

48cm210针

10cm 55行

5cm 27行

加 9-1-10

7-1-14
8-1-12

44cm193针

32cm 176行

减 19-1-10

48cm210针

袖片

2-3-4
2-1-14
2-2-6
2-3-3
2-4-3

9cm 40针

11cm 60行

32cm140针

42cm 231行

20cm88针

内前领

20cm88针

23cm 126行

4-1-23
4-2-10

3cm13针

领子结构图

缝合

8cm 44行

↑编织方向　外领圈　下针

68cm299针

双层平针底边图解

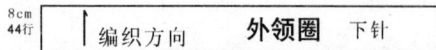

· 186 ·

清纯粉色衫

【成品尺寸】衣长65cm　胸围96cm　袖长53cm

【工具】1.7mm棒针　小号钩针

【材料】粉红色纯羊毛线

【密度】10cm²：44针×55行

【附件】钩织小花、亮珠若干

【制作过程】内前片按图起针，织花样，后改织下针，至织完成。外前片按图起针，织花样B，至织完成。后片按图起针，织花样10cm后，改织花样C，至织完成。衣片、袖窿和领窝按图加减针，内前片和外前片重叠后与后片缝合。衣袖按图起针，织10cm花样后，改织花样C，至织完成。袖片和袖山按图加减针，与衣片缝合。领子挑针，织5cm花样，领尖缝合，形成V领。按彩图缝上钩花和亮珠，完成。

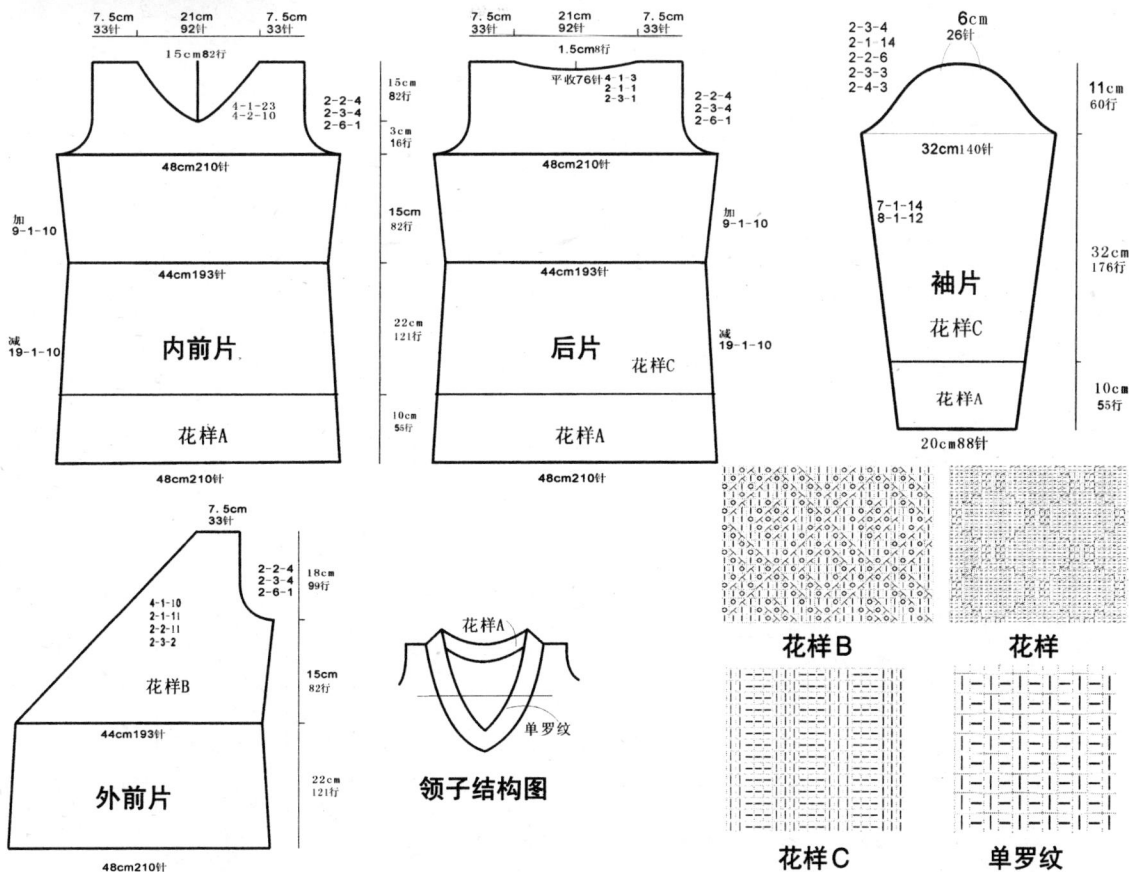

内前片

7.5cm 33针　21cm 92针　7.5cm 33针

1.5cm82行

4-1-23
4-2-10

2-2-4
2-3-4
2-6-1

48cm210针

加 9-1-10

44cm193针

减 19-1-10

花样A

48cm210针

后片

7.5cm 33针　21cm 92针　7.5cm 33针

1.5cm8行

平收76针

4-1-3
2-1-1
2-3-1

2-2-4
2-3-4
2-6-1

15cm 82行

3cm 16行

48cm210针

15cm 82行

加 9-1-10

44cm193针

22cm 121行

减 19-1-10

10cm 55行

花样C

花样A

48cm210针

袖片

2-3-4
2-1-14
2-2-6
2-3-3
2-4-3

6cm 26针

4-1-14
8-1-12

32cm140针

7-1-14
8-1-12

11cm 60行

32cm 176行

花样C

10cm 55行

花样A

20cm88针

外前片

7.5cm 33针

2-2-4
2-3-4
2-6-1

18cm 99行

4-1-10
2-1-11
2-2-11
2-3-2

花样B

15cm 82行

44cm193针

22cm 121行

外前片

48cm210针

领子结构图

花样A

单罗纹

领子结构图

花样B

花样

花样C

单罗纹

【成品尺寸】衣长65cm　胸围96cm　袖长53cm

【工具】1.7mm棒针

【材料】粉红色纯羊毛线

【密度】10cm²：44针×55行

【附件】亮珠若干　丝绸花1朵

【制作过程】前、后片按图起针，先织双层平针底边后，改织下针，至织完成。衣片、袖窿和领窝按图加减针。衣袖按图起针，先织双层平针底边后，改织下针，至织完成。袖片和袖山按图加减针，全部缝合。前片绣上图案，缝上亮珠，完成。

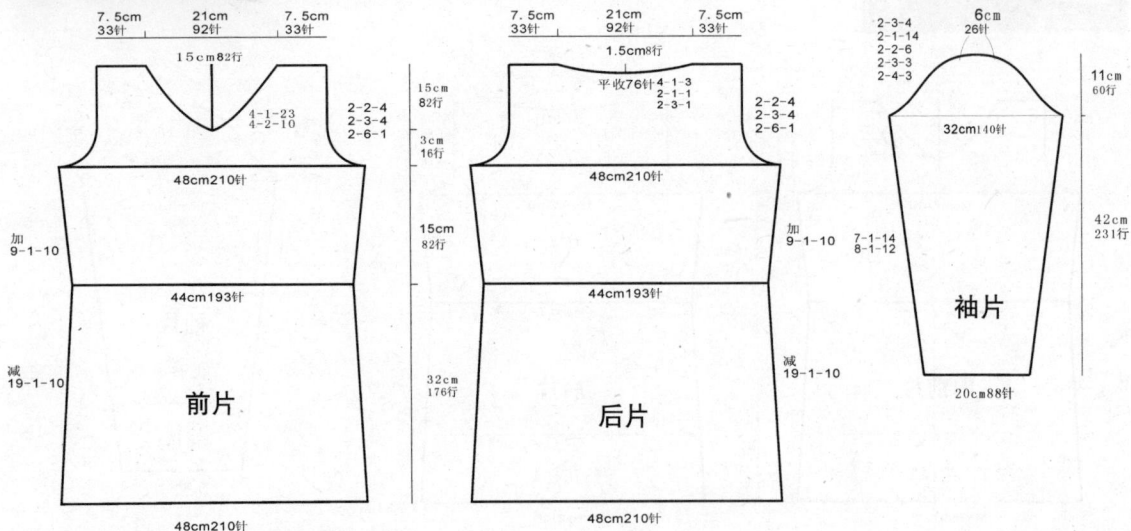

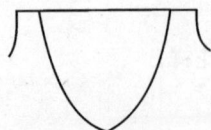

前片

7.5cm 33针　21cm 92针　7.5cm 33针

15cm82行

4-1-23
4-2-10

2-2-4
2-3-4
2-6-1

48cm210针

加 9-1-10

44cm193针

减 19-1-10

48cm210针

后片

7.5cm 33针　21cm 92针　7.5cm 33针

1.5cm8行

15cm 82行

平收76针 4-1-3
2-1-1
2-3-1

3cm 16行

2-2-4
2-3-4
2-6-1

48cm210针

15cm 82行

加 9-1-10

44cm193针

减 19-1-10

32cm 176行

48cm210针

袖片

2-3-4
2-1-4
2-2-6
2-3-3
2-4-3

6cm 26针

11cm 60行

32cm140针

加 7-1-14
8-1-12

42cm 231行

20cm88针

领子结构图

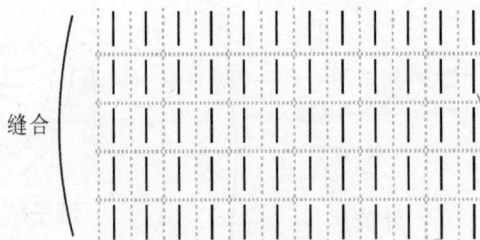

双层平针底边图解

缝合

清秀佳人衫

【成品尺寸】衣长65cm　胸围96cm　袖长53cm

【工具】1.7mm棒针

【材料】灰白色纯羊毛线

【密度】10cm²：44针×55行

【附件】扣子5枚　蕾丝布料缝制的腰带1条

【制作过程】前片分左、右两片，分别按图起针，织花样20cm后，改织单罗纹至织完成。后片按图起针，织花样20cm后，改织单罗纹，袖窿和领窝按图加减针，至织完成。衣袖按图起针，织双罗纹15cm袖口后，与用蕾丝布料缝制的衣袖缝合，再与衣片缝合。门襟挑针，织5cm下针，褶边缝合，形成双层门襟。衣领挑针，织10cm单罗纹，形成翻领。缝上扣子，系上蕾丝布料缝制的腰带，完成。

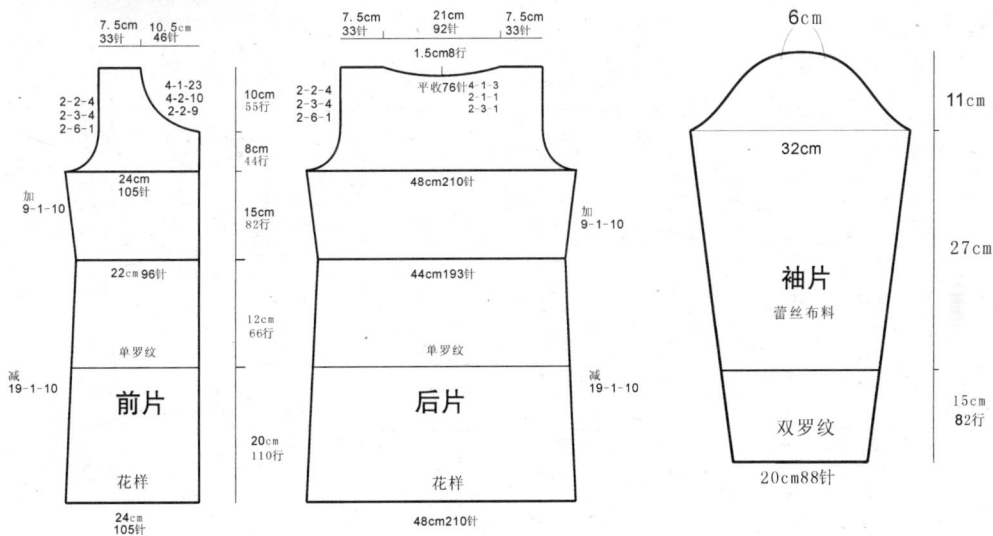

前片
7.5cm 33针　10.5cm 46针
2-2-4
2-3-4
2-6-1
4-1-23
4-2-10
2-2-9
10cm 55行
8cm 44行
24cm 105针
加 9-1-10
15cm 82行
22cm 96针
单罗纹
12cm 66行
减 19-1-10
前片
20cm 110行
花样
24cm 105针

后片
7.5cm 33针　21cm 92针　7.5cm 33针
1.5cm 8行
2-2-4
2-3-4
2-6-1
平收76针
4-1-3
2-1-1
2-3-1
48cm 210针
加 9-1-10
44cm 193针
单罗纹
减 19-1-10
后片
花样
48cm 210针

袖片
6cm
11cm
32cm
袖片
蕾丝布料
27cm
双罗纹
15cm 82行
20cm 88针

领子结构图

10cm 55行　编织方向 1　领圈 单罗纹
39cm 171针

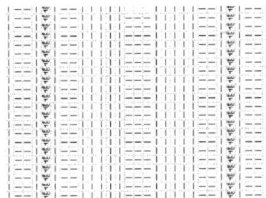

花样

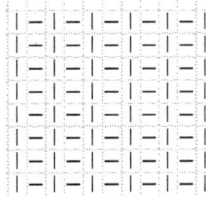

单罗纹

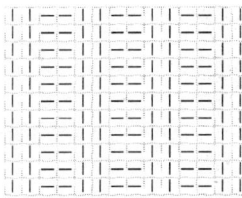

双罗纹

【成品尺寸】衣长65cm　胸围96cm　袖长53cm

【工具】1.7mm棒针

【材料】黄色、杏色纯羊毛线

【密度】10cm²：44针×55行

【附件】亮珠、花边若干

【制作过程】前、后片按图起针，织双罗纹12cm后，改织下针，并间色，至织完成。衣片、袖窿和领窝按图加减针。衣袖按图起针，织12cm双罗纹后，改织下针，至织完成。袖片和袖山按图加减针，全部缝合。领子挑针，织5cm双罗纹，领尖缝合，形成V领。缝上亮珠和花边，完成。

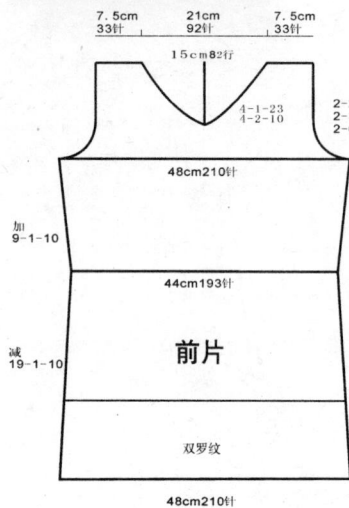

7.5cm 21cm 7.5cm
33针 92针 33针

1.5cm82行

15cm
82行

4-1-23
4-2-10

2-2-4
2-3-4
2-6-1

3cm
16行

48cm210针

15cm
82行

加
9-1-10

44cm193针

减
19-1-10

前片

双罗纹

48cm210针

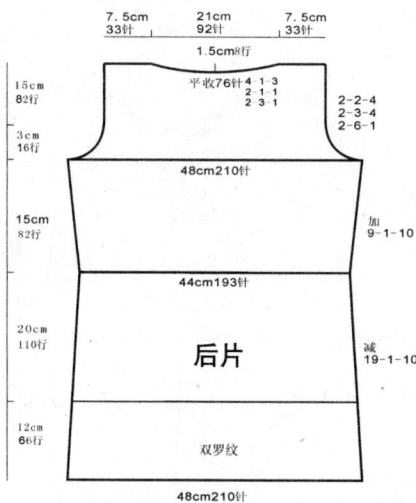

7.5cm 21cm 7.5cm
33针 92针 33针

1.5cm8行

平收76针 4 1 3
2 1 1
2 3 1

2-2-4
2-3-4
2-6-1

15cm
82行

48cm210针

15cm
82行

加
9-1-10

44cm193针

20cm
110行

减
19-1-10

后片

12cm
66行

双罗纹

48cm210针

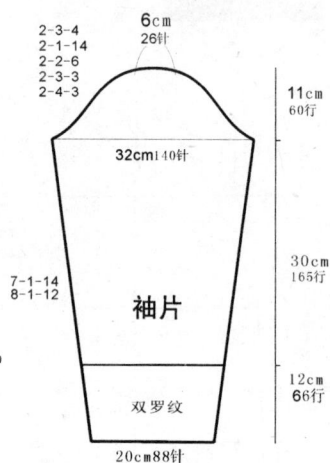

2-3-4
2-1-14
2-2-6
2-3-3
2-4-3

6cm
26针

11cm
60行

32cm140针

7-1-14
8-1-12

30cm
165行

袖片

12cm
66行

双罗纹

20cm88针

领子结构图

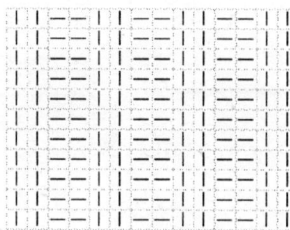

双罗纹

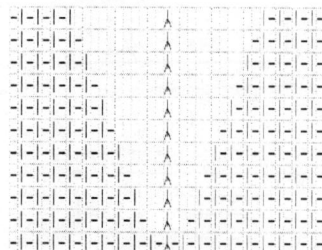

领口花样

神秘梦幻衫

【成品尺寸】 衣长65cm　胸围96cm　袖长53cm

【工具】 1.7mm棒针

【材料】 浅紫色、深紫色纯羊毛线

【密度】 10cm²：44针×55行

【附件】 亮片若干　扣子10枚

【制作过程】 前、后片按图起针，织双罗纹10cm后，改织下针，并间色，至织完成。衣片、袖窿和领窝按图加减针，衣袖按图起针，织15cm双罗纹后，改织下针，并间色，至织完成。袖片和袖山按图加减针，全部缝合。袖口不用缝合，缝上袖口衬边。衣领另织双罗纹，领尖缝合，形成梯级V领。缝上亮片和袖口扣子，完成。

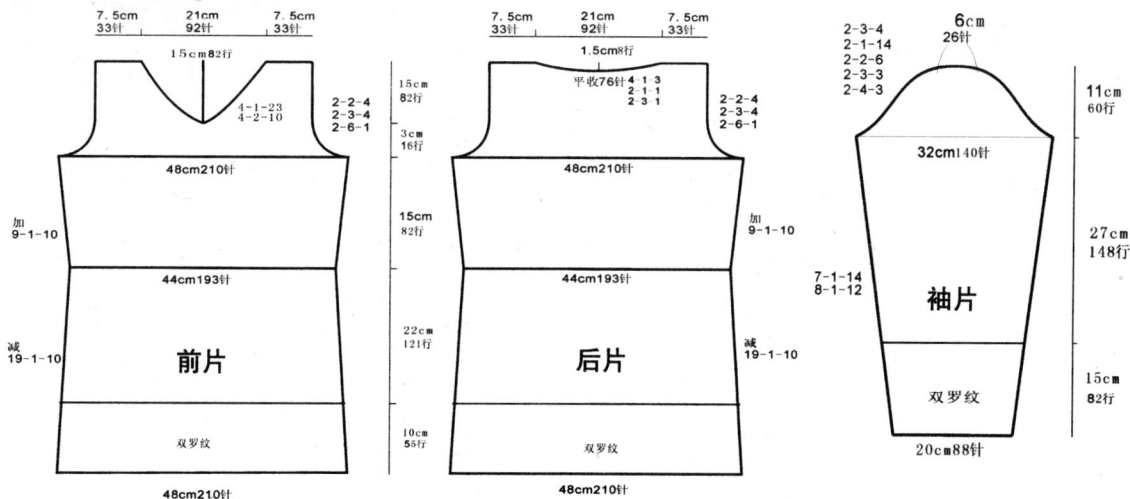

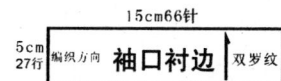

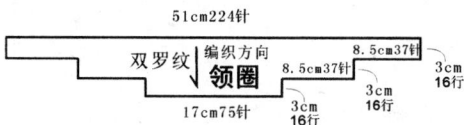

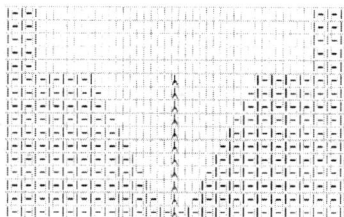

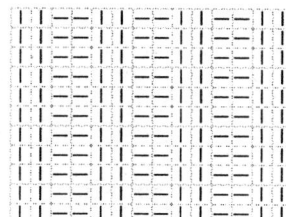

前片

7.5cm 33针　21cm 92针　7.5cm 33针
15cm82行
48cm210针
44cm193针
加 9-1-10
减 19-1-10
双罗纹
48cm210针

4-1-23
4-2-10
2-2-4
2-3-4
2-6-1

15cm 82行
3cm 16行
15cm 82行
22cm 121行
10cm 55行

后片

7.5cm 33针　21cm 92针　7.5cm 33针
1.5cm8行
平收76针
48cm210针
44cm193针
加 9-1-10
减 19-1-10
双罗纹
48cm210针

4-1-3
2-1-1
2-3-1
2-2-4
2-3-4
2-6-1

15cm 82行

袖片

2-3-4
2-1-14
2-2-6
2-3-3
2-4-3

6cm 26针

32cm140针
7-1-14
8-1-12
双罗纹
20cm88针

11cm 60行
27cm 148行
15cm 82行

袖口衬边

15cm66针
5cm 27行　编织方向
双罗纹

领子结构图

领圈

51cm224针
双罗纹　编织方向
8.5cm37针
8.5cm37针
17cm75针
3cm 16行
3cm 16行
3cm 16行

领尖花样

双罗纹

【成品尺寸】衣长60cm　胸围96cm　袖长53cm
【工具】1.7mm棒针
【材料】杏色、咖啡色纯羊毛线
【密度】10cm²：44针×55行
【附件】亮珠若干
【制作过程】前、后片按图起针，先织双层平针底边后，改织下针，至织完成。袖窿和领窝按图加减针，衣袖按图起针，织双罗纹，至织完成。袖山和袖片按图加减针，全部缝合。按彩图缝好亮珠，完成。

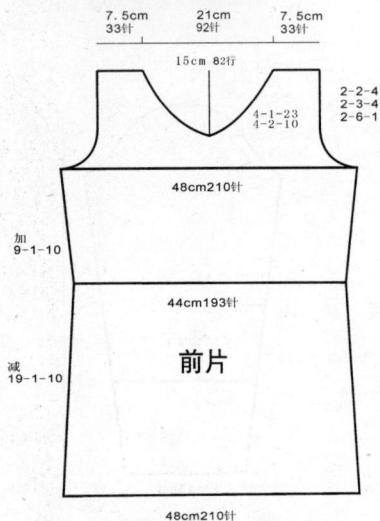

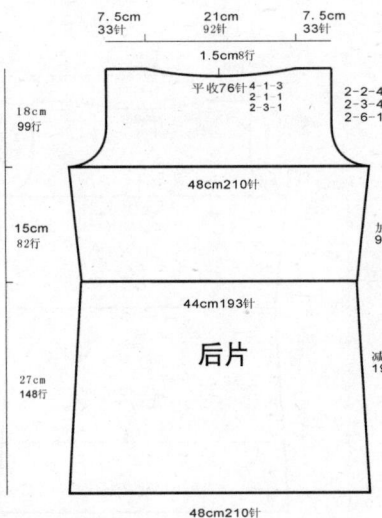

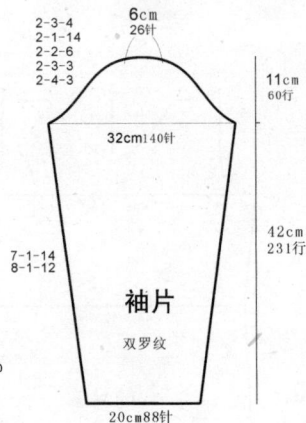

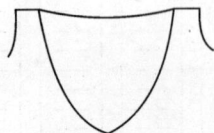

前片
7.5cm 33针　21cm 92针　7.5cm 33针
15cm 82行
2-2-4
2-3-4
2-6-1
4-1-23
4-2-10
48cm210针
加 9-1-10
44cm193针
减 19-1-10
48cm210针

后片
7.5cm 33针　21cm 92针　7.5cm 33针
1.5cm8行
平收76针 4-1-3 2-1-1 2-3-1
2-2-4
2-3-4
2-6-1
18cm 99行
48cm210针
15cm 82行
加 9-1-10
44cm193针
27cm 148行
减 19-1-10
48cm210针

袖片
双罗纹
2-3-4
2-1-14
2-2-6
2-3-3
2-4-3
6cm 26针
11cm 60行
32cm140针
7-1-14
8-1-12
42cm 231行
20cm88针

领子结构图

缝合

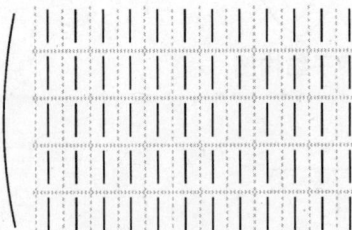

双层平针底边图解

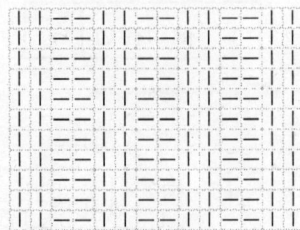

双罗纹

· 192 ·

明媚修身衫

【成品尺寸】 衣长65cm　胸围96cm　袖长53cm

【工具】 1.7mm棒针

【材料】 杏色纯羊毛线

【密度】 10cm²：44针×55行

【附件】 亮珠若干

【制作过程】 前后片按图起针，先织双层平针底边后，改织下针，并间色，至织完成。袖窿和领窝按图加减针，衣袖按图起针，织双罗纹，并间色，至织完成。袖山和袖片按图加减针，全部缝合。按彩图缝好亮珠，完成。

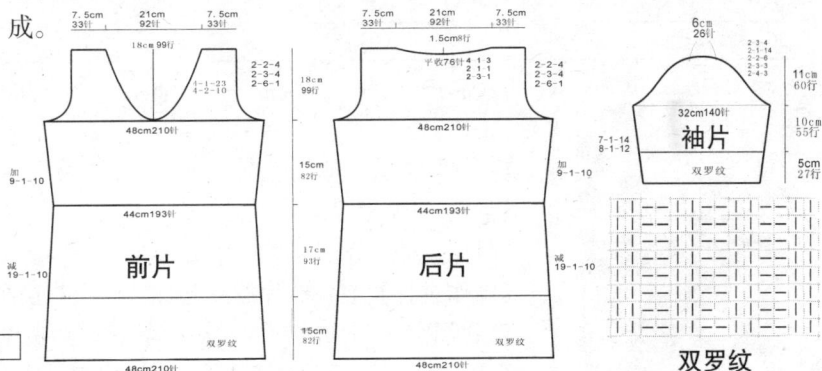

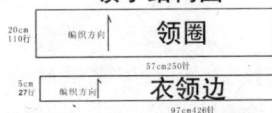

领子结构图

【成品尺寸】 衣长65cm　胸围96cm　袖长53cm

【工具】 1.7mm棒针

【材料】 深蓝色纯羊毛线

【密度】 10cm²：44针×55行

【附件】 亮片若干　腰带2条

【制作过程】 前、后片分别按P194图起针，织双罗纹，至织完成。袖窿和领窝按图加减针，衣袖按图起针，织双罗纹，至织完成。衣袖和袖山按图加减针，全部缝合。领圈挑针，织双罗纹5cm。前片内领另织，按图起针，织下针，至织完成。领子挑针织15cm双罗纹，形成翻领，缝上亮片，系上腰带，完成。

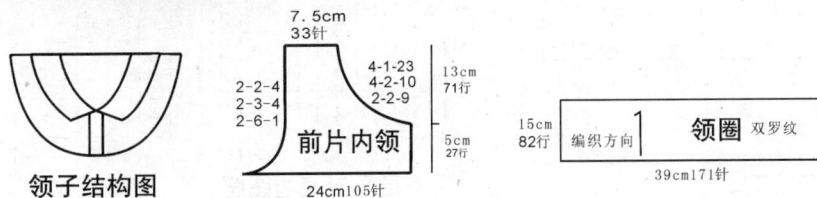

领子结构图

前片（上）

5.5cm 24针　25cm 110针　5.5cm 24针

1.5cm 82行

2-2-4
2-3-4
2-6-1

4-1-23
4-2-10

48cm210针

加 9-1-10

44cm193针

减 19-1-10

前片

双罗纹

48cm210针

后片（上）

5.5cm 24针　25cm 110针　5.5cm 24针

1.5cm

18cm 99行

平收76针 4 1 3
2 1
2 3 1

2-2-4
2-3-4
2-6-1

48cm210针

15cm 82行

加 9-1-10

44cm193针

32cm 176行

减 19-1-10

后片

双罗纹

48cm210针

袖片（上）

2-3-4
2-1-14
2-2-6
2-3-3
2-4-3

6cm 26针

11cm 60行

32cm140针

7-1-14
8-1-12

42cm 231行

袖片

双罗纹

20cm88针

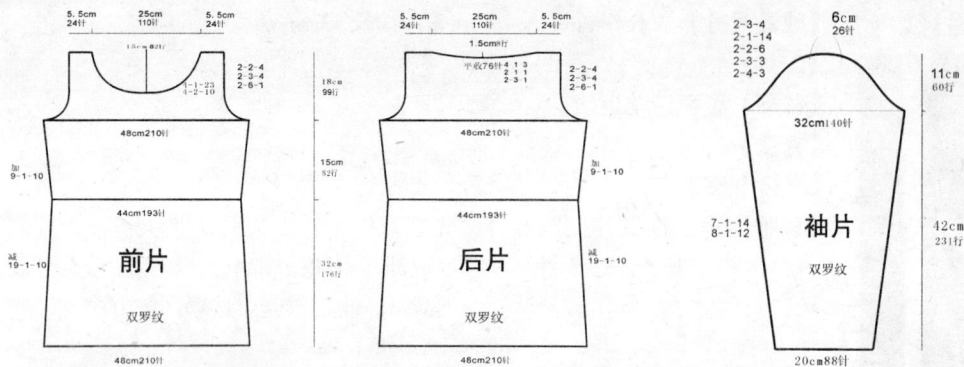

【成品尺寸】衣长65cm　胸围96cm　袖长38cm

【工具】1.7mm棒针

【材料】蓝黑色纯羊毛线

【密度】10cm²：44针×55行

【附件】亮片若干　珠链若干

【制作过程】前、后片按图起针，先织双层平针底边后，改织下针，袖窿和领窝按图加减针，至织完成。衣袖按图起针，先织双层平针底边后，改织下针，衣袖和袖山按图加减针，至织完成，全部缝合。领圈挑针，织5cm单罗纹，褶边缝合，形成双层圆领。装饰带用亮片缝好，按彩图缝到前片上，缝上亮片和珠链，完成。

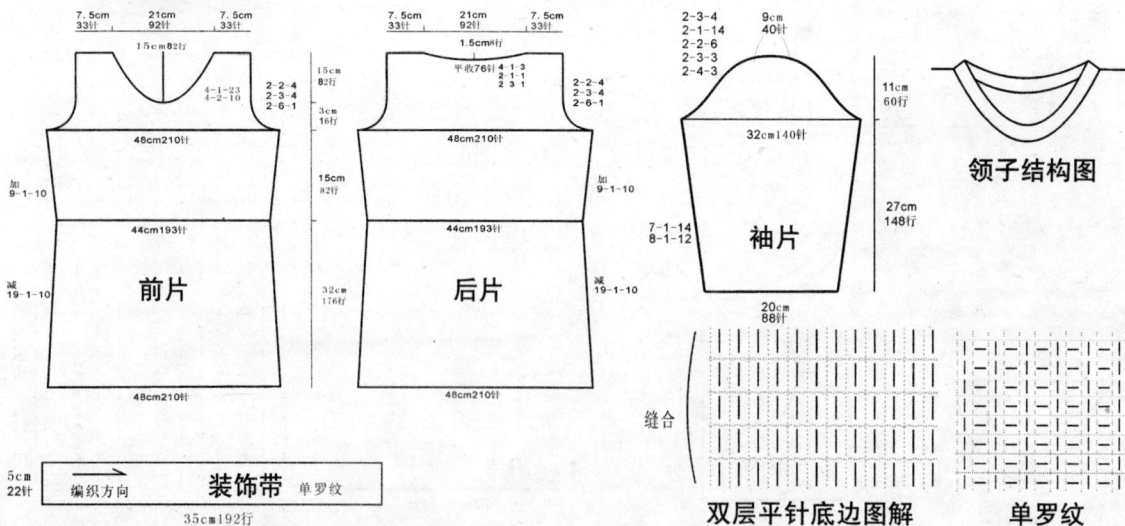

前片（下）

7.5cm 33针　21cm 92针　7.5cm 33针

1.5cm82行

4-1-23
4-2-10

2-2-4
2-3-4
2-6-1

48cm210针

3cm 16行

加 9-1-10

44cm193针

减 19-1-10

前片

48cm210针

后片（下）

7.5cm 33针　21cm 92针　7.5cm 33针

15cm 82行

平收76针 4 1 3
2 1
2 1

2-2-4
2-3-4
2-6-1

48cm210针

1.5cm

15cm 82行

加 9-1-10

44cm193针

32cm 176行

减 19-1-10

后片

48cm210针

袖片（下）

2-3-4
2-1-14
2-2-6
2-3-3
2-4-3

9cm 40针

11cm 60行

32cm140针

7-1-14
8-1-12

27cm 148行

袖片

20cm 88针

领子结构图

装饰带

5cm 22针

编织方向 →

装饰带 单罗纹

35cm192行

缝合

双层平针底边图解　　　**单罗纹**

精致花边毛衫

【成品尺寸】衣长65cm　胸围96cm　袖长38cm

【工具】1.7mm棒针

【材料】橙色、白色纯羊毛线

【密度】10cm²：44针×55行

【附件】亮片、花朵若干　装饰扣1枚

【制作过程】前、后片按图起针，织单罗纹，至织完成。袖窿和领窝按图加减针，衣袖按图起针，织单罗纹，至织完成。衣袖和袖山按图加减针，全部缝合。领圈另织5cm单罗纹，装上装饰扣，按领子结构图缝合。缝上花朵和亮片，完成。

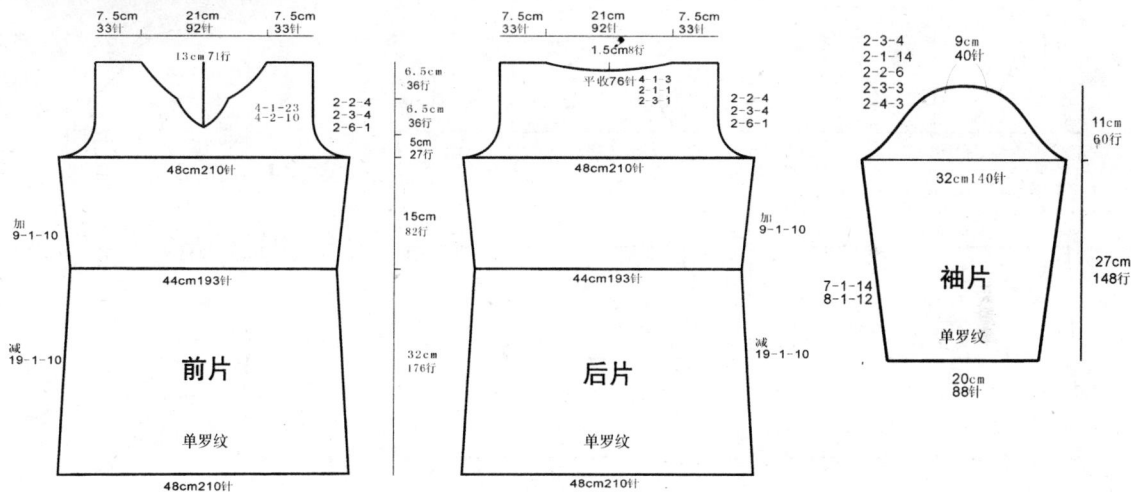

前片

- 7.5cm 33针 | 21cm 92针 | 7.5cm 33针
- 13cm 71行
- 4-1-23 / 4-2-10
- 2-2-4 / 2-3-4 / 2-6-1
- 48cm 210针
- 加 9-1-10
- 44cm 193针
- 减 19-1-10
- 单罗纹
- 48cm 210针

后片

- 7.5cm 33针 | 21cm 92针 | 7.5cm 33针
- 1.5cm 8行
- 平收76针 4 1 3 / 2 1 1 / 2 3 1
- 6.5cm 36行
- 6.5cm 36行
- 5cm 27行
- 2-2-4 / 2-3-4 / 2-6-1
- 48cm 210针
- 15cm 82行
- 加 9-1-10
- 44cm 193针
- 减 19-1-10
- 32cm 176行
- 单罗纹
- 48cm 210针

袖片

- 2-3-4 / 2-1-14 / 2-2-6 / 2-3-3 / 2-4-3
- 9cm 40针
- 11cm 60行
- 32cm 140针
- 27cm 148行
- 7-1-14 / 8-1-12
- 单罗纹
- 20cm 88针

领子结构图

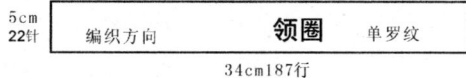

| 5cm 22针 | 编织方向 | **领圈** | 单罗纹 |

34cm 187行

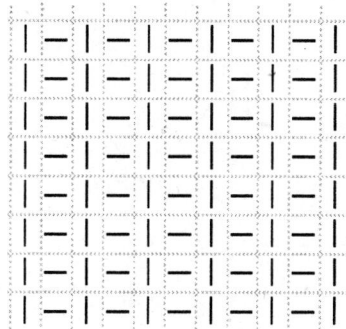

单罗纹

【成品尺寸】衣长65cm　胸围96cm　袖长53cm

【工具】1.7mm棒针　小号钩针

【材料】橙色纯羊毛线

【密度】10cm²：44针×55行

【附件】亮珠、钩花若干

【制作过程】前、后片分别起针，织双罗纹15cm后，改织下针，至织完成。衣片、袖窿和领窝按图加减针，衣袖按图起针，织花样15cm后，改织下针，至织完成。袖片和袖山按图加减针，全部缝合。领圈另织花样，按结构图缝合。缝好亮珠和钩花图案，完成。

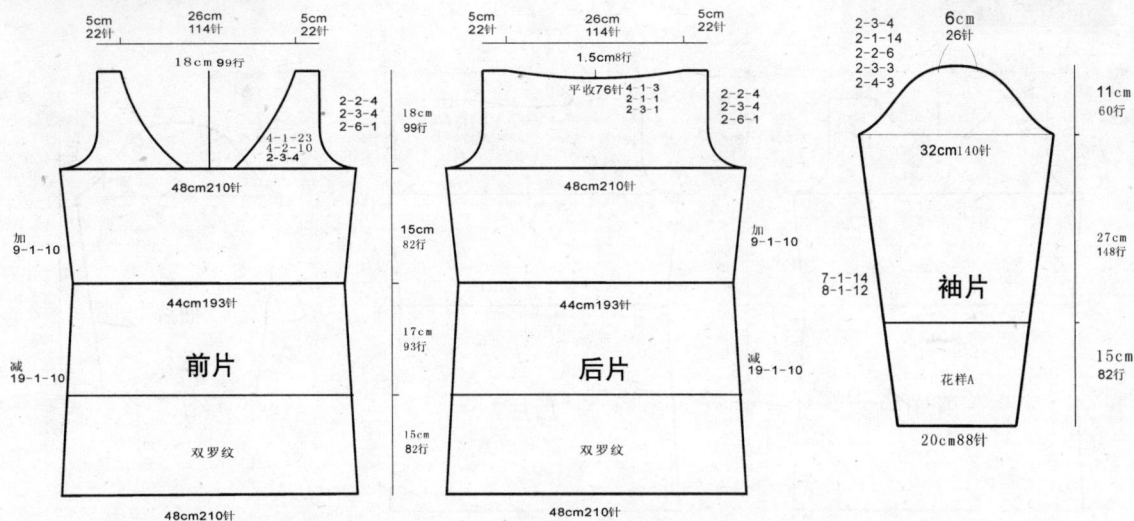

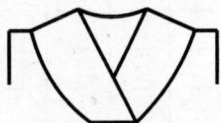

领子结构图

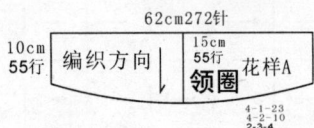

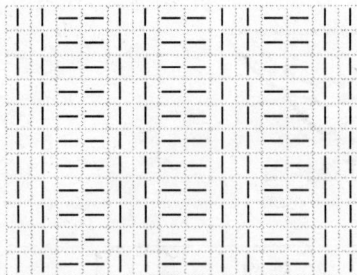

双罗纹

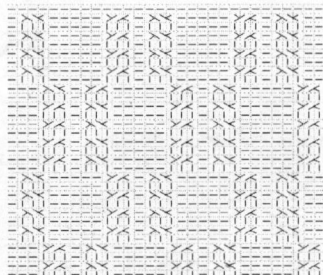

花样

温情橙色装

【成品尺寸】衣长65cm　胸围96cm　袖长53cm

【工具】1.7mm棒针　小号钩针

【材料】橙色纯羊毛线

【密度】10cm²：44针×55行

【附件】亮珠、钩花若干

【制作过程】前、后片分别起针，织双罗纹15cm后，改织下针，至织完成。衣片、袖窿和领窝按图加减针，衣袖按图起针，织双罗纹，至织完成。袖片和袖山按图加减针，全部缝合。领圈另织双罗纹，按结构图缝合。缝好亮珠和钩花图案，完成。

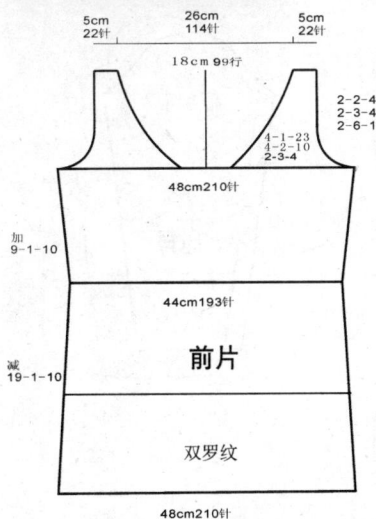

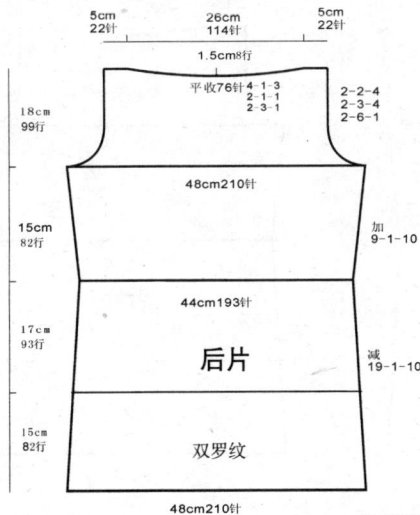

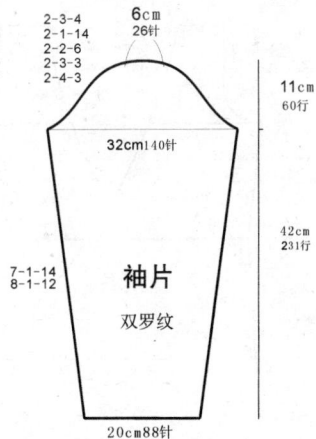

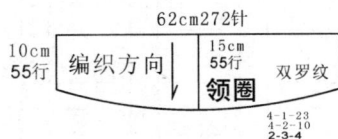

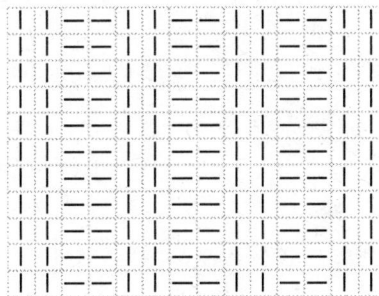

前片

| 5cm 22针 | 26cm 114针 | 5cm 22针 |

18cm 99行

2-2-4
2-3-4
2-6-1

4-1-23
4-2-10
2-3-4

48cm210针

加 9-1-10

44cm193针

减 19-1-10

双罗纹

48cm210针

后片

| 5cm 22针 | 26cm 114针 | 5cm 22针 |

1.5cm8行

平收76 4-1-3
2-1-1
2-3-1

2-2-4
2-3-4
2-6-1

18cm 99行

48cm210针

15cm 82行

加 9-1-10

44cm193针

17cm 93行

减 19-1-10

双罗纹

15cm 82行

48cm210针

袖片

2-3-4
2-1-14
2-2-6
2-3-3
2-4-3

6cm 26针

11cm 60行

32cm140针

7-1-14
8-1-12

袖片

双罗纹

42cm 231行

20cm88针

领圈

62cm272针

10cm 55行

编织方向

15cm 55行

领圈　双罗纹

4-1-10
4-2-10
2-3-4

领子结构图

双罗纹

【成品尺寸】衣长65cm　胸围96cm　袖长53cm

【工具】1.7mm棒针　绣花针

【材料】橙色、杏色纯羊毛线

【密度】10cm²：44针×55行

【附件】绣花若干

【制作过程】前片按图起针，织15cm双罗纹后，改织下针，并分成左、右两片编织，至织完成。后片按图起针，织15cm双罗纹后，改织下针，至织完成。袖窿和领窝按图加减针，衣袖按图起针，织15cm双罗纹后，改织下针，至织完成。袖山和袖片按图加减针，全部缝合。门襟另织，按彩图缝合，绣上绣花，完成。

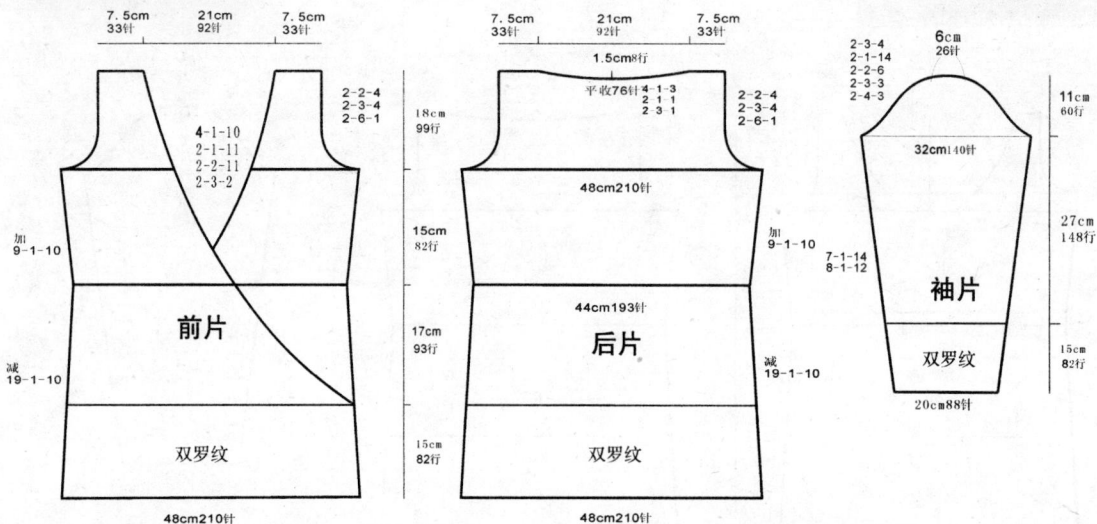

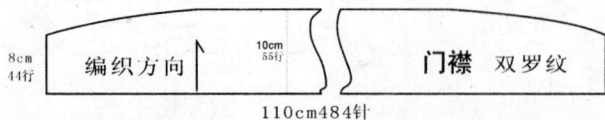

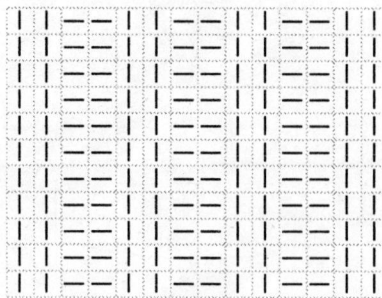

前片

7.5cm 33针　21cm 92针　7.5cm 33针

2-2-4
2-3-4
2-6-1

4-1-10
2-1-11
2-2-11
2-3-2

18cm 99行

加 9-1-10

15cm 82行

减 19-1-10

17cm 93行

双罗纹

48cm210针

后片

7.5cm 33针　21cm 92针　7.5cm 33针

1.5cm8行

平收76针 4-1-3
2 1 1
2 3 1

2-2-4
2-3-4
2-6-1

48cm210针

加 9-1-10

15cm 82行

44cm193针

17cm 93行

减 19-1-10

7-1-14
8-1-12

15cm 82行

双罗纹

48cm210针

袖片

2-3-4
2-1-14
2-2-6
2-3-3
2-4-3

6cm 26针

11cm 60行

32cm140针

27cm 148行

15cm 82行

双罗纹

20cm88针

门襟

8cm 44行　编织方向　10cm 55行　门襟　双罗纹

110cm484针

双罗纹

轻薄舒适衫

【成品尺寸】衣长65cm　胸围96cm　袖长53cm

【工具】1.7mm棒针

【材料】杏色纯羊毛线

【密度】$10cm^2$：44针×55行

【附件】亮片若干

【制作过程】前、后片分别按图起针，织15cm双罗纹后，改织下针，袖窿和领窝按图加减针，至织完成。衣袖按图起针，织双罗纹15cm的袖口后，与蕾丝布料缝制的衣袖缝合，再与前、后片缝合。领圈挑针，织下针5cm，褶边缝合，领尖缝合，形成双层V领。缝上亮片，完成。

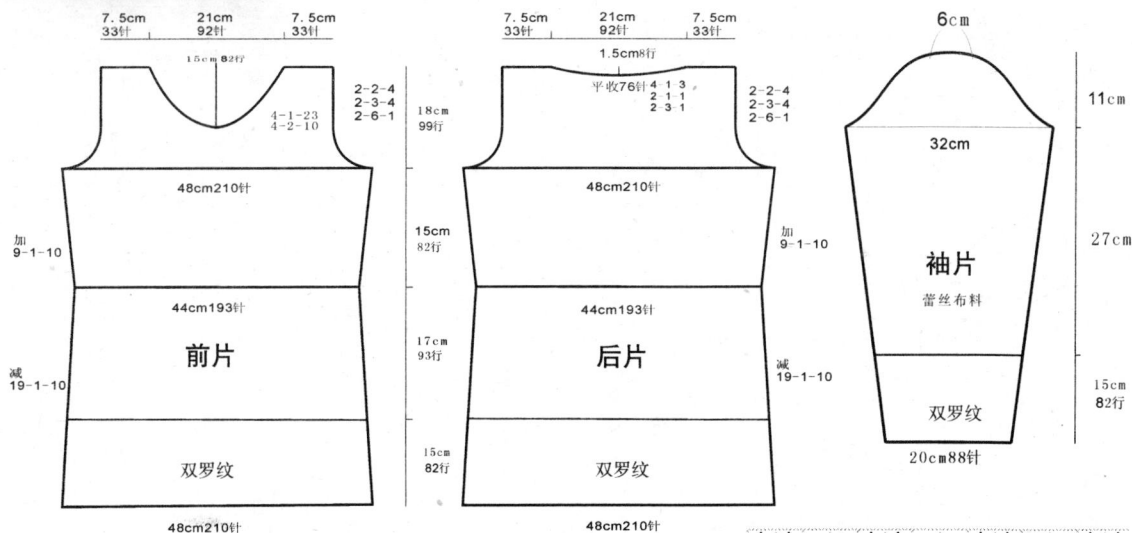

领子结构图

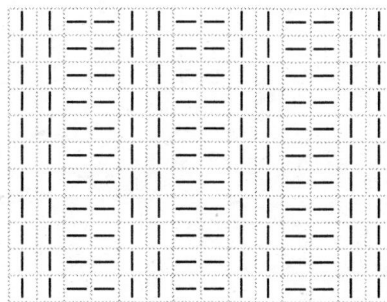

双罗纹

【成品尺寸】衣长65cm　胸围96cm　袖长53cm

【工具】1.7mm棒针

【材料】白色纯羊毛线

【密度】10cm²：44针×55行

【附件】扣子7枚

【制作过程】1. 前片肩部按编织方向起针，织双罗纹，至织完成。下部按图起针，织2cm双罗纹后，一半改织下针，其余继续织双罗纹10cm，再织下针，腰部按图加减针织50cm时开袖窿。用同样方法织另一片，打皱褶与上片缝合。

2. 后片按图起针，织10cm双罗纹后，改织下针，腰部按图加减针，织至50cm时，收针开袖窿，织15cm开领窝。衣袖按图起针，织双罗纹5cm后，改织下针至42cm，收针开袖山，织够长度留6cm收针，用同样方法，织另一袖。门襟挑针，织5cm下针，褶边缝合，形成双层门襟，缝上扣子，完成。

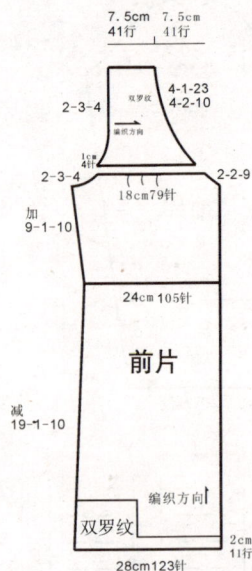
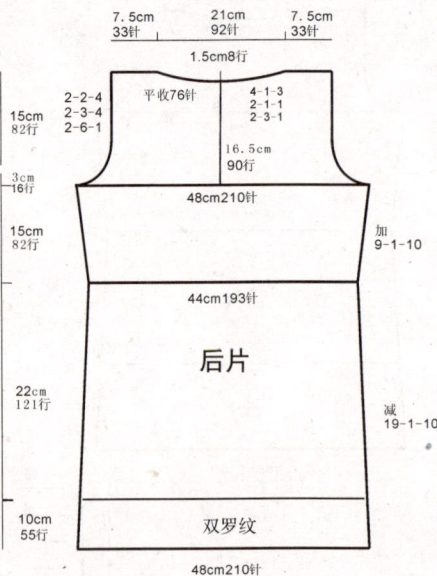
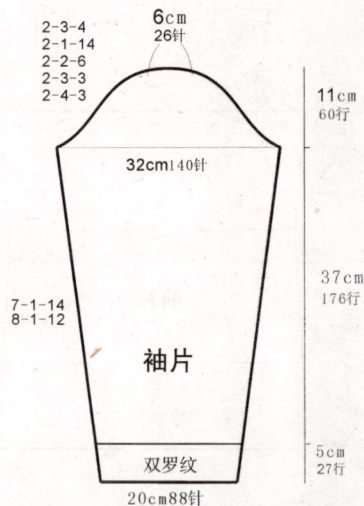

前片

后片

袖片

领子结构图

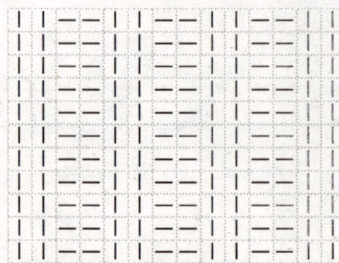

双罗纹

温馨灰色衫

【成品尺寸】衣长65cm　胸围96cm　袖长53cm

【工具】1.7mm棒针

【材料】杏色纯羊毛线

【密度】10cm²：44针×55行

【附件】亮珠若干

【制作过程】前片按图起针，织双罗纹12cm后，改织下针3cm时，用另一支棒针在织完的双罗纹的位置挑针，另织下针3cm，再合成双层下针，至织完成。后片按图起针，织双罗纹12cm后，改织下针，至织完成。袖窿和领窝按图加减针。衣袖按图起针，织双罗纹，至织完成。袖山和袖片按图加减针，全部缝合。按彩图缝好亮珠，系上前片装饰带，完成。

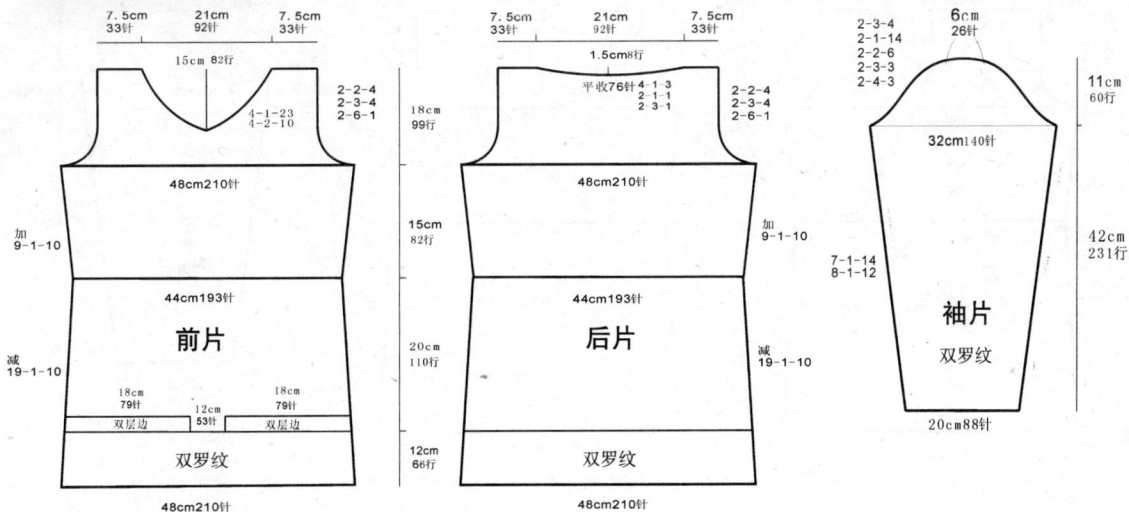

前片

- 7.5cm 33针　21cm 92针　7.5cm 33针
- 15cm 82行
- 2-2-4
- 2-3-4
- 2-6-1
- 4-1-23
- 4-2-10
- 48cm210针
- 加 9-1-10
- 44cm193针
- 减 19-1-10
- 18cm 79针　12cm 53针　18cm 79针
- 双层边　双层边
- 双罗纹
- 48cm210针

后片

- 7.5cm 33针　21cm 92针　7.5cm 33针
- 1.5cm8行
- 18cm 99行
- 平收76针 4-1-3 2-3-1
- 2-2-4
- 2-3-4
- 2-6-1
- 48cm210针
- 15cm 82行
- 加 9-1-10
- 44cm193针
- 20cm 110行
- 减 19-1-10
- 12cm 66行
- 双罗纹
- 48cm210针

袖片

- 2-3-4
- 2-1-14
- 2-2-6
- 2-3-3
- 2-4-3
- 6cm 26针
- 11cm 60行
- 32cm140针
- 7-1-14
- 8-1-12
- 42cm 231行
- 双罗纹
- 20cm88针

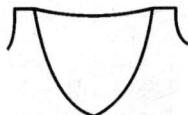

领子结构图

6cm 25针　编织方向　前片装饰带　单罗纹 2条

90cm495行

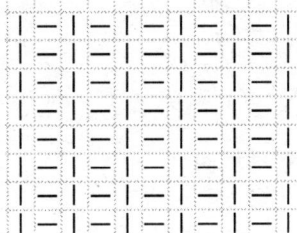

单罗纹

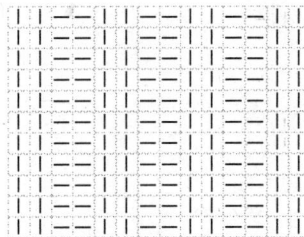

双罗纹

【成品尺寸】衣长65cm　胸围96cm　袖长53cm

【工具】1.7mm棒针

【材料】杏色纯羊毛线

【密度】10cm²：44针×55行

【附件】亮珠、花边若干

【制作过程】前片起针，织双罗纹10cm后，按图三角形处织双罗纹，其他织下针，至织完成。后片按图起针，织双罗纹10cm后，改织下针，至织完成。衣片、袖窿和领窝按图加减针，衣袖按图起针，织双罗纹，至织完成。袖片和袖山按图加减针，全部缝合。领子挑针，织5cm下针，领尖缝合，形成双层V领。前片缝上亮珠和花边，完成。

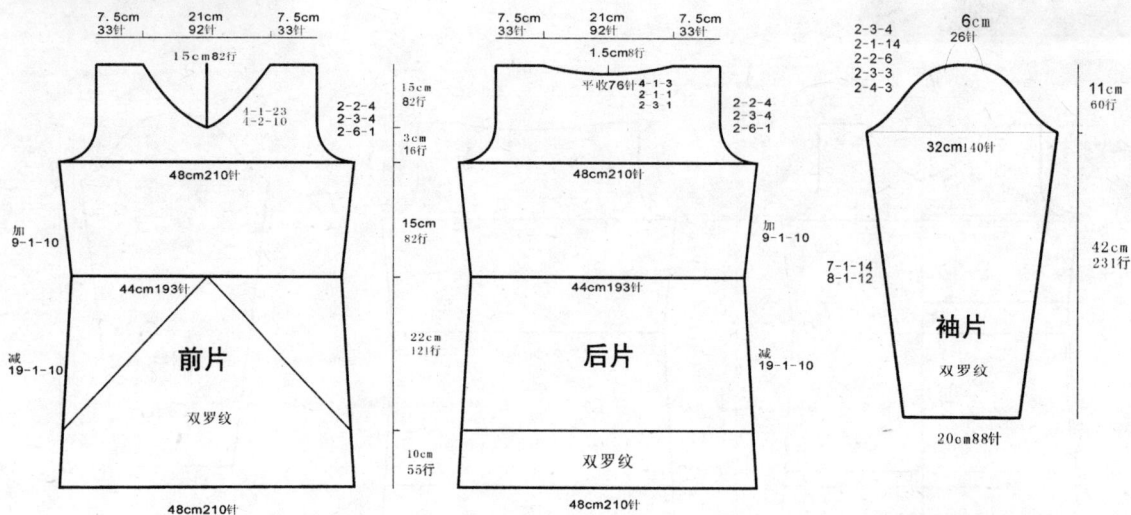

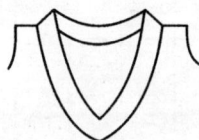

领子结构图

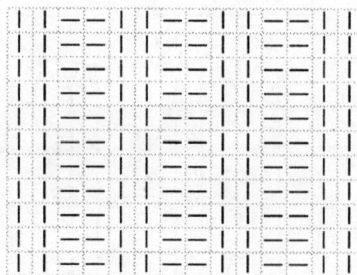

双罗纹

简约拉链衫

【成品尺寸】 衣长65cm　胸围96cm　袖长53cm

【工具】 1.7mm棒针　小号钩针

【材料】 粉红色纯羊毛线

【密度】 10cm²：44针×47行

【附件】 拉链1条　亮珠若干　钩花若干

【制作过程】 前片分相同的左、右两片，分别按图起针，先织双层平针底边后，改织下针，袖窿和领窝按图加减针，至织完成。后片起针，先织双层平针底边后，改织下针，至织完成。衣袖按图起针，先织双层平针底边后，改织下针，至织完成，全部缝合。门襟另织下针，褶边缝合，形成双层门襟。领圈另织单罗纹，褶边缝合，形成双层领圈。装上拉链，缝上亮珠和钩花，完成。

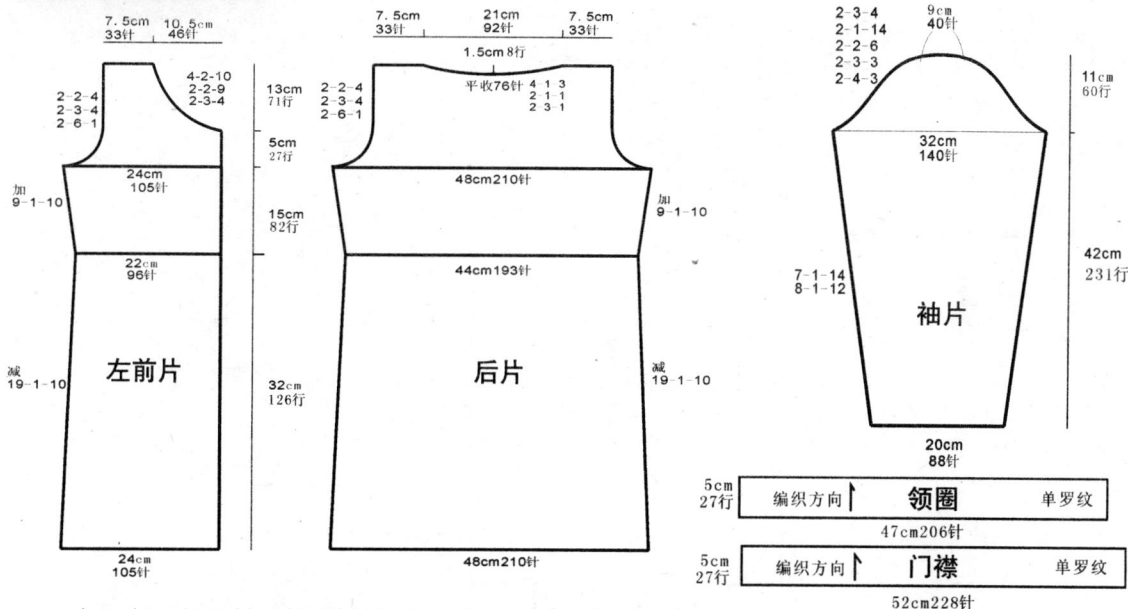

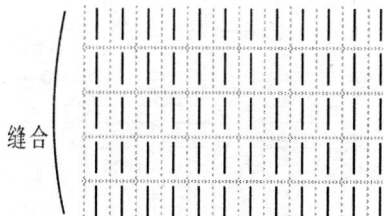

双层平针底边图解

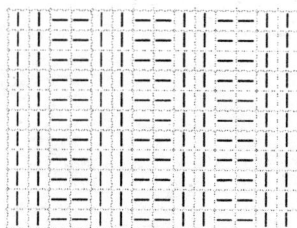

双罗纹

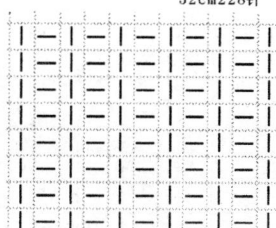

单罗纹

【成品尺寸】衣长52cm　胸围98cm　袖长54cm

【工具】7号棒针

【材料】黑色羊毛线420g　白色羊毛线200g

【密度】10cm²：21针×25行

【附件】装饰蕾丝边　拉链1条

【制作过程】1. 单股线编织。

　　2. 起100针单罗纹针编织20cm后，按花样配色编织后片，共编织到30cm时开始袖窿减针，按结构图减完针后，不加减针编织到50cm时，减出后领窝，两肩部各余9cm。

　　3. 起40针单罗纹针20cm后编织配色前片，编织到30cm时同时进行袖窿、前领窝减针，按结构图减完针后收针断线。同样方法完成另一侧前片，减针方向相反。

　　4. 起60针单罗纹针从袖口编织配色袖片，按结构图所示均匀加针，编织45cm后开始袖山减针，按图所示减针后余20针，断线。同样方法再完成另一片袖片。

　　5. 将身片、袖片沿边对应相应位置缝实。起针从一侧前衣襟边挑织单罗纹针，共织13行，沿收针边缝实拉链，将装饰蕾丝边与衣襟边缝合。

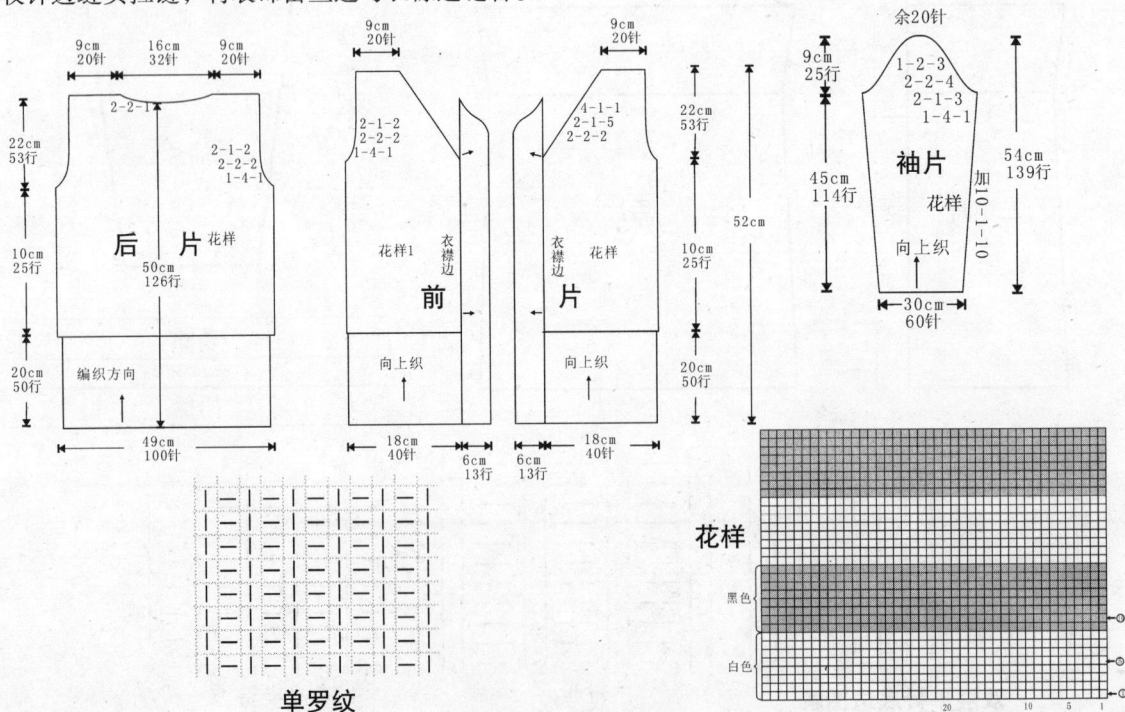

后片

9cm 20针　16cm 32针　9cm 20针

2-2-1

2-1-2 2-2-2 1-4-1

22cm 53行

10cm 25行

后　片 花样

50cm 126行

20cm 50行

编织方向

49cm 100针

前片

9cm 20针

2-1-2 2-2-2 1-4-1

花样1

衣襟边

前

向上织

18cm 40针

6cm 13行

9cm 20针

4-1-1 2-1-5 2-2-2

衣襟边

花样

片

向上织

6cm 13行

18cm 40针

22cm 53行

10cm 25行

20cm 50行

52cm

袖片

余20针

9cm 25行

1-2-3 2-2-4 2-1-3 1-4-1

45cm 114行

袖片

花样

向上织

加10-1-10

30cm 60针

54cm 139行

单罗纹

花样

黑色

白色

20　　10　5　1

条纹V领衫

【成品尺寸】衣长65cm　胸围96cm　袖长53cm

【工具】1.7mm棒针　小号绣花针

【材料】红色、黑色纯羊毛线

【密度】10cm²：44针×55行

【附件】亮珠若干　绣花图案若干

【制作过程】前、后片按图起针，织双罗纹10cm后，改织下针，并按彩图间色，至织完成。衣片、袖窿和领窝按图加减针，衣袖按图起针，织12cm双罗纹后，改织下针，并按彩图间色，至织完成。袖片和袖山按图加减针，全部缝合。领子挑针，织5cm双罗纹，领尖缝合，形成双层V领。前片绣上图案，缝上亮珠，完成。

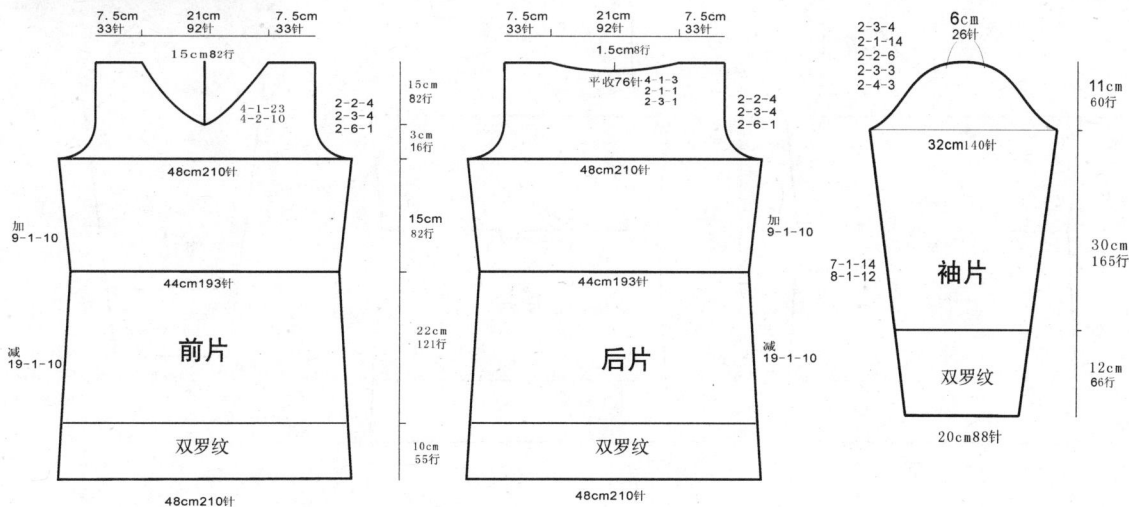

前片

7.5cm 33针　21cm 92针　7.5cm 33针

15cm 82行

4-1-23
4-2-10

2-2-4
2-3-4
2-6-1

48cm210针

加 9-1-10

44cm193针

减 19-1-10

双罗纹

48cm210针

后片

7.5cm 33针　21cm 92针　7.5cm 33针

1.5cm 8行

15cm 82行

平收76针 4-1-3
2-1-1
2-3-1

2-2-4
2-3-4
2-6-1

3cm 16行

48cm210针

15cm 82行

加 9-1-10

44cm193针

22cm 121行

减 19-1-10

双罗纹

10cm 55行

48cm210针

袖片

2-3-4
2-1-14
2-2-6
2-4-3

6cm 26针

11cm 60行

32cm140针

7-1-14
8-1-12

30cm 165行

12cm 66行

20cm88针

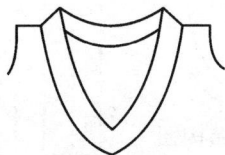

领子结构图

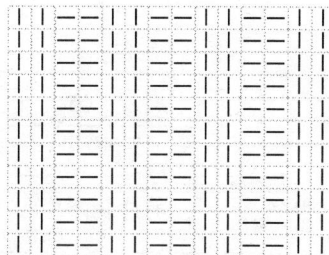

双罗纹

【成品尺寸】衣长60cm　胸围96cm　袖长53cm

【工具】1.7mm棒针

【材料】橙色、深咖啡色纯羊毛线

【密度】10cm²：44针×55行

【附件】亮珠若干

【制作过程】前片按图起针，织双罗纹后，改织下针，并间色，至织完成。后片按图起针，织双罗纹10cm后，改织下针，至织完成。衣片、袖窿和领窝按图加减针。衣袖按图起针，织双罗纹12cm后，改织下针，至织完成。袖片和袖山按图加减针，全部缝合。领边另织，褶边缝合，形成双层V领。前片装饰片另织起44针，织花样至45cm时，分2片编织，按彩图缝好，缝上亮珠，完成。

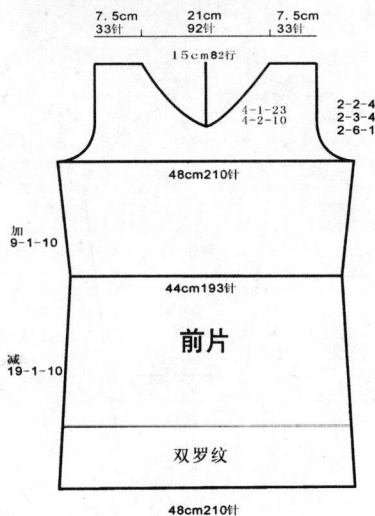

前片

7.5cm 33针　21cm 92针　7.5cm 33针
15cm 82行
4-1-23
4-2-10
2-2-4
2-3-4
2-6-1
15cm 82行
3cm 16行
48cm210针
15cm 82行
加 9-1-10
44cm193针
减 19-1-10
双罗纹
48cm210针

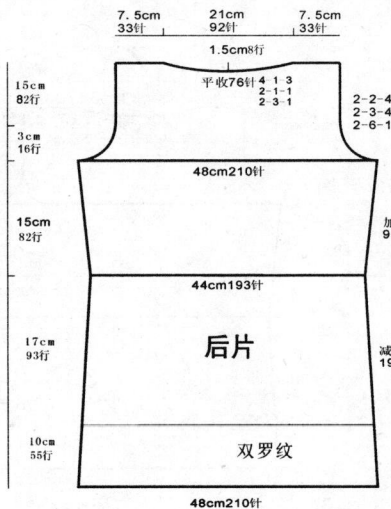

后片

7.5cm 33针　21cm 92针　7.5cm 33针
1.5cm 8行
平收76针 4-1-3
2-1-1
2-3-1
2-2-4
2-3-4
2-6-1
48cm210针
加 9-1-10
44cm193针
17cm 93行
减 19-1-10
10cm 55行
双罗纹
48cm210针

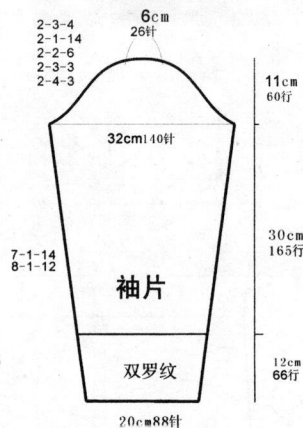

袖片

2-3-4
2-1-14
2-2-6
2-3-3
2-4-3
6cm 26针
11cm 60行
32cm140针
7-1-14
8-1-12
30cm 165行
双罗纹
20cm88针
12cm 66行

领子结构图

领边　下针
5cm 27行　编织方向
60cm264针

前片装饰片
10cm 44针　编织方向　花样A
45cm247行　20cm110行

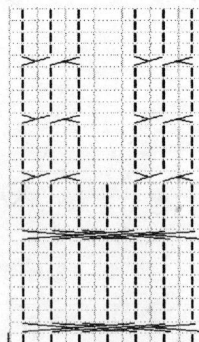

花样

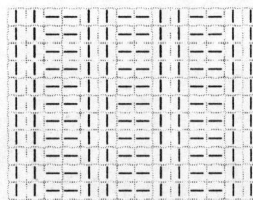

双罗纹

温婉短款衫

【成品尺寸】衣长65cm　胸围96cm　袖长53cm

【工具】1.7mm棒针　绣花针

【材料】浅绿色纯羊毛线

【密度】10cm²：44针×55行

【附件】亮珠、绣花若干

【制作过程】前、后片按图起针，织双罗纹5cm后，改织下针，至织完成。衣片、袖窿和领窝按图加减针。衣袖按图起针，织5cm双罗纹后，改织下针，至织完成。袖片和袖山按图加减针，全部缝合。领子挑针，织5cm双罗纹，领尖缝合，形成V领。缝上亮珠和绣花，完成。

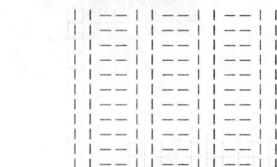

双罗纹

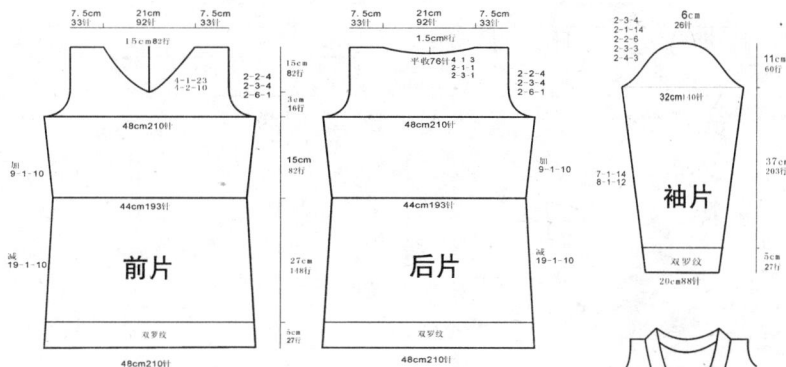

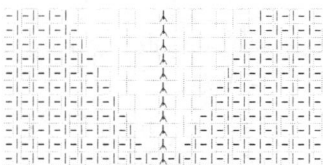

领尖花样

领子结构图

【成品尺寸】衣长65cm　胸围96cm　袖长53cm

【工具】1.7mm棒针　绣花针

【材料】浅绿色纯羊毛线

【密度】10cm²：44针×55行

【附件】亮珠、绣花若干

【制作过程】前片按P208图起针，织5cm双罗纹后，改织下针，至织完成。左肩另织，起20针，织下针，至织完成。后片按图起针，织双罗纹5cm后，改织下针，至织完成。衣片、袖窿和领窝按图加减针。衣袖按图起针，织10cm双罗纹后，改织下针，至织完成。袖片和袖山按图加减针，全部缝合。右肩领子另织5cm双罗纹，与前领缝合，领圈衬边另织按彩图缝好。缝上亮珠和绣花，完成。

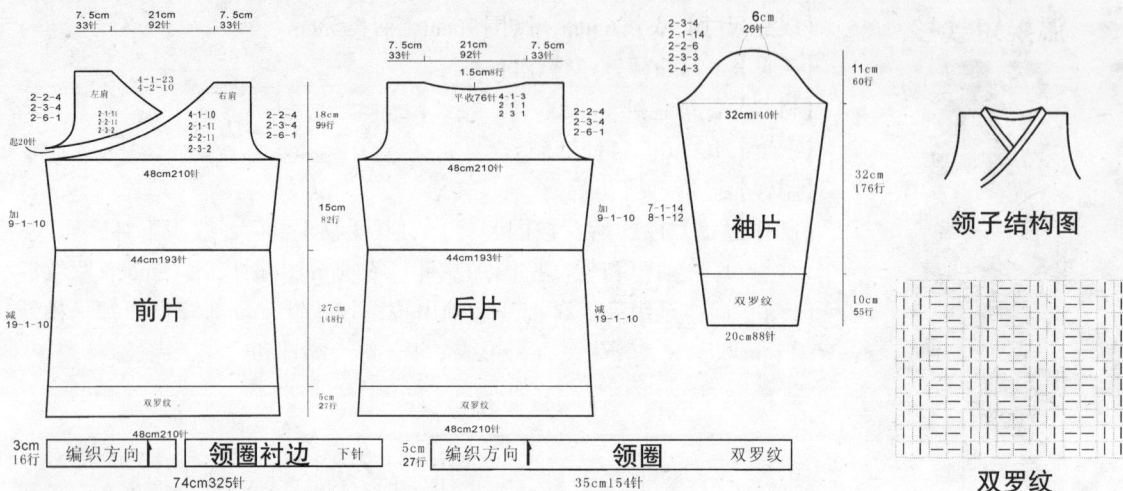

上部图解

前片（上方）

7.5cm 33针　21cm 92针　7.5cm 33针

2-2-4
2-3-4
2-6-1
左肩 右肩
4-1-23
4-2-10
2-1-11
2-1-10
2-2-11
2-3-2
起20针

4-1-10
2-1-10
2-2-11
2-3-2

2-2-4
2-3-4
2-6-1

18cm 99行

48cm210针

加 9-1-10　15cm 82行

44cm193针

减 19-1-10

27cm 148行

双罗纹

48cm210针

5cm 27行

3cm 16行　编织方向　领圈衬边　下针

74cm325针

后片（上方）

7.5cm 33针　21cm 92针　7.5cm 33针

1.5cm8行
平收76针 4-1-3　3 2 1

2-2-4
2-3-4
2-6-1

48cm210针

加 9-1-10

44cm193针

减 19-1-10

双罗纹

48cm210针

5cm 27行　编织方向　领圈　双罗纹

35cm154针

袖片（上方）

2-3-4
2-1-14
2-2-6
2-3-3
2-4-3

6cm 26针

11cm 60行

32cm140针

袖片

32cm 176行

7-1-14
8-1-12

双罗纹

20cm88针

10cm 55行

领子结构图（上方）

双罗纹

妩媚风情衫

【成品尺寸】衣长65cm　胸围96cm　袖长53cm

【工具】1.7mm棒针

【材料】黑色、灰色、咖啡色纯羊毛线

【密度】10cm² : 44针×55行

【附件】亮珠若干

【制作过程】前、后片按图起针，先织双层平针底边后，改织下针，至织完成。衣片、袖窿和领窝按图加减针。衣袖按图起针，先织双层平针底边后，改织下针，至织完成。袖片和袖山按图加减针，全部缝合。领子挑针，织5cm单罗纹，领尖缝合，形成双层V领。前片绣上亮珠，完成。

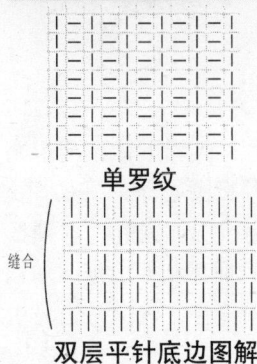

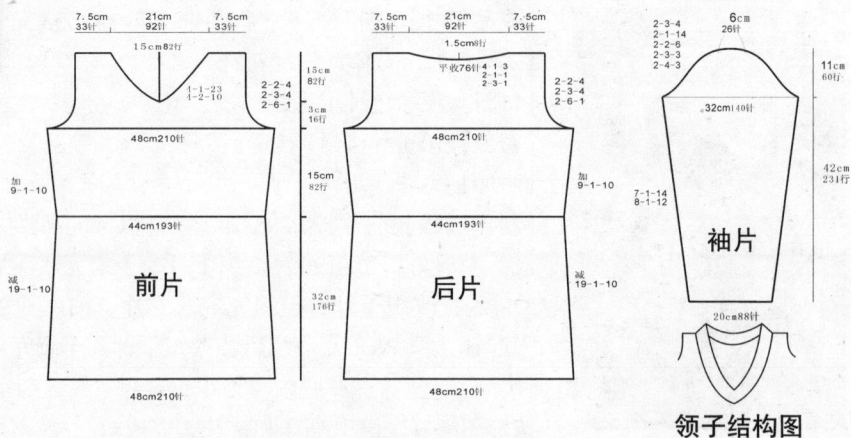

单罗纹

缝合

双层平针底边图解

前片（下方）

7.5cm 33针　21cm 92针　7.5cm 33针

1.5cm82针

4-1-23
4-2-10

2-2-4
2-3-4
2-6-1

48cm210针

加 9-1-10　15cm 82行

44cm193针

减 19-1-10

前片

48cm210针

后片（下方）

7.5cm 33针　21cm 92针　7.5cm 33针

1.5cm82针
平收76针 4 1 3　2 3-1

15cm 82行

3cm 16行

15cm 82行

2-2-4
2-3-4
2-6-1

48cm210针

加 9-1-10

44cm193针

减 19-1-10

32cm 176行

后片

48cm210针

袖片（下方）

2-3-4
2-1-14
2-2-6
2-3-3
2-4-3

6cm 26针

11cm 60行

32cm140针

袖片

42cm 231行

7-1-14
8-1-12

20cm88针

领子结构图（下方）

【成品尺寸】衣长65cm　胸围96cm　袖长53cm

【工具】1.7mm棒针

【材料】杏色纯羊毛线

【密度】10cm²：44针×55行

【附件】亮珠若干　衣袖装饰扣14枚

【制作过程】前片按图起针，织单罗纹15cm后，改织下针，至织完成。后片按图起针，织单罗纹15cm后，改织下针，至织完成。衣片、袖窿和领窝按图加减针。衣袖按图起针，先织双层平针底边后，改织下针，至织完成。袖片和袖山按图加减针，全部缝合。领子挑针，织5cm下针，领尖缝合，形成反边圆领。前片缝上亮珠，袖口缝上衣袖装饰扣，完成。

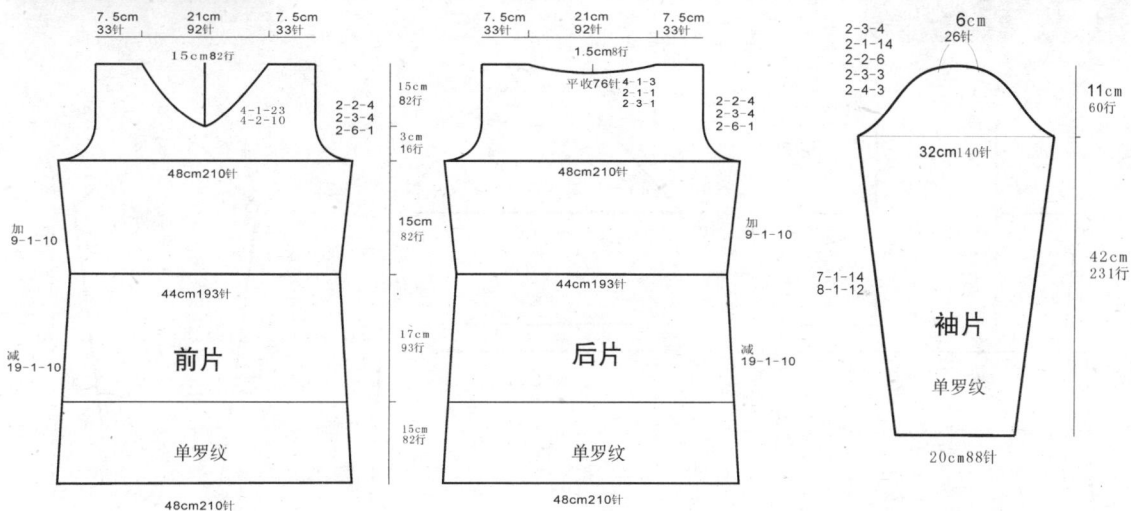

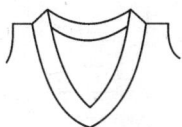

前片

7.5cm 33针　21cm 92针　7.5cm 33针

15cm82行

4-1-23
4-2-10

2-2-4
2-3-4
2-6-1

48cm210针

加
9-1-10

44cm193针

减
19-1-10

前片

单罗纹

48cm210针

后片

7.5cm 33针　21cm 92针　7.5cm 33针

1.5cm8针

15cm 82行

平收76针　4-1-3
4-1-3
2-3-1

3cm 16行

2-2-4
2-3-4
2-6-1

48cm210针

15cm 82行

加
9-1-10

44cm193针

减
19-1-10

17cm 93行

后片

15cm 82行

单罗纹

48cm210针

袖片

2-3-4
2-1-14
2-2-6
2-3-3
2-4-3

6cm 26针

11cm 60行

32cm140针

7-1-14
8-1-12

42cm 231行

袖片

单罗纹

20cm88针

领子结构图

缝合

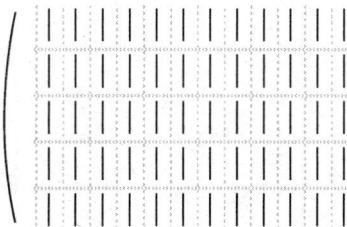

双层平针底边图解

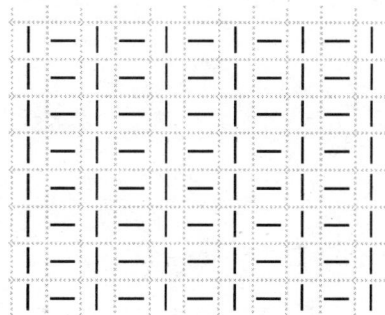

单罗纹

柔美束腰衫

【成品尺寸】 衣长65cm　胸围96cm　袖长53cm

【工具】 1.7mm棒针

【材料】 深紫色纯羊毛线

【密度】 10cm²：44针×55行

【附件】 扣子2枚

【制作过程】 前片分上、下部分，上部分分左、右两片，分别起针织双罗纹，至织完成。下部分起针，织3cm双罗纹后，改织下针，织完成后打皱褶与上部分缝合。后片分上、下部分，上部分起针织双罗纹至织完成。下部分起针织3cm双罗纹后，改织下针，织完成后打皱褶与上部分缝合。衣袖按图起针，织15cm双罗纹后，改织下针，至织完成。衣袖和袖山按图加减针，全部缝合。前领圈另织好，按结构图缝好，缝上扣子，完成。

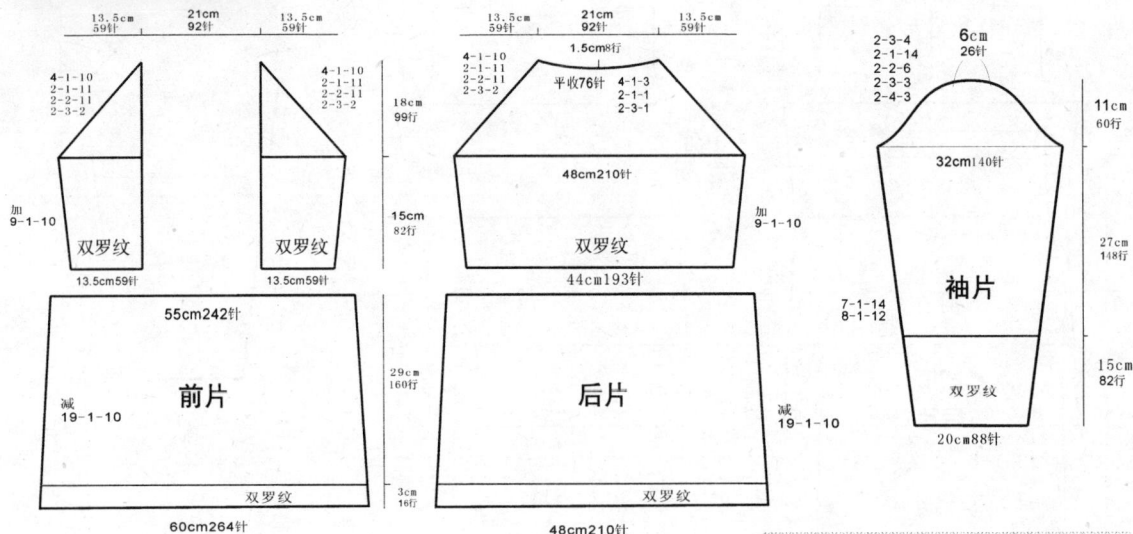

13.5cm 59针　21cm 92针　13.5cm 59针

4-1-10
2-1-11
2-2-11
2-3-2

4-1-10
2-1-11
2-2-11
2-3-2

18cm 99行

加 9-1-10

双罗纹　双罗纹

13.5cm59针　13.5cm59针

15cm 82行

55cm242针

减 19-1-10

前片

29cm 160行

双罗纹

3cm 16行

60cm264针

13.5cm 59针　21cm 92针　13.5cm 59针

1.5cm8行

4-1-10
2-1-11
2-1-14
2-3-2

平收76针

4-1-3
2-1-11
2-3-1

48cm210针

双罗纹

加 9-1-10

44cm193针

48cm210针

减 19-1-10

后片

双罗纹

48cm210针

2-3-4
2-1-14
2-2-6
2-3-3
2-4-3

6cm 26针

32cm140针

袖片

11cm 60行

27cm 148行

7-1-14
8-1-12

双罗纹

15cm 82行

20cm88针

90cm396针

21cm 115行

编织方向

前领圈

26cm 143行　双罗纹

4-1-23
4-2-4

领子结构图

双罗纹

【成品尺寸】衣长74cm　胸围96cm　袖长57cm
【工具】9号棒针
【材料】蓝色棉绒线620g
【密度】10cm²：25针×32行
【制作过程】1. 单股线编织。

2. 起124针双罗纹针边，编织后片下针，编织到52cm时开始袖窿减针，按结构图减针后编织到肩部，两肩部各余9cm。

3. 同样方法起124针编织前片，织到52cm同时进行袖窿、前领窝减针，按图示减针后肩部余9cm。

4. 起90针从袖口编织袖片下针，按图示均匀减针，47cm后开始袖山减针，按图所示减针后余19针，断线。袖口拿活褶固定，挑织下针边后向内侧对折沿边缝实，同样方法再完成另一片袖片。

5. 对应相应位置缝合，将前领窝拿活褶固定后挑织双罗纹针领边，织7cm后断线，两侧与身片缝合，腰间穿入双罗纹针腰带。

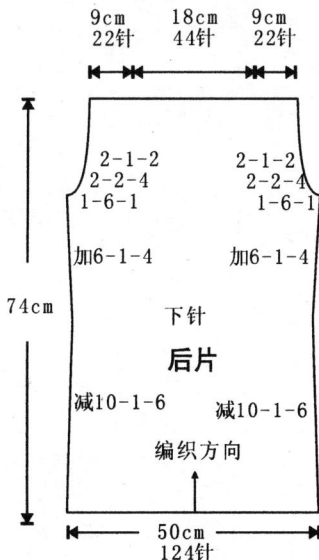

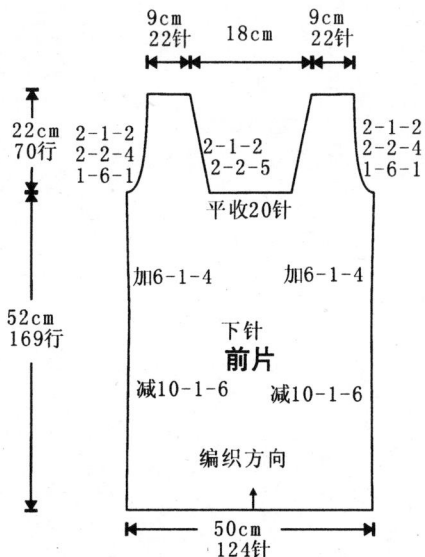

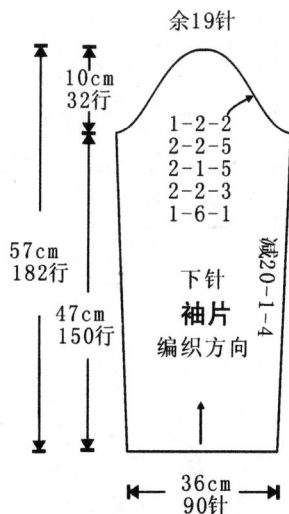

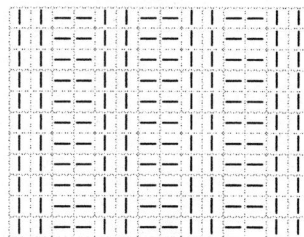

后片
9cm 22针　18cm 44针　9cm 22针
22cm 70行
2-1-2
2-2-4
1-6-1
加6-1-4
74cm
52cm 169行
下针
后片
减10-1-6
编织方向
50cm 124针

前片
9cm 22针　18cm　9cm 22针
2-1-2
2-2-4
1-6-1
2-1-2
2-2-5
平收20针
加6-1-4
下针
前片
减10-1-6
编织方向
50cm 124针

袖片
余19针
10cm 32行
1-2-2
2-2-5
2-1-5
2-2-3
1-6-1
减20-1-4
57cm 182行
47cm 150行
下针
袖片
编织方向
36cm 90针

双罗纹

紫色花纹衫

【成品尺寸】衣长65cm　胸围96cm　袖长53cm

【工具】1.7mm棒针

【材料】紫色、深紫色纯羊毛线

【密度】10cm²：44针×55行

【附件】亮珠、装饰花若干　腰带1条

【制作过程】前片按图起针，织双罗纹15cm后，改织下针3cm，用另一棒针在双罗纹处挑针，织下针3cm，再把2个3cm合起来同时织下针，形成双层的腰带套，继续织下针，至织完成。后片按图起针，织双罗纹15cm后，改织下针，至织完成。衣片、袖窿和领窝按图加减针。衣袖按图起针，先织15cm双罗纹后，改织下针，至织完成。袖片和袖山按图加减针。袖口另织15cm双罗纹，全部缝合。前片缝上亮珠和装饰花，系上腰带完成。

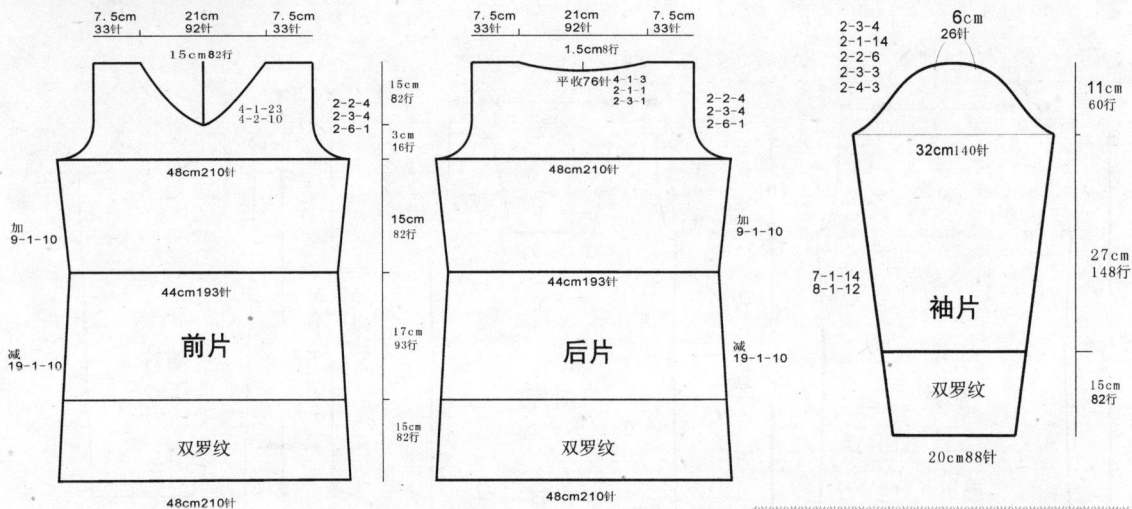

前片 / 后片 / 袖片 各部位尺寸说明

- 7.5cm 33针　21cm 92针　7.5cm 33针
- 15cm82行
- 4-1-23　4-2-10
- 2-2-4　2-3-4　2-6-1
- 48cm210针
- 加 9-1-10
- 44cm193针
- 前片
- 减 19-1-10
- 双罗纹
- 48cm210针

- 7.5cm 33针　21cm 92针　7.5cm 33针
- 1.5cm8行
- 平收76针　4-1-3　2-1-1　2-3-1
- 15cm 82行
- 3cm 16行
- 2-2-4　2-3-4　2-6-1
- 48cm210针
- 15cm 82行
- 加 9-1-10
- 44cm193针
- 17cm 93行
- 后片
- 减 19-1-10
- 15cm 82行
- 双罗纹
- 48cm210针

- 2-3-4　2-1-14　2-3-3　2-4-3
- 6cm 26针
- 11cm 60行
- 32cm140针
- 7-1-14　8-1-12
- 27cm 148行
- 袖片
- 15cm 82行
- 双罗纹
- 20cm88针

领子结构图

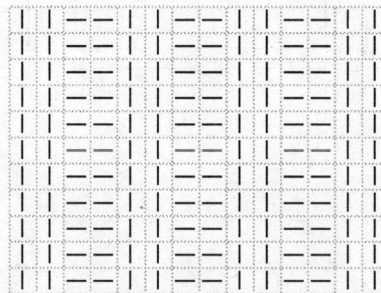

双罗纹

【成品尺寸】衣长65cm　　胸围96cm　　袖长53cm

【工具】1.7mm棒针

【材料】紫色纯羊毛线

【密度】10cm²：44针×55行

【附件】亮珠若干

【制作过程】前、后片分别按图起针，织双罗纹15cm后，改织下针，至织完成。衣片、袖窿和领窝按图加减针。衣袖按图起针，织15cm双罗纹后，改织下针，至织完成。袖片和袖山按图加减针，全部缝合。袖口双罗纹不用缝合，袖口边另织，按彩图与袖口缝合。内前领和领边另织双罗纹，褶边缝合，形成双层内领边，外领圈另织，形成V领。内前领与外领圈，按彩图叠压缝合，缝上亮珠，完成。

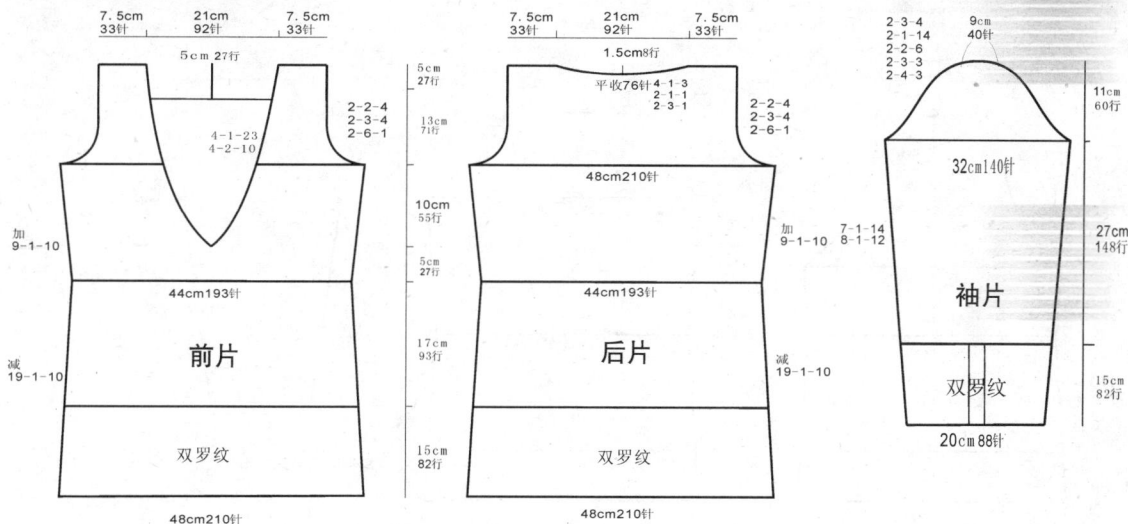

前片

7.5cm 33针　21cm 92针　7.5cm 33针
5cm 27行
2-2-4
2-3-4
2-6-1
4-1-23
4-2-10
加 9-1-10
44cm193针
减 19-1-10
双罗纹
48cm210针

后片

7.5cm 33针　21cm 92针　7.5cm 33针
1.5cm8行
5cm 27行
平收76针 4-1-3
2-1-1
2-3-1
2-2-4
2-3-4
2-6-1
13cm 71行
48cm210针
10cm 55行
加 9-1-10
5cm 27行
44cm193针
减 19-1-10
17cm 93行
15cm 82行
双罗纹
48cm210针

袖片

2-3-4
2-1-14
2-2-6
2-3-3
2-4-3
9cm 40针
11cm 60行
32cm140针
7-1-14
8-1-12
27cm 148行
双罗纹
15cm 82行
20cm 88针

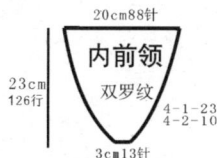

内前领

20cm88针
23cm 126行
双罗纹
4-1-23
4-2-10
3cm13针

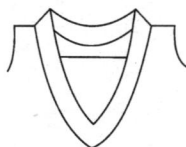

领子结构图

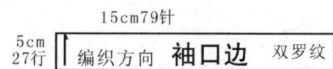

15cm79针
5cm 27行
编织方向　袖口边　双罗纹

8cm 35针
编织方向　外领圈　下针 2条
34cm187行

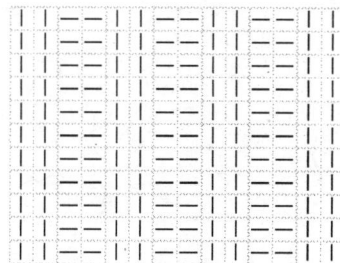

双罗纹

创意条纹衫

【成品尺寸】衣长65cm　胸围96cm　袖长53cm

【工具】1.7mm棒针　绣花针

【材料】黄色、红色纯羊毛线

【密度】10cm²：44针×51行

【附件】装饰绣花

【制作过程】前片按图起针，织6cm双罗纹后，改织下针，并间色，织至39.5cm时，袖窿开始收针，再织15.5cm时开领，至织完成。领子挑针，织5cm下针，褶边缝合，形成V领。后片按图起针，织6cm双罗纹后，改织下针，并间色，插肩和领窝按图加减针，至织完成。衣袖按图起针，织6cm双罗纹后，改织下针，并间色，织至42cm时，左边减针，右边加针，按图织完成，全部缝合。门襟另织好，与前片至领窝缝合，缝上装饰绣花，完成。

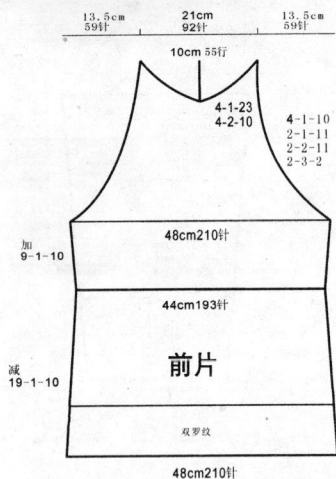

前片

- 13.5cm 59针 ｜ 21cm 92针 ｜ 13.5cm 59针
- 10cm 55行
- 4-1-23　4-2-10
- 4-1-10　2-1-11　2-2-11　2-3-2
- 10cm 55行
- 8cm 35行
- 7.5cm 33行
- 7.5cm 33行
- 48cm210针
- 44cm193针
- 加 9-1-10
- 减 19-1-10
- 26cm 113行
- 6cm 33行
- 48cm210针
- 双罗纹

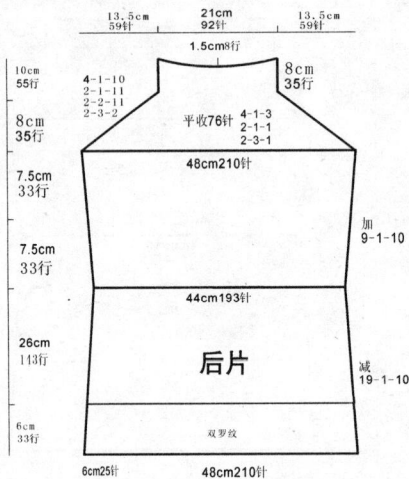

后片

- 13.5cm 59针 ｜ 21cm 92针 ｜ 13.5cm 59针
- 1.5cm8行
- 4-1-10　2-1-10　2-2-11　2-3-2
- 8cm 35行
- 平收76针
- 4-1-3　2-1-1　2-3-1
- 48cm210针
- 加 9-1-10
- 减 19-1-10
- 44cm193针
- 6cm25针
- 48cm210针
- 双罗纹

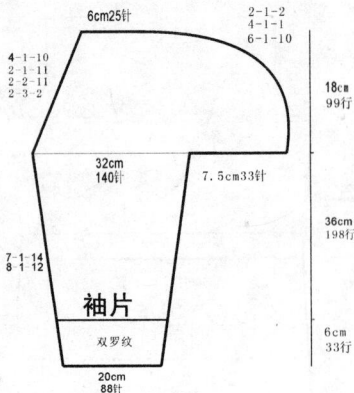

袖片

- 6cm25针 ｜ 2-1-2　4-1-1　6-1-10
- 4-1-10　2-1-11　2-2-11　2-3-2
- 18cm 99行
- 32cm 140针
- 7.5cm33针
- 加 9-1-10
- 减 7-1-2　8-1-12
- 36cm 198行
- 6cm 33行
- 20cm 88针
- 双罗纹

领子结构图

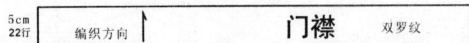

- 5cm 22行
- 编织方向
- 门襟　双罗纹
- 85cm374针

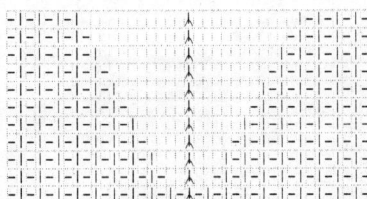

领圈花样

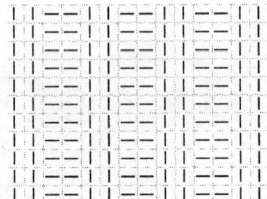

双罗纹

【成品尺寸】衣长65cm　胸围96cm　袖长53cm

【工具】1.7mm棒针

【材料】绿色、黄色纯羊毛线

【密度】10cm²：44针×47行

【制作过程】内前片和后片分别按图起针，织双罗纹至织完成。袖窿和领窝按图加减针。外前片按图起针，织下针，并间色，至织完成。衣袖按图起针，织双罗纹至织完成。袖山和袖片按图加减针，内前片和外前片重叠后，全部缝合。领圈挑针，织10cm单罗纹，形成翻领。外前片门襟另织，按图缝合。系上领带，完成。

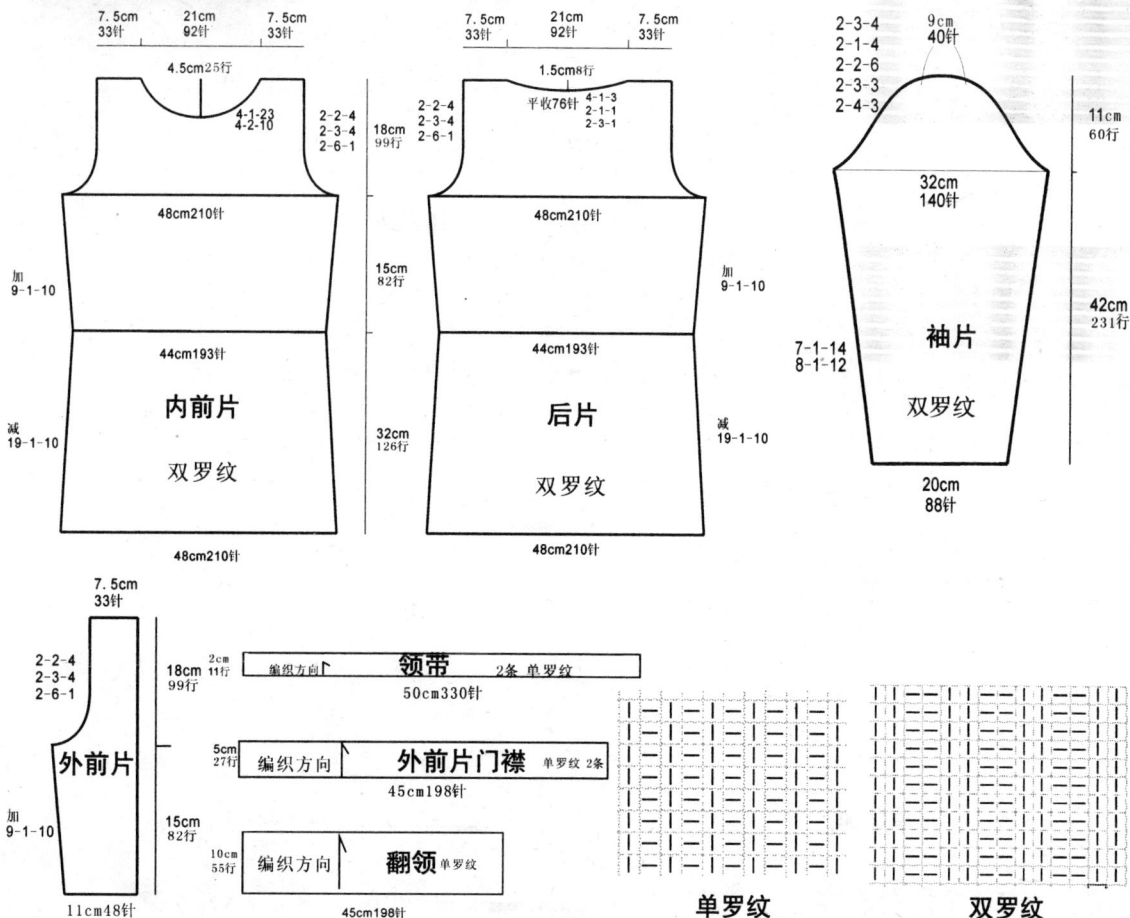

内前片

7.5cm 33针　21cm 92针　7.5cm 33针

4.5cm25行

4-1-23
4-2-10

2-2-4
2-3-4
2-6-1

18cm 99行

48cm210针

15cm 82行

加 9-1-10

44cm193针

减 19-1-10

32cm 126行

内前片

双罗纹

48cm210针

后片

7.5cm 33针　21cm 92针　7.5cm 33针

1.5cm8行

平收76针

4-1-3
2-1-1
2-3-1

2-2-4
2-3-4
2-6-1

48cm210针

44cm193针

加 9-1-10

减 19-1-10

后片

双罗纹

48cm210针

袖片

9cm 40针

2-3-4
2-1-4
2-2-6
2-3-3
2-4-3

11cm 60行

32cm 140针

7-1-14
8-1-12

42cm 231行

袖片

双罗纹

20cm 88针

外前片

7.5cm 33针

2-2-4
2-3-4
2-6-1

18cm 99行

外前片

加 9-1-10

15cm 82行

11cm48针

领带

编织方向

2cm 11行

领带 2条 单罗纹

50cm330针

外前片门襟

5cm 27行

编织方向

外前片门襟 单罗纹 2条

45cm198针

翻领

10cm 55行

编织方向

翻领 单罗纹

45cm198针

单罗纹

双罗纹

编织符号说明

□ 上针

□=□ 下针

o 镂空针

∨ 滑针

ω 卷针

∩ 延伸针

o 辫子针

⊺ 长针

+ 短针

⨯ 右上1针交叉

⨯ 左上1针交叉

⋏ 左上2针并1针

⋏ 中上3针并1针

⋉ 上针右侧加针

⋋ 上针左侧加针

⋎ 1针放3针的加针

⋌ 左上滑针的1针交叉

⋏ 上针左上3针并1针

⋋ 右上滑针的1针交叉

⤬ 右上2针和左下1针交叉

⤬ 左上1针与右下2针交叉

⤬ 左上2针与右下1针交叉

⤬ 左上2针交叉

⤬ 右上2针交叉

⤛⤜ 左上3针与右下3针交叉

⤛⤜ 右上3针与左下2针交叉

⤛⤜ 右上3针与左下3针交叉

⤛⤜ 右上4针与左下3针交叉

⤛⤜ 右上4针与左下4针交叉

⤛⤜ 右上5针与左下5针交叉

⤛⤜ 右上6针与左下6针交叉

⤛⤜ 右上7针与左下7针交叉